发明的伦理

技术与人类未来

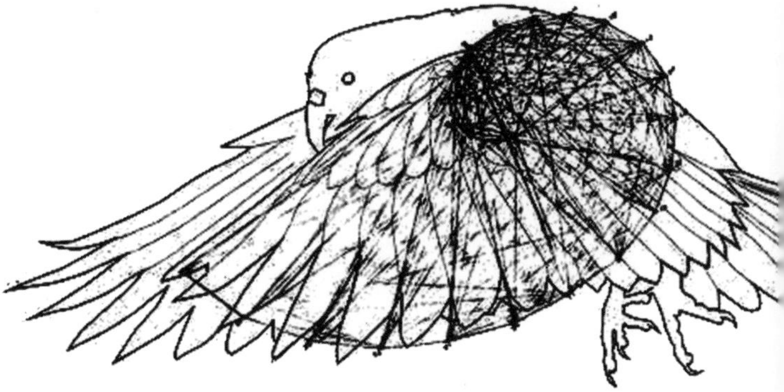

THE ETHICS OF INVENTION

Technology and the Human Future

希拉·贾萨诺夫 / 著

尚智丛　田喜腾　田甲乐 / 译

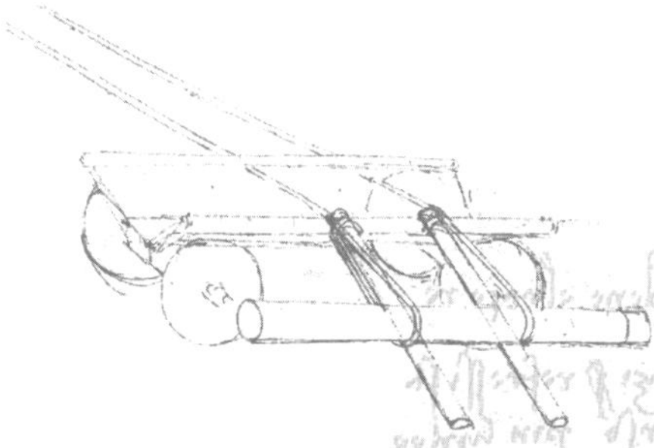

中国人民大学出版社

·北京·

目　录 THE ETHICS OF INVENTION
TECHNOLOGY AND THE HUMAN FUTURE

第 1 章　**技术的威力 // 001**

1.1　自由与限制 // 006

1.2　技术如何统治 // 008

1.3　驳斥传统观点 // 010

1.4　立场和方法 // 019

1.5　责任性差异 // 020

第 2 章　**风险和责任 // 023**

2.1　恢复信心的叙事 // 027

2.2　风险和预见 // 030

2.3　风险框架：价值观问题 // 034

2.4　政治量化分析 // 038

第 3 章　**灾难的伦理剖析 // 042**

3.1　午夜命丧 // 047

3.2　专家知识的非对称性 // 049

3.3 法律的不公 // 052
3.4 权力的不平等 // 058
3.5 结论 // 060

第 4 章 **重塑自然 // 062**
4.1 新旧作物替换 // 062
4.2 战略性失误 // 064
4.3 花园里并不是一切都美好 // 067
4.4 信任缺失 // 079
4.5 结论 // 081

第 5 章 **修补人类 // 083**
5.1 揭示密码 // 083
5.2 透明的人体 // 086
5.3 辅助生殖 // 092
5.4 设计生命，选择生命 // 095
5.5 生命和法律 // 102

第 6 章 **信息的广袤领域 // 104**
6.1 宪法保障 // 105
6.2 身体自我和数字自我 // 108
6.3 新弱点 // 111
6.4 公开或隐私 // 115
6.5 世界中的美国 // 123
6.6 生活在前沿 // 125

第 7 章 **谁的知识？谁的产权？ // 127**
7.1 永生的细胞 // 128

7.2 发明的奖赏 // 131
7.3 身体、细胞和自我 // 133
7.4 为专利而重新发明生命 // 136
7.5 跨国权利 // 146
7.6 结论 // 150

第 8 章 **重掌未来 // 152**
8.1 技术评估 // 155
8.2 发明的伦理困境 // 164
8.3 公众参与：灵丹妙药还是安慰剂？ // 170
8.4 结论 // 174

第 9 章 **为人类而发明 // 176**
9.1 预测：一种不平等的能力 // 178
9.2 所有权和发明 // 184
9.3 责任：公共责任和个体责任 // 187
9.4 结论 // 188

致 谢 // 191

索 引 // 193

译后记 // 225

第 1 章

技术的威力

我们的各种发明改变了世界，而重塑后的世界又改变了我们。这些年 1
由于各项技术发明的馈赠，今天地球上的人类生活与一个世纪前的生活面貌已经迥然不同。之前我们囿于地面，只靠双腿和车轮来助行，仅凭船只来渡水；而如今我们已有飞机来助翔，每天几小时的空中航程，就可以横跨大陆批量运载800多万名乘客。如果维珍银河（Virgin Galactic）公司创始人理查德·布兰森（Richard Branson）的梦想得以实现的话，他将会制造出第一个商用“太空航线”，很快普通人也能成为宇航员。此外，通信也已经打破了以前时间和地域的局限。记得我于20世纪50年代中期离开印度时，从我的出生地加尔各答邮寄信件到我新定居的纽约州斯卡斯代尔，往往需要三周时间往返。邮件到达时间没有保证，邮票经常丢失，包裹也很难成功寄送。而在今天，无论你的朋友是在欧洲还是亚洲，无论是在早
晨还是黄昏，我们在美国东部向他们发送的电子信息都能够立即收到回复。 2
只需鼠标轻轻一击，脸谱网（Facebook）就把我们和全世界数十亿用户联

结起来。[①]最后，同样重要的是，随着对人类基因组的破译，以及对创造和运用人造物能力的掌握，我们还成功地破译了物质和生命的奥秘。

虽然效率、联系和便利对人们很重要，但是对于地球上 70 亿人中的大多数人来说，人们的生命质量更加重要。一个世纪以来技术的快速发展使我们在这方面也有所改变。如今，我们从事的工作更安全，世界上许多地区的空气和水显然也更洁净，我们有幸寿命更长。世界卫生组织（WHO）宣称，1955 年的全球人口平均寿命仅为 48 岁，1995 年是 65 岁，而在 2025 年，可能会高达 73 岁[②]。这一趋势要归功于技术创新，如更好的卫生条件、达标的饮用水、疫苗、抗生素、更加丰富的健康食品。另外，除了健康护理水平的提高，人们还享有越来越多的旅游、娱乐、美食，人们不仅能够延长寿命，而且更加享受目前的生活。如果你被问及是想生活在 1916 年还是 2016 年，尽管 1916 年时的世界还不曾被战火肆虐，也基本没有人愿意回到 100 年前。

过去 100 年的科技进步，有时候也被称为第二次工业革命，推动了富裕国家进入到知识社会的步伐。我们拥有前所未有的大量知识——关于人类的基因构造、社会习性和消费行为的知识，这些数据信息使新形式的商业贸易和集体行动成为可能。国家人口普查局将不再是唯一能够编纂大数据的机构。谷歌（Google）和雅虎 (Yahoo) 这样的搜索引擎所收集包揽万象的数据，可媲美政府的作为。个人也可以使
3 用 Fitbit*和 Apple Watch*来监测和记录自己日常活动的大量信息。数码的各种新技术将之前不可能兼容的数据形式糅合在一起，在身体、生理和数码记录之间创造了有用的汇集。今天，我们对一个人的识别已经不局限于他的体征标记，如身高、体重、民族和头发颜色等；也不仅仅是几个静态标记，如地址和电话号码等。进一步地，我们对生物特征信息的应用急剧增加，拿护照来说，它可以联结到你的指纹信息以

① 当脸谱网用户超过 13 亿时，人们开始称它是“世界上最大的国家”。将脸谱网比作国家始于数年前，见 Steven Mostyn, “Facebook Population Equivalent to Third-Biggest Country on Earth,” *Tech Herald*, July 22, 2010。

② WHO, World Health Report, “50 Facts: Global Health Situation and Trends 1955–2025,” http://www.who.int/whr/1998/media_centre/50facts/en/.

* 一种智能计步器。——译者注

* 一种健康和运动跟踪设备。——译者注

及穿越边境时的虹膜扫描信息。苹果公司 2010 年开始在智能手机中使用数字指纹传感器，以替代传统的数字式密码，提供更高的安全性。

在计算机功能指数增长的刺激下，信息爆炸现已成为经济和社会发展的动力源。网络使无数的信息资源尽在人们唾手可得的范围，并利用信息在多个层面上为民生助力：为想要获得新药物和新疗法的病人提供帮助；为想实现稳定市场的小型企业提供帮助；或者为市民汇集当地问题的相关知识，并向当局施压以提供帮助。人们在高科技社会的一切活动中几乎都会留下信息痕迹，而这些信息通过整合能够展示出惊人的精确人口统计学档案以及他们未曾表达的一些意愿。从医疗环境到商业环境，“大数据”的概念扩展了人们的想象，如他们能够学到什么，如何利用信息开拓新市场或者提供更好的公共服务。在这个时代，许多政府认识到知识本身已经成为一个愈加珍贵的商品，像稀有的自然资源一样需要被开采、存储和发展。大数据时代充满了商业机会，在这股新淘金热中，年轻的技术企业家是领军人物。

这些新型的大数据库，会让任何一个创造性运用当今信息和通信技术的人开拓 4
出惊人的新天地。Airbnb* 和 Uber* 就是利用了当今的技术，让有意向的业主用自己未完全使用的私人房屋和汽车成为旅馆老板和出租车司机。这种分享型经济模式可以最大化利用资源，通过较少的花费就能满足人们的需求，它使每个人都获益。对于付不起旅馆住宿费的家庭而言，它们现在可以轻松享受梦想中的度假胜地，而不用担心花费过高。Uber 和 Zipcar* 这类公司可以帮助减少路面上的车辆、化石燃料的使用，并降低温室气体的排放量。即便是世界上经济比较低迷的地区，也由于这些进步带来了开发新领域的希望。确实，由于期望在未来能够摆脱现在的弊端，技术总是与乐观主义比肩而行，寄希望于开放的、未书写的未来。

然而，技术文明绝不是十全十美的。下文中详细阐述的三大棘手的问题冲销了发明的诱人前景。第一个问题是风险问题，那种潜在的毁灭性的风险。如果说人类目前面临着生存性危机——毁灭地球上所有生命的危机，那么这种危机正是来自那

* 中文名：空中食宿。这是一家联系旅游人士和家有空房出租的房主的服务型网站。——译者注
* 优步，美国打车应用。——译者注
* 美国网上租车公司，以“汽车共享”为理念。——译者注

些让人们生活丰富、轻松愉悦的创新技术。[1]具体来说，我们对化石燃料的贪婪使用导致了全球变暖，接踵而来的将是急剧改变的气候模式、食物供应和大规模的人口迁徙。随着冷战的终结，全面核战的威胁已稍微减轻，但是毁灭性的局部核冲突事件依然有可能发生。我们控制传染病的成功，也产生了一些抵抗抗生素的不规则菌株，它们会进一步繁殖，引发大规模流行病。20 世纪 80 年代在英国首次发生的“疯牛病”危机为我们提供了发人深省的预警，疏忽监管的农业种植与动物会对人产生生理作用，以出乎意料的方式传播疾病。[2]在健康和环境危机束缚住我们想象的同时，技术创新也打破了旧有的工作和商业秩序，让一些技术上落后的群体出现了经济危机。出租车公司强烈反对 Uber，在欧洲尤为激烈。这也反映在我在波士顿深夜打车时，那位司机先生向我吐露的焦虑：出租车司机是一个濒危的职业。

不平等是第二个根深蒂固的问题。科技带来的利益并未能均衡分配，发明可能进一步加大这种利益差距。以人均寿命来说，《2013 年联合国世界死亡率报告》显示：富裕国家的人均寿命超过 77 岁，而在落后国家仅为 60 岁，相差 17 岁。[3] 1990—2015 年间的婴儿死亡率急剧下降，但是据世界卫生组织估计，非洲的婴儿死亡率几乎是欧洲的 5 倍。[4]此外，在资源利用方面，也显示了同样的差距。世界人口平衡组织（World Population Balance）（一个致力于消除贫困的非政府组织）的报告显示：2015 年美国人均消耗的能源是印度人均耗能的 17 倍之多。[5]在这个网络和即时通信的时代，即便是在美国内部，不同地区对宽带的使用差别也很大，美国人口调查局 (U.S. Census Bureau) 的文件记录了这项差别：在马萨诸塞州，宽带用户达到人口的 80%，而在密西西比州却不足 60%。[6]虽然这些技术从堪萨斯州到喀布尔（阿

① Nick Bostrom, “Existential Risks: Analyzing Human Extinction Scenarios and Related Hazards,” *Journal of Evolution and Technology* 9, no. 1(2002).

② Richard Rhodes, *Deadly Feasts: The “Prion” Controversy and the Public’s Health* (New York: Simon and Schuster, 1997).

③ United Nations, Economic and Social Council, *World Mortality Report* 2013 (New York: United Nations, 2013).

④ World Health Organization, Global Health Observatory (GHO) data, http://www.who.int/gho/child_health/mortality/neonatal_infant_text/en/.

⑤ http://www.worldpopulationbalance.org/energy-india.

⑥ Lee Raine and D’ Vera Cohen, “Census: Computer Ownership, Internet Connection Varies Widely across U.S.,” Pew Research Center, September 19, 2014, http://www.pewresearch.org/fact-tank/2014/09/19/census-computer-ownership-internet-connection-varies-widely-acrossu-s/.

富汗的首都）都存在，但是人们对它们的感知和应用却差别巨大，这主要是由于他们生活的地区、收入、受教育水平以及所从事职业的不同。

第三个问题是涉及自然的价值和意义的问题，尤其是人类本性的价值和意义问 6
题。技术发明颠覆了事物的连续性。它改变了我们是谁以及我们应该和地球上其他生命如何共处的问题，在这一立场上，技术再一次让我们感受到：并不是所有改变都是好的。德国社会学家马克斯·韦伯（Max Weber）、美国环保主义者比尔·麦吉本（Bill McKibben）等多位作家都惋惜我们在当今这个异化的世界中失去了思考和怀疑的能力，哀叹这个被技术机械化、祛魅化的世界，痛悼这个被持续进步风险化的世界。然而，祛魅世界的领域仍然一再拓宽。无数新的发现，尤其是在生命科学和技术领域的发现，诱惑着人们去饰演一种自我塑造和控制的剧目，将自然和人类本性转化为一种可操控的机器。当今热忱的生态学家们致力于维护自然的内在价值，试图让时间倒流，取消诸如汽车、化学物质这类我们广泛使用的发明。生态活动家保罗·金斯诺思（Paul Kingsnorth）创立并领导的英格兰暗山项目（England's Dark Mountain Project）围绕噩梦般的生态灭绝进行动员，描述工业社会的人们因为对进步的贪婪毁灭了地球上大部分的生命。[①]这类作家和富有创造性的艺术家们致力于提倡一种“未文明”，即希望通过艺术和文学的刻画，重新引导人类走向不会被轻易毁灭的世界。

其他批评家宣称，技术进步的另一个直接后果是社会的碎片化和消失，即赋予人类生活以意义的社会联结不断被弱化。哈佛大学政治科学家罗伯特·普特南（Robert Putnam）痛惜美国人“独自打保龄”的状态。[②]在他看来，当今的美国人宁愿待在家里看电视也不愿意出来参与教会和其他市民活动。女性由于渴望平等和经济独立，抛下了传统的抚育、教学和其他以社区为中心的工作，转向了能够获得高
薪的法律事务所和企业会议室。这些评论也许在二十多岁的年轻人看来非常荒谬， 7
他们认为自己能够通过社交媒体更加频繁、更加多样地同社团打交道。然而，麻省理工学院的心理学家谢里·特克（Sherry Turkle）却将当今的年轻人描述为“孤独的

① The Dark Mountain Project, FAQs, http://dark-mountain.net/about/faqs/.

② Robert D. Putnam, *Bowling Alone: The Collapse and Revival of American Community* (New York: Simon and Schuster, 2000).

聚集”①。他们沉浸在自己的智能手机和各种通信设备所营造的独立世界之中，无法获得自由，不能和周围的真实世界建立起一种有意义的、多维度的交流形式。

总之，技术在过去的几十年间取得了巨大的进步，但也带来了伦理的、法律的和社会的困惑，这些都需要我们审慎地深入分析，采取明智的反应。最明显的第一类问题就是风险责任问题。在当今的复杂社会条件下，谁应该负责去预见并提前阻止技术的负面影响？我们是否拥有这种可以预见并阻止灾害的必要工具和仪器？作为第二类问题，不平等同样也带来了一系列需要解答的迫切问题。技术发展如何影响目前的贫富差距和权力差别？采取什么样的措施才能够保证技术创新不会进一步加剧这种不平等？第三类问题主要集中于道德沦丧，尤其是对人类本性以及自然认同的重大破坏。技术的发展确实有破坏珍贵景观、生物多样性的危险，这事实上正是破坏了生命的自然方式这一本质概念。诸如基因修饰、人工智能和机器人之类的新技术，潜在地会侵犯人类尊严、损害人类的核心价值观。在这些疑虑之外，还有另一个很实际的问题，即我们为监管技术的物理和环境风险所设立的机构有没有能力来承担思考的任务，能不能足够深入地去思考发明的伦理？本书的主要目的就是考察技术、社会和机构之间的复杂关系，以及它们之间的关系对伦理、权利和人类尊严带来的影响。

1.1 自由与限制

8 “技术”这个词汇的模糊性和其包容性一样强。它涵盖了令人惊讶的一系列工具和仪器、产品、过程、材料和系统。它的词源来自两个希腊词根 techne（技能）和 logus（研究）。“技术”在 17 世纪的早期使用中意味着技术工艺的研究。只是在 20 世纪 30 年代，这个词才开始指使用技能（techne）生产的物品。②今天，提到技术这个词，人们脑海中呈现的大部分都是来自电子世界的产品：计算机、手机、平板电

① Sherry Turkle, *Alone Together: Why We Expect More from Technology and Less from Each Other* (New York: Basic Books, 2011).

② Leo Marx, “Technology: The Emergence of a Hazardous Concept,” *Technology and Culture* 51, no. 3 (2010): 561–77.

脑、软件，以及其他由芯片和电路构成的高科技的硅世界。但是我们有必要提醒人们，技术也包括军队的军火库、制造业中动力十足的发电机、转基因生物体的可塑形态、利用纳米技术制造的肉眼看不见的产品、当代流通所需要的车辆和基础设施、望远镜和显微镜的镜头、生物医学的射线和扫描仪，以及整个宇宙中所有我们接触和使用的人工材料复合物。

沉浸在日常生活之中，我们几乎没有觉察到这无数的仪器和隐形的网络控制着我们看到、听到、尝到、闻到、做到的一切，它们甚至控制着我们能够知道什么、相信什么。然而，随着我们有能力延伸我们的思想空间和物理空间，先不说高级设备如汽车、电脑、手机和避孕药对我们的控制，就连交通信号灯那样普通的东西都能掌控我们的意愿，并在某种程度上把我们的思想和行动联系起来。

在各种实用的或者有抱负的幌子之下，技术实际上是一种治理工具。本书的一 9
个中心主题就是，尽管技术造成了一系列损害，但它像法律一样统治着我们。它不仅塑造着我们的物理世界，也塑造着我们居住和行动的伦理、法律和社会环境。技术一方面使某些活动受益，另一方面又让另一些活动变得更加艰难或者不可能。比如交通规则，它规定了我们如何行驶才不会有麻烦伴随，也禁止了一些有危险或者会带来严重社会后果的行为。他汀类药物能够降低血液胆固醇水平，改善心血管健康，但服用他汀类药物的人也必须要注意避免食用葡萄柚和葡萄柚汁。Mac（多用途计算机）的用户可以享受方便和优雅，但不能像 PC（个人电脑）用户那样轻松地了解电脑的内置设计功能。电动汽车的购买者可以享有驾驶环境友好型车辆的好处，但同时也不得不考虑充电的问题，因为和汽油加油站相比，充电站的数量少之又少。富裕国家的杂食人群可以享有来自世界各地的无限丰富的新鲜产品，但是他们的饮食习惯与贫困人群或者吃粗粮的人群相比，会产生更大的碳排放，从而对环境造成更大的压力。[①]

在管理和治理社会过程中，现代技术系统的权力可以与法律规章相媲美。两者都是允许或者限定可能出现的一些人类基本行为，都是针对主要的社会行动者规定权利和义务。尤其是在当代社会，法律和技术完全相互纠葛在一起。就以交通红灯

① Michael Pollan, *The Omnivore's Dilemma: A Natural History of Four Meals* (New York: Penguin, 2006).

来说，它就是一个法律和物质技术的杂合体，它的调控能力依赖于强制的交通规章制度是否将红灯规定为“停”。离开法律的支持，如法律对合同、法律责任和知识产权的规定，许多现代技术最美好的前景都无法实现。反过来，法律在很多方面也依
10 靠技术来保证其裁决的法律效力，如依靠摄像机来取证车辆是否超速，或者警察开枪的合法性。然而，与有数个世纪历史的法律和政治理论相比，至今我们仍缺乏对技术的系统思考，没有清楚表述赋予技术统治权力的原则。过去半个世纪以来，人类所发明仪器的预测性和监管性，没有强大到可以通过控制技术来明确定义人类共同的未来。

1.2 技术如何统治

由于很难用语言表达清楚技术发明如何广泛地统治着我们的行为和期望，这里我们需要借助一件日常的生活琐事来进行阐述。我的办公室在马萨诸塞州的剑桥，我去办公室的路上总是经过一个丁字路口。在2007年夏季之前，这里还没有红绿灯。进出哈佛广场（Harvard Square）的车辆鱼贯而行，沿着两条主干道形成两条车流。我每次过这个路口都目测车辆的行驶速度，判断是否有足够的时间间隙能让我安全穿过马路。有时候，车辆特别多，我就得懊丧地等几分钟，但有时候我也基本不用等就可以过马路，尽管我知道在马萨诸塞州也可能会有莽撞的司机开飞车撞到我。在什么时候需要停下，什么时候可以走，我仅靠自己对当地交通和司机的判断，这完全取决于我的个人决定。

现在，那个丁字路口已经规范化了。在过马路之前我需要等待交通灯颜色的变化来决定何时能过马路，但是随后我可以利用19秒的时间安全地到达马路对面。因为这个时间间隙是靠可预测的循环获得的，这时行人有权利穿越马路；而司机们则根据倒数计时器安静地等待红灯变绿，才能继续行驶，因此，现在我可以泰然自若
11 地过马路。在这所庄严院校*的小镇里，乱穿马路是学生们的特权，对于着急赶时间的人来说也是一个备选方案，但是之前它只涉及个人判断，现在却几乎是一个道德问题。我应不应该遵守交通法规，选择等待？或者，我该不该非法闯红灯？尽管这

* 哈佛大学。——译者注

可能会阻滞车流、和自行车相撞，或者为其他行人树立一个危险的“榜样”。由不可见专家和电路系统所支持的无生命的红灯默默管制着我们的这些行为，而以前这只是一件自由但有危险的个人行动。

交通灯还提醒我们，在其背后有不为人们所知的专家、政治判断和技术的整合。谁认为穿越马路需要交通灯？或者谁决定 19 秒就恰好能够既让行人安全过马路又能最大化车流速度？剑桥的市政官员有没有询问过公众意见？他们是随意设置了一个数字，还是委托专家设置？或者是把交通信号的设计任务外包给了专业的咨询公司？这类问题可以无限增多。无论是什么专家，他们如何将路口的交通行为模式化？如何决定在车流和行人之间设置时间间隔？他们都利用了哪些信息？这些信息是否可靠？他们是否假定所有的行人都有同样的行为能力？或者他们是否会为虚弱、残疾人士考虑而增加几秒钟？通常来说，我们不会想到去问这些问题——除非当路口出了交通事故，暴露出专家们在设计上犯了错误，需要有人来承担相关责任时。

以上的洞见也呈现出了本书的第二个主题：对技术的理性民主监管，需要我们审视机器表层后的世界，关注背后的决策和选择如何塑造了什么可行、什么不可行的界限划分。令人惊诧的是，社会理论家们花费了巨大的精力来思考和辩论如何制定好的法律，却很少关注设计交通灯这样的技术类对象的好坏。这种不对称性实在令人困惑。在民主社会中，不受限制地授予权力会威胁基本的自由。立法和技术设 12
计同样涉及授予权力的问题，前者是授权给立法者，后者是授权给科学家、工程师和制造商。然而，理论上，我们更加不放心把权力交付给人，而对技术系统则相对放心。当然，这里有历史因素的影响。几百年来，哲学家们和社会学家们一直都忧心于君主权力的滥用。而技术潜在的强制性权力只是在最近才开始出现。但是如果我们想要保有人类的基本自由，我们的法律和政治的成熟度就需要随着技术一起演化。在技术统治的世界，想要挽救人权，我们必须首先理解权力是如何被赋予技术系统的。只有这样，我们对技术的授权才能得到监控和指导，才能实现我们意欲达成的法定自由和知情基础上的自治。

法律和技术之间的共性很重要，但其差异性同样重要。总体而言，法律规范人们之间的关系，以及人与社会机构之间的关系。技术也影响人际关系，比如，电话推销或者广告已经渗入人们的私人空间，而这些空间则是禁止真实的推销员进入的。

然而，法律的效用和实施取决于人们的行为和描述，技术的功用则是通过把没有思想的无生命体和有思想的人类区分开来实现的，这对责任和控制产生了深远影响。继续回到交通灯的例子，尽管有红绿灯，但在路口发生了一场交通事故，造成伤亡。不同于没有交通灯时的事故，此时的事故就会追究各处的疏忽和责任性问题。既然
13 我们规定了红灯具有法律意义，那么闯红灯本身就内在地构成不法行为的证据。而在没有红灯的路口，这件事的过错归因就需要寻求其他证据，比如不可靠的行人证词。什么时候可以、什么时候不可以，将这些强大的监管权力授予技术性对象，是一个发人深省的伦理问题。

1.3 驳斥传统观点

新涌现的技术已经不仅仅是一系列的无生命工具，也不仅仅是相互联结、辅助完成任务的系统，而是重新划分了自我与他人、自然与人工之间的界限。技术发明已经渗入我们的身体、思想和社会交往，改变我们与其他人和非人的关系。这些改变不仅仅是物质层面的改变，如提供更好的车辆、计算机和药品，也是人类身份和关系的转变。它影响了存在的意义，例如，我们对生物物质的操控能力，重构了我们对生命和死亡、财产和隐私、自由和自治的思考方式。20 世纪 30 年代，杜邦公司（Dupont）的广告标语“化学方法创造优质产品，营造美好生活”，现在看来极其幼稚无力，在我们这个时代，我们已经可以设计生命自身，从人的身体到居住的整个地球环境，无所不能。

出于对这种强大的改造能力的考虑，本书反对三种关于技术与社会关系的传统且广泛流行的观点，它们都有缺陷。这三种传统观点分别是技术决定论、技术专家治国论、结果意外论。人们对技术在社会中的角色的认识，普遍局限于上面的一种或两种观点。这三种观点都为人们思考如何监管技术提供了有用的指南，但每一个观点都有其局限性，并导致错误的结论。尤为危险的是，它们都视技术具有政治中
14 立性，不在民主的管辖范围之内。就这一方面而言，三种技术观都断定技术进步是不可避免的，认为抵抗技术是徒劳的，更不用说能够阻止、减缓或者引导它的发展。推翻这些观点的关键一步，是使技术处于人们的监管之下，换句话说，即要打破那

个强大的技术神话，将技术收归民主的麾下。

1.3.1　技术决定论谬误

尽管持有“技术决定论”观点的人对这个术语也许并不熟悉，但这一观点已经渗透到关于技术变化的各种讨论之中。这一理论是指某项技术一旦得以发明，其发展势头难以阻挡，便会重塑社会环境，以符合其对发展永不满足的需求。技术决定论也是科幻小说中的一个常见主题，小说中经常会描绘一些机器成功逃脱人类的掌控，获得了独立的个人意志。亚瑟 · 查理斯 · 克拉克 (Arthur C. Clark) 在 1968 年出版的科幻小说《2001：太空漫游》（*2001：A Space Odyssey*）中，描述了杀人狂机器人哈尔（HAL）这样一个主角，这抓住了大众对技术拥有恶意企图的想象。[①]小说中的哈尔足够聪明，能够读懂人们的唇语，却缺乏人类的情感。当它“读到”人们计划断开它那程序化的、无情感的大脑联结时，它就选择杀害了宇宙飞船上陪它出行的大部分宇航员。

比尔 · 乔伊（Bill Joy）是美国太阳微系统电脑公司（Sun Microsystem）* 的重要合伙人，也是前任首席科学家。2000 年，他写了一篇备受关注的文章《为何未来不再需要我们》，发表在《连线》（*Wired*）杂志上。[②]该文论证说，21 世纪强大的三项技术具有毁灭一切的潜能。这三项技术分别是基因技术、纳米技术和机器人技术，作者使用首字母缩写将三者合称为 GNR 技术。我们应该比以往更加重视对它们的思考。乔伊认为这个新时代和以往历史上的任何时代都不同，因为新的 GNR 技术能够利用相对普通的材料来实现，并且具有自我复制的潜能。一小部分掌握知识的团体能 15
够发起“基于知识的大规模破坏”，乔伊想象了这样一个终结性的反面乌托邦未来：

> 毫不夸张地说，我认为我们正站在极度邪恶的顶尖，这种邪恶的可能性已经超越民族和国家所拥有的大规模杀伤性武器的邪恶，其权力却极其惊人地掌握在少数极端个人手中。[③]

① Arthur C. Clarke，*2001: A Space Odyssey* (New York: New American Library，1968).

② Bill Joy，“Why the Future Doesn't Need Us，” *Wired*，April 1，2000，http://www.wired.com/wired/archive/8.04/joy.html?pg=3&topic=&topic_set=.

③ 出处同上。

* 实践“移动办公”的一个先行者。——译者注

初步看来，乔伊的这种前瞻性并不是完全的技术决定论，他给人类的行为和目的预留了空间，至少这种破坏是"少数极端个人"所能掌握的。但是在他内心深处，他似乎很确定如果人们继续毫不顾忌地开发技术，那么这种"极度邪恶"就是技术固有的本质特点能够带来的确定性事实。一位有才能的计算机科学家读到他的这篇文章时，表示难以相信人类能够操控自己的机器。他认为，人类除了对机器设定一些非人的程序限制之外，对机器本身是无法控制的，除非我们根本不去开发那种技术，因为它具有对人类的毁灭性。比如，科幻小说中哈尔具有的这种扭曲的智能，既不是自然具有的，也不是提前预设的。这个杀人狂计算机只是之前有意识的人类用意图、雄心、错误和误差制造出的产品。乔伊认为哈尔这类机器具有自主能力，能够独立行动或者选择行动，这在无形中低估了它的设计者的聪颖，也使这个神奇、难以管控的机器的创造者免于承担责任。

16 我们如何能够提前评估技术的风险呢？或者乔伊说的是不是真的——一旦我们开启了这个令人眩目的技术创新旅程，是否就再也无法回头？在不受抑制的技术热情和勒德主义（Luddism）* 之间有没有中间地带的存在？能不能实现一种负责的、伦理的技术进步？乔伊对此并没有阐明，但我们可以在技术发展的平稳表现中找出一些线索。

我们再回顾一下交通灯的事例。今天在美国，我们认为每种灯都对路口具有调控能力，我们遵从交通上的优先权问题，允许一些行为人优先过马路，如斑马线上的行人能够优先通行。不同交通灯之间的变换决定了通行的次序，我办公室旁边的交通灯也不例外。这种对道路优先权的理解观念本身就是很新颖的，其历史还不到一百年。[1]在英国的习惯法中，街道上的所有人平等地享有道路使用权，汽车一度遍及城区，导致行人不得不避让汽车司机。汽车还导致了交通堵塞，而这只能通过在路口取消其通行优先权，通过指挥交通来解决。20 世纪 20 年代，得克萨斯州首先用交通信号灯取代了传统上人力成本较高的交警。交通灯在世界各地的快速应用，是现代技术创新的成功典范，在各处都具有同样的意义，调节着几乎同样的行为。一旦

① Clay McShane, "The Origins and Globalization of Traffic Control Signals," *Journal of Urban History* 25 (1999): 379–404.

* 强烈反对提高机械化和自动化程度的主张。——译者注

装置了交通灯，乱闯马路就成了刺眼的危险行为，甚至在美国的一些州会严厉处罚，给予罚款。

但是，交通灯也有它的局限性。当交通流量很大时，它会不堪重负，有时也无法起到防止交通事故的作用。21 世纪初，一位荷兰道路设计工程师，汉斯·蒙德曼(Hans Monderman) 针对繁华路口的交通混乱，设计出了一种完全不同的解决方案。他的方案提出了一个“共享空间”的概念。* 蒙德曼的想法是简化，而不是复杂化一切技术性的基础设施。简单来说，就是没有标识，没有交通信号灯，没有人行道， 17
没有路障以及其他困惑性标识。他提议把道路和路口精巧地重新设计，鼓励行人和驾驶者为自己和他人的安全性负责。交通灯、栏杆、人行道以及路沿全都让步给一种简化了的“乡村版”设计——要求汽车驾驶者减速慢行。和传统上利用物质材料把汽车、行人区分开的做法相反，蒙德曼的设计把道路的安全性建立在人们尊重和关心社会直觉的基础上。

2004 年《连线》杂志对蒙德曼进行了采访。蒙德曼评说了小城德拉赫滕的交通新循环，此前该地总是拥堵不堪：

> 我爱极了这种设计！行人和骑自行车的人以前总是避免这个地区，而现在，我们可以看到，汽车在小心地注意骑行的人，而骑车的人又小心地躲避着行人，街上的每个人都观察着其他人的动向。这些你不能指望通过交通信号和街道标识来做到。你必须把这种理念灌输到对道路的设计中。①

蒙德曼的交通实验很成功， 从伦敦到柏林的几个大都市商业繁华区都按这种理念设计出了各种版本的道路。实际上，他成功地让时间倒流到那个相对善良、温和的时代，所有道路使用者都具有平等的权利。这个小事例说明了我们的反思具有批判性和指导性的力量，推翻了隐含假定，即技术系统对使用技术的人类具有巨大的解放能力，也让从不质疑的人们认识到替代目前内置结构的其他选择是可能的。

也许我们之所以如此盲目地就接受了技术具有改造设计我们生活的权力和意图， 18

---

① Tom McNichol, “Roads Gone Wild,” *Wired*, December 1, 2004, http:// www.wired.com/wired/archive/12.12/traffic.html.

* 其理念是把行人放在第一位，将道路铺设为平坦大道。——译者注

是因为“技术”这一词汇本身具有一种诱惑性，让我们误认为人类聪颖的机械产品可以独立于我们的社会和文化基础。美国著名的文化历史学家利奥 · 马克斯 (Leo Marx) 指出，技术的含义，从“研究技能”（the study of skill）到“技能的产品”（the products of skill）的演变，对人们后来的思维有着重要的影响。它使我们将技术看作一种“表面上不连续的实体——但实际上技术却能成为一种媒介，导致完全自主的、包罗万象的变化”①。

当然，这种自主性是虚构的，也是危险的。一个更加发人深省的看法是，技术远不是独立于人类欲望和目的而存在的，它的产生自始至终都臣服于各种社会力量，技术并不存在自主性。20 世纪 80 年代，一位著名的技术决定论批判家兰登 · 温纳 (Langdon Winner)，就曾简洁有力地指出“人工产品具有政治性”②。对于绝对的技术决定论，我们可以列出许多反对理由来论证技术是由人类社会创造的。从生产层面来说，我们发明的很多技术都不可避免地受到当时历史文化境况的影响，它们决定了社会实际的或者假定的各种需要。我们对原子内部构造知识的掌握不会必然导致原子弹的研发。原子弹之所以出现，是因为交战国家希望利用物理学家的理论知识制造出用金钱难以实现的最具杀伤力的武器。即便是在产品进入市场之后，政治也能影响技术的使用和改造。智能手机和社交应用并不会导致 2011 年的“阿拉伯之春”（Arab Uprising），尽管它非常广泛地被称为“推特革命”（Twitter Revolution）。这些事实都让分析家们重新思考技术，并将其视为政治对象和政治场所。人类的价值观进入技术设计环节，并且，在之后的各环节，人类价值观继续塑造着技术的使用方式，有时候还会像蒙德曼的交通新循环那样排斥技术。

1.3.2 技术专家治国的神话

技术专家治国论，承认技术可以由人类行动者控制和管理，但只假设具有专业知识和专业技能的专家能够胜任此任务。毕竟，我们无法想象这样的情景：不知道药物的影响而批准药品；没有工程知识就批准建造一个核电站工厂；或者没有财务和经济学知识而管理中央银行。认为现代生活极其复杂以至于普通人无法胜任对

① Marx, “Technology,” p. 564.

② Langdon Winner, “Do Artifacts Have Politics?”, *Daedalus* 109, no. 1 (1980): 121–36.

它的管理这一观念根植于欧洲，可以追溯到 19 世纪初的法国贵族圣西门（Henri de Saint-Simon）这位早期社会思想家的观点。① 他的哲学思想也常被称为“圣西门主义”，该思想强调社会管理需要科学的方法，也因而认为经过专门训练的专家具有权威地位。20 世纪初，美国在其改革时代（Progressive Era）也孕育了同样的观点，即认为现代科技进步是不可避免的，需要在政府的各个层面上设有专家咨询员。第二次世界大战结束后，这种观点又注入了新动力。第二次世界大战期间，科学家获得了巨大的公共资金支持，也在政府事务中发挥着作用，他们竭力游说在公共决策中应该更多、更好地应用科学。一时间，咨询机构和咨询职位激增，在传统的立法、 20
行政和司法部门之外，事实上成为政府机构的“第五部门”，补充了影响力颇高的专家监管机构构成的“第四部门”②。

对技术专家的信念、对技术的依赖也常常伴随着质疑的声音和技术祛魅的危险。20 世纪两次世界大战的间隔年间，颇为出名的英国经济学家和政治科学家哈罗德·拉斯基（Harold Laski）于 1931 年出版了一本小册子，评说专家知识的局限性，启发了之后众多的怀疑和反思：

> 专家知识经常缺乏一种谦虚，这也相应地造成知识拥有者对于眼前显而易见的东西，经常视而不见。专家们还有一种抱团的精神，对于那些不是来自他们科学共同体的所有证据，选择性地忽略。另外，人类最迫切关心的一个问题是，专家看不见自己所做的决策并不是纯粹的自然事实，这带来了一系列没有正确答案的价值观问题。③

不同于同时代的其他知识分子，也不同于美国改革时代的那些朋友，拉斯基很有预见性地警示了我们对优生学和智力测试的依赖。最高法院大法官奥利弗·温德尔·霍姆斯（Oliver Wendell Holmes）对于《美国宪法第一修正案》持有更为开明的观点，部分受惠于和拉斯基的信件往来。然而令他臭名昭著的是他在 1927 年巴克诉

① Claude Henri de Saint-Simon, *Political Thought of Saint-Simon*, ed. Ghita Ionescu, trans. Valence Ionescu (Oxford: Oxford University Press, 1976).

② Sheila Jasanoff, *The Fifth Branch: Science Advisers as Policymakers* (Cambridge, MA: Harvard University Press, 1990).

③ Harold J. Laski, *The Limitations of the Expert* (London: Fabian Society, 1931), p. 4.

贝尔（Buck v. Bell）的案件中支持了优生绝育的观点。[①] 在大屠杀的暴行中，德国生物学家以科学理论支持了纳粹种族理论，这很不幸地印证了拉斯基的质疑。

21 本书后面章节中介绍的近期技术事故的案例也印证了拉斯基早前的洞见，即专家们在他们的立场中过高估计了确定性程度，并对来自其他团体的知识和批评置若罔闻。尽管美国国家航空航天局（NASA）针对 1986 年的“挑战者号”航天飞机的事故展开了高度的公共调查，但它并没有发现真正的原因是，机构的内在机制阻止了早期警示信号的发现和汇报。直到 2003 年第二架航天飞机“哥伦比亚号”损毁之后，才开始咨询社会学家黛安·沃恩（Diane Vaughan）[②]，美国国家航空航天局才认识到其专家机构文化的缺陷。导演查尔斯·弗格森（Charles Ferguson）的获奖纪录片《监守自盗》（*Inside Job*）详细讲述了一个占尽天时地利的经济顾问圈子，包括“极其聪明”[③] 的劳伦斯·萨默斯（Lawrence Summers）在内的一个团体，如何倡导金融放松管制，并把预警者驳斥为“勒德分子”*，从而最终导致 2008 年的经济危机。这些案例有力地向我们证明专家决策过程需要更高的透明度和公共监察。

1.3.3 预期结果和意外结果

与技术决定论和技术专家治国论并行的第三个观点是“结果意外论”。众所周知，技术有时候会出故障，但不确定的是，向谁追究责任？什么情况下会出现故障？确实，故障越严重，我们越容易认为这不是物件或系统设计者所意图的或想象的。当烤箱坏了或者大冷天的汽车抛锚了，我们会呼叫维修人员过来维修；或者，有时候抱怨几句，买个新的来替代，因为我们知道机器都有使用期限，就像人的寿
22 命有限一样，有时候就是失去了效用，该寿终正寝了。如果一件电器在质保期内或者使用期限达到之前就出了故障，我们就会认定它是一个次品，要求卖方退回货款。如果故障很严重或造成伤害，我们可能会作为消费者提出投诉，或去法院起诉要求赔偿。人类和机器的共同生活中出现故障是如此常见，以至于它基本没有导致社会

① *Buck v. Bell*, 274 U.S. 200 (1927).

② Diane Vaughan, *The Challenger Launch Decision: Risky Technology, Culture, and Deviance at NASA* (Chicago: University of Chicago Press, 1996).

③ Charles Ferguson, “Larry Summers and the Subversion of Economics,” *Chronicle of Higher Education, October* 3, 2010, http://chronicle.com/article/ Larry-Summersthe/124790/.

* 强烈反对机械化或自动化的人。——译者注

生活节奏的一丝波动。我们把它们看作自然事件，所有的生命和非生命系统都随着老化过程有一个可预测的终结。

如果我们认为技术故障、事故和灾难似乎是无意的，那只是因为技术的设计过程很少呈现给公众。任何参观过钢厂、巧克力工厂或肉类加工厂的人都知道，游客必须遵守严格的规则才能换取到一些非常有限的透明度。有些地方被禁止入内，有些门被禁止打开。有时候生产错误暴露在大众眼前，这对设计者们来说是非常地难堪和尴尬，但这并不是常态，只是偶尔的例外。2010 年 7 月就出现了这样一个事件，苹果公司高调推出了它的 iPhone 4，3 个星期后销售量已破 300 万部。可这时问题出现了，以某个特定姿势手持 iPhone 4 时，它的信号就会中断，不能拨打电话。微博顿时就沸腾了。网友们嘲笑这家传奇公司丢脸，讽刺这个席卷市场的苹果产品。很快该事件就有了个滑稽的绰号“天线门”。为了平息各种批评，主推销员史蒂夫 · 乔布斯（Steve Jobs），也是苹果公司的共同创始人和首席前瞻官，精心策划并编导了一场公共演讲。

乔布斯与公众见面，还发布了公开视频，他反复强调这一主题：“人类不是完美的，手机也一样。”[①] 他辩护说，iPhone 4 虽然不完美，却是人们所能企及的最好产品， 23
远远好于市场上的其他同类设备。为了支持自己的论点，乔布斯还公布了大量的数据，展示了在测试天线性能方面做出的努力。一位博客网友评论说，这一场华丽的表演是为了让观众相信“iPhone 4 并不是坐在小隔间里的底层技术人员通过胡拼乱凑制造出来的”[②]。尽管手机存在缺陷，但这是我们这个世界中人和机器所固有的特征，谁都无法完全正确，不出状况。更重要的是，乔布斯代表公司承担了这个责任，强调苹果公司的工作人员正在夜以继日地修补漏洞，并再次强调了苹果希望所有用户满意的信条。为了平息事端，他还提供了免费的苹果手机壳，以补偿给初期用户带来的不便。

结果意外论的主题将技术故障转引到一个与乔布斯完全不同的方向。该主题并不同于乔布斯所描述的人类和机器失误。乔布斯认为苹果公司的工程师们对问题进

---

① Apple iPhone 4 press conference, July 16, 2010, Cupertino, CA, http://www.apple.com/apple-events/july-2010/.

② Michael Rose, “‘Antennagate’ Press Conference Video and Official Pages Up,” *Engadget*, July 16, 2010, http://www.tuaw.com/2010/07/16/antennagate-press-conference-video-and-web-pages-up/.

行了全面的考虑，并尽量提前解决掉；但是智者千虑，必有一失。如果罕见地出现了故障，他们同样会重新思考和设计他们的产品。然而，结果意外论的论调却不同，它认为对于最终出现的错误，我们既没有必要、也不可能提前考虑到。这种论调经常出现在可怕的灾难性事件之后，比如，我们发现近几十年释放到大气平流层中的氟氯化烃导致了“臭氧层空洞”；1984 年发生在印度博帕尔的导致数千人死亡的有毒气体泄漏；2008 年几近毁灭性的全球金融危机。在这些时刻，人类很无助，不知道
24 该如何应对，更不用说去减轻这种伤害。宣称这类故障是意外结果，可以减轻人们集体意识的无能和愧疚。人们经常将这类致命事件类比为自然灾害，或者回溯到创世者，认为是上帝的旨意。对于哪里出了问题，以及如何做出了这项选择，人们则悄悄地免除了追究这些已知行动者的相关责任。

然而，结果意外论的观点留下了很多令人困惑的问题。这是不是说设计者的产品设计意图并没有按计划被执行？或者事情超越了设计者的原本意图范围，因为没有人能提前预知技术会应用到哪里？这两个问题隐含着不同的法律和道德意义。在第一种情况下，需要负责任的可能是技术的使用者，如 2008 年 9 月，疏忽的工程师罗伯特 · 马丁 · 桑切斯（Robert Martin Sanchez）在工作期间发短信，导致了发生在洛杉矶的致命事故，葬送了自己和其他 24 个人的性命。我们有理由相信，手机的设计者没有预料到他们的发明会在这样需要注意力高度集中的工作职位中使用。补救措施可以是通过改变法律和规章，要求制造商和用户给予高度的重视。在第二种情况下，也许找不到合适的人去责备，例如，在汽车大规模使用几十年之后，气候科学家发现汽车燃烧化石燃料的尾气排放是导致气候变化的主要因素。这也许归咎于我们没有想象到、没有预料到、没有监督到这种后果，或者归咎于我们不加克制的欲念，但所有这些都无法轻易地通过预防性政策或者更好的技术设计来根治。

不幸的是，这两种情况尽管逻辑上的差别很明显，但在实践中却难以理清。部分
25 是由于“意外”这个词的模糊性。毕竟，怎样才算是技术的预期后果呢？是不是只有在事故出现之后，才能做出回答？这样的话，设计者和监管者对各种可能风险的主动思考并不是很有用。这个词汇的使用有没有一种内在的偏见，只有好的结果才是预期结果，而不好的结果都是意外的？这样的话，那意外结果的说法就主要是为了让我们确信技术变化具有根本上的进步意义和收益特征。它表达了这样的一种希望：没

有人会故意制造出具有潜在灾难的设备，它们都出于有益目的而服务人类。

另外，“意外”这个词汇是从某个特定时刻的角度来限定意图的——不仅仅是一些与道德有关的意图，但事实上科技的使用从来都不是静态的。火车工程师桑切斯的短信案件告诉我们，即便在世界中使用很久的技术，依然会和社会产生复杂的、变化着的互动关系。电话和火车、通信与通勤，这两组概念维度对于大多数人来说是不同的。在 2008 年那场致命事故发生之前，洛杉矶通勤火车系统的管理者也是这样认为的。但是人们能够新颖地、想象地、创造性地使用现代世界所赋予我们的各种设备。谁有责任去追踪变化多端的使用者？洛杉矶的悲剧事件让我们注意到一个特定的协同性问题：虽然无人能够提前预设，但是监管人员如果愿意去观察的话，就会发现手机使用的这种广泛性。如果这位工程师应该为自己的疏忽负责，其他工程师其实也有相似的行为。事实上，对这场致命事故进行联邦调查的负责人，凯瑟琳·奥利里·希金斯（Kathryn O' Leary Higgins）就指出，火车乘务人员在火车上使 26
用手机是一个全国广泛存在的问题：“这次是一个火车员引起的一场事故，我不禁想，也许以后哪一天还会有更可怕的事发生呢！”[①]

1.4 立场和方法

技术创新的领域之广泛，可比拟人类自身的多样性，任何试图对它进行的分析都需要首先选定一些框架。对我而言，本书的理论框架选择，部分是基于我的跨学科教育背景，部分是由于我个人对世界的感知。本书中涵盖的很多经验性素材来源于我作为律师时，经常打交道的科学技术与法律的核心争议问题。这些案例引入了我的第二个学科背景，即科学技术论（science and technology studies，简称 STS），这是一个相对较新的学术领域，致力于解释科技的社会实践如何与其他社会机制，如法律，进行互动。STS 分析尤其需要用心观察技术和社会的不确定性是如何被解决的，以及在努力建造可信赖的世界中简化了什么、抛弃了什么。STS 特别感兴趣的是，决策如何驱散怀疑，如何宣称一个技术系统能够安全有效地运行。这个领域提

① Robert J. Lopez and Rich Connell, “Metrolink Engineer Let Unauthorized ‘Rail Enthusiasts’ Control Train,” *Los Angeles Times*, March 3, 2009.

供了大量的专家决策过程的文献，比如风险评估等，为本书中讨论的伦理和道德问题提供了基本信息。

我长期专注于科技政策和环境法规的跨国比较，这构成了第二个方法论的起源。
27 我的调查研究显示，尽管各个国家致力于理性的、基于科学的决策，竭力保护公共健康和安全，却常常在不同程度和形式上对技术系统进行控制。[①] 德国很反对核能，而法国则相对较欢迎。两个国家国境内都没有油田或者铀矿，所以这种政策差异不能用经济利益和地区政治利益来解释。尽管大部分美国专家和企业家都坚信用核能发电站替代传统化石燃料是可行的、必需的、安全的，但是美国的公众仍不喜欢核能发电站，尤其是把发电站建在他们后院似的邻近地区时。[②] 这种差别突出了历史和政治文化在技术未来的伦理讨论中的作用，这是本书的另一个视角。

本书中使用的所有案例在多个层次上反映了我个人的经验和倾向。很多案例都涉及环境或生命科学技术，因为这是我长期以来专注的研究领域，也由于在这些领域中伦理和法律问题表现得更清楚、更突出、更迅捷；而相对来说，数字领域的隐私权和监控权还处于不断变动之中。本书中也利用了南亚国家的一些案例，大多来自印度。这出于我对它的个人关心和学术兴趣。对于风险、不平等和人类尊严的主题，美国和印度显示出某些惊人的相似和差异。两个国家都致力于发展技术，都是民主国家，都具有社会运动和言论自由的传统。然而，印度与美国相比，又非常贫困，并且大型的技术故障和灾难多次在印度发生。将这两个国家相提并论，是为了强调在这个不平等的世界中责任追究和技术创新的伦理所面临的困难与挑战。

1.5 责任性差异

28 人造仪器和基础设施构成了现代性的环境，如果谁否定它带来的好处，那他至少是有些愚昧的，甚至有着一种很危险的无知。然而，现代社会起源于人类不加限

① Sheila Jasanoff, *Designs on Nature: Science and Democracy in Europe and the United States* (Princeton, NJ: Princeton University Press, 2005).

② 2015 年巴黎气候会谈前夜，彼得 · 泰尔（Peter Thiel）这位身价数十亿的技术大亨主持了一个题为“我们需要的新原子时代”的报纸专栏（《纽约时报》，2015 年 11 月 25 日）。

制的选择，并赋予了现代技术以超人力量，塑造着我们的社会和命运。我们是否把科技视为一种被动的社会背景，关乎我们是否会面临犯概念性错误的危险，进而威胁着我们人类的健康和存在。数百年来的发明一方面使人类生活得更加充裕、独立、富有成效；另一方面也延续了一种压迫和统治形式，传统政治家和社会理论家几乎不知道该如何对它进行命名，更不用说妥善管理了。除非我们能够更好地理解技术是如何影响社会交往的基本形式的，包括对阶层和不平等关系的建构，否则“民主”和“公民权利”这些作为自由社会指南的词汇就会失去其自身的意义。

技术决定论、技术专家治国论和结果意外论的基本原则是，试图消除对技术的价值观、政治和责任性的讨论。如果技术具有自身的发展逻辑和必然推动社会发展的路径，那就等于基本上没有给道德讨论预留空间。在这种状况下，技术专家主张，由专家来统治是唯一可行的选择，因为我们都希望技术的运行功能能够得到良好的保证，而工程设计和技术风险评估过于复杂，普通人难以胜任。另外，由于大型技术系统的复杂性，我们别无选择，只能接受这样一个无法预见威胁的风险性未来。从结果意外论来看，技术的诸多方面是无法确知，也是无法有效预防的。亨 29
利 · 福特（Henry Ford）开发 T 型车* 时，如何能够预见现在的气候变化呢？因此，按照技术意外论的观点，社会最好还是接受风险，重视发明和创造，仅当有坏事发生的时候，再去学习变得更好！

这些论断会导致对现代生活的技术风险、技术限制产生宿命论，最终绝望灰心。幸而，我们在前文已经指出了这些传统观点的缺陷。这些把科技视为本质上去政治性、去管理性的传统理论观点导致了一种消极的看法：技术或者科技专家都处于政治分析、道德分析或监管的范围之外。挑战现代社会的难题是，如何能够对技术系统进行充分的、系统的理解？如何知道在何时何处可以采取有意义的政治行动，实施有效的监管？这个新契约旨在增强人类的行为能力，并不一定是“浮士德式”(Faustian)* 的。我们不一定非得在监管盲目，或不可克服的不确定情形下签署不平等的契约。

但是，我们有什么可行的措施，可以保证技术不会逃脱人类的控制呢？我们需

* 福特 T 型车价格低廉，汽车从那时开始成为普通人拥有的产品。——译者注

* 其特点是把冲突当作存在的基础。——译者注

要使用何种概念工具或者实践工具来控制与日俱增的无生命技术对象呢？本书以下章节通过分析风险、不平等和人类尊严等问题试图作出回答。在与技术发明共存时，要想对社会生活更加负责任，我们必须解决这些问题。本书第 2 章分析了技术创新的各种风险，考察了它们的起源和监管方式。比如，技术风险是如何形成的？谁来评估？使用什么样的证据标准？有哪些监管或控制措施？第 3 章和第 4 章致力于不
30 平等的主题，分析技术进步的社会中不公正的结构基础。第 3 章回顾了技术系统中发生的一些巨大事故，指出风险和专家知识在国与国之间分布并不平等，预见和赔偿的责任性问题很难确定，并探究了我们如何设计一个更加符合伦理的监管系统。第 4 章追溯了动植物基因修饰的争议，科学家对自然的干涉扩大到全球规模，也导致了跨国的伦理困境和政治困境。接下来的 3 章讨论了在新的技术系统下，个人自由和自治发挥作用的演变方式。第 5 章思考了生物医学科技隐含的伦理和道德变化，分析了对操控人类生物学设计的决策机构和决策过程。第 6 章深入探讨了快速扩大的信息世界和社会媒体世界，描述了数字革命在几十年前自诞生初就对隐私和自由思想所构成的威胁。第 7 章转向了知识产权这一令人困惑的问题，分析了各种规章如何调节理想的自由探究和实际的知识产权之间的张力。最后两章讨论了控制和监管的问题。第 8 章回顾了让公众更加积极地参与技术未来的设计和管理所采取的不同机制。第 9 章回到本书开篇的终极问题：尽管技术力量似乎发展迅捷、不易预测、过于复杂，而且不适合传统的管理概念，但我们应该如何恢复对它的民主控制。

第 2 章

风险和责任

简单来说，技术是实现目的的方法——在当今时代意味着，运用专家知识以实 31
现一定的现实目标。然而，这种理解技术的方式掩盖了一种明显的局限。它隐含着我们能够提前预知技术的“目的”，而人类的聪颖也主要用于实现已知目标。在人类发展的原始时期这无疑是正确的，那时我们的祖先主要致力于寻找食物和住所、抵御恶劣天气和其他敌人。为了捕获飞禽走兽，人们发明了弹弓和箭矢；为了涉水渡河，他们学会了建造木桥，并用空心的树干造船漂流。所有史前的博物馆中都陈列着这类布满灰尘的原始手工制品——各式各样的尖头火石，打磨的石斧、石钵和石杵，简陋粗糙的农业用具等。

然而，现代科技却很少是一维的，它们不是目的与方法简单的一一对应。其中的一个原因是社会中的技术目的从来都不是静态的，技术系统像生物机体一样随
着所处社会环境的变化而演化。最有用的、最持久的发明是那些有各种广泛用途 32
的技术，如车轮、齿轮、电、晶体管、微晶片、个人标识号 (personal identification number，PIN)。所有成功的技术都是那些能够灵活改变，能够适应社会增长需要和

价值观变化的技术。①就连最不起眼的灯泡也在形式和功能上数经改良，随着新材料的出现，人们发现精致的荧光灯和LED灯泡只消耗旧式白炽灯的小部分电量，就能够照亮千家万户。今天的汽车外观上也和亨利·福特的T型车造型不同，因为它要满足各个阶层的用户需求，有的人痴迷跑车，而热爱野营或需要长途出游的人则倾向大型家庭车。一成不变的技术很容易被悄悄地淘汰在历史中。比如，埋线式电话只是为了实现一个简单的目的：从一个固定地点接收到人的声音并传送到另一个固定地点。移动电话的强势来袭，淘汰了传统电话，因为它不仅可以打电话，而且能够随身携带。而接着，移动电话又难以抵抗智能机的势头，因为除了打电话之外，智能机还有许多其他功能，比如发信息、上网，并且能让用户用照片和视频记录下任何激动人心的瞬间。

因此，传统上连接目的与方法的技术，已经演化得更加复杂。司机们现在很少有人能理解汽车上的应用软件，而它却控制着多项功能，使汽车理想中的安全、清洁、自动驾驶和自动停车成为可能。但是这种隐藏的、不为人理解的功能有时候也会导致新型的致命事故，比如汽车安全气囊毫无预警地猛地膨出，可能会致人丧命。软件自主驾驶的汽车可能会在高速上突然抛锚，而不发出传统的预警信号，如隆隆
33 声或噼啪声，来帮助我们判断是消声器还是电池组出了问题。作为世界上最著名的汽车制造商之一，大众汽车就堪称是教科书般的新时代风险案例。2015年秋季，大众汽车承认它们曾经故意设计了一种给出柴油机错误读数的软件，以通过排放量测试。②这个“作弊软件”还隐藏了这样的事实：当大众汽车在非测试环境下驾驶时，其性能表现更差劲。这造成大约110万的大众汽车购买者受损，他们汽车的转手价格突然下降，而有的汽车则达不到空气排放标准，不准进入市场交易。大众汽车的公开坦白不但蓄意蔑视了法律规定，而且让顾客很失望，将来谁还愿意购买大众汽车呢？

目的与方法的断裂，导致技术的路径不再是线性的，而且更加难以预料。臭氧层空洞现象就是一个发人深省的案例。20世纪60年代，生产商广泛将惰性的、无毒

① Wiebe E. Bijker, Thomas P. Hughes, and Trevor J. Pinch, eds., *The Social Construction of Technological Systems: New Directions in the Sociology and History of Technology* (Cambridge, MA: MIT Press, 1987).

② Coral Davenport and Jack Ewing, “VW Is Said to Cheat on Diesel Emissions; U.S. to Order Big Recall,” *New York Times*, September 18, 2015.

的、不易燃的氟氯化烃作为制冷剂，还把它应用到多个领域，如气溶胶喷剂。一直到 1972 年，位于洛杉矶的加利福尼亚大学的两位化学家弗兰克 · 舍伍德 · 罗兰（F. Sherwood Rowland）和马里奥 · 莫利纳（Mario Molina）才发现这一惊人事实：这些化学物质很危险，它们消耗着平流层中的臭氧。最初他们的发现被同行化学家和工业化学家驳回，直到 15 年之后这两个人的成果才被接受，随后又被授予诺贝尔奖。最终国际社会达成一致，签署了《蒙特利尔议定书》(Montreal Protocol)，以保证人类社会不会继续生产或使用这些会威胁生命安全的化学物质，而我们之前却认为它们完全是安全的。

数十年来，我们已经把对技术发展的关心和不确定性绑定在风险的名头之下。监管者也尽力评估风险，尽力在灾难发生前控制风险。按照字典中的释义，“风险”仅仅是指那种造成伤害或损失的可能。正如乘飞机的乘客可能会遭遇飞机失事一样， 34
或者房子的主人可能会在大火中失去房屋一样，技术风险也正是指在使用或操作人造仪器或系统时会出现的风险，它不同于我们无法人为控制的自然灾害，如地震、暴风、流行病等。然而，这种区分在我们现今相互联系的世界中已经站不住脚了。例如，气候变化打破了以往的技术和自然的二分边界。它是一种自然现象，却是人们在一定时期内造成的，现在这个时期被标识为人类世[1]（anthropocene）*，这一时期人类的活动成为影响地球环境的主导力量。随着工业革命的兴起，风险作为人类智慧的副产品，已经扩大到人类生活的各个方面。它们是人造环境的有机组成部分，也成为自然现象的组成部分，影响气候变化中的风速、天气、洋流等。零风险的目标——一个完美运作的技术环境，所有的机器和设备都按照预设的目标运作，而且不会造成任何伤害——是不可企及的梦想。

1986 年，德国社会学家乌尔利希 · 贝克（Ulrich Beck）创造了“风险社会”(Risikogesellschaft) 这个术语，用来描绘技术失败时所暴露出的威胁、不确定性、不受控性。[2] 新的风险是无形的，如辐射和臭氧损耗，而当无形风险物化时，

① Paul J. Crutzen and Eugene F. Stoermer, “The ‘Anthropocene,’” *Global Change Newsletter*, no. 41 (May 2000): 17–18, available at, http://www.igbp.net/download/18.316f18321323470177580001401/1376383088452/NL41.pdf.

② Ulrich Beck, *Risk Society: Towards a New Modernity*, trans. Mark Ritter (London: Sage, 1992).

* 人类自工业革命以来的活动对环境的影响可成为一个新地质时代的理论。——译者注

我们并没有先前经验能够指导我们如何去应对。贝克认为我们已经进入了现代化时期，社会特征不但具有旧有的社会分层，如种族、阶级、性别等，也面临着形形色色的不受控风险。贝克出书的时间和切尔诺贝利核事故是同一年，因此，他的分析更是深深地触动了德国人的神经，他那本厚重的社会学学术专著
35 出人意料地热卖了成千上万本。这本书的影响比灾难带来的余波更加持久、深入人心。此书被视作对现代社会的警告，预警人们应该对技术探险的意义和后果进行更加深入的思考，并切实负起责任来。

贝克还提醒我们关注监管机构的“组织性失责”，任何一个机构都无法宣称能够理解或者控制我们周围的全部风险。贝克指出，科学对平息我们时代焦虑的能力也相当有限，因为知识总是会带来新前沿的困惑和怀疑。贝克在写这本有创意的作品时，气候科学还处在初始阶段，但对于知识的巨大进步会如何导致重大的新型不确定性，他却给出了令人信服的说明。我们现在知道由于人类的活动，地球正在变暖，我们也知道以后的极端天气状况会频发，可是这些反常会如何影响各个地区，却仍笼罩在不确定的乌云下，而某一特定社会经济团体的生活和生计更是不可知。

本章的后续部分会审视20世纪形成的官方监管机制如何控制风险，以及它们在赋予或者剥夺公民权利方面发挥的作用。在评估风险的分析中，最常用的方法并不是价值中立的，而是融合了明显的价值倾向，希望实现一个可企及的、合意的人类未来。前人评估风险时也有偏见，他们默认变化有好处，认为只要是新事物就应该欢迎，除非我们按现在的标准识别出否决它的弊端。另一个常见的偏见是我们能够提前知道新事物的好处，而对于坏处仅仅是猜测性的，除非坏处可以量化或立马显现，否则我们完全可以忽略这些坏处。本章首先叙述了技术失败的典型操控性描述，
36 通过后瞻方式，把它诠释为意外结果，从而维护了那种由于缺乏预见才导致伤害的观点。随后诉诸计量技巧，通过减少风险产生情景的复杂性和模糊性，说明那些潜在的不可监管的未来似乎是可以监管的。总而言之，我的这些事例说明，专家评估风险时倾向于注重变化，而不注重可持续性；重视短期的安全性，而不重视对环境和生命质量的长期持续影响；重视开发商的经济效益，而不重视对其他社会成员的公正性。

2.1　恢复信心的叙事

技术风险是人类和非人类行为的综合产物。任何一个人造物，无论是最不起眼的，还是最复杂的，如果设计低劣、处理不当，人类对它又管理不当的话，都会变得很危险。然而，通过事实的或者有意的忽略，我们通常认为人造物无可厚非，并将人类操作者和它截然对立，以图恢复信心。技术被看作是有用的、强大的、能够持续进步的，而它的负面影响则被消解为人类的不幸和失误。

对于那些广泛应用的技术，例如枪支、汽车、兴奋剂（recreational drugs），人们似乎不愿意去指责该类发明，即使它们对社会造成了大量的伤害。枪支在美国更是具有特殊的、受保护的地位，因为《美国宪法第二修正案》保障了持有枪支的权利，即使该法规有时被勉强解释为不适用于个人拥有武器。在美国，枪支造成每年 3 万多人的死亡，远高于交通事故的死亡人数，可是国家步枪协会 (National Rifle 37
Association，NRA) 作为美国强大的枪支游说集团，依然坚持认为“枪不杀人，人杀人”。国家步枪协会辩论说，死亡事件之所以时有发生，是因为一个本质上自由的装备落入了坏人或者粗心者的手中。从它们这个观点来看，“枪支暴力”只是一个误称，只是美国值得称赞的枪支文化的意外副产品。有些行为人是变态或疯子，有些则是不负责地使用枪支，而事故发生时，死者或伤者又恰好在他们附近。在美国国家步枪协会快乐用枪的意象中，如果受害人也拥有枪支，随时准备好反抗这些病态射击者，那么很多受害人都是可能活下来的。

未能总结技术对个体生命的有害影响的教训，可能会造成人们长期忽略重大风险。在 20 世纪 80—90 年代，一次性打火机的频繁爆炸，导致了数千人的伤亡。这些事故由法院逐件结案，却依然被无视，直到受害人最终对这个行业进行起诉，强迫它们采取更加严格的行业标准。大约 15 年后，通用的雪佛兰科宝 (Chevrolet Cobalt) 汽车和其他一些小汽车的点火启动开关出了故障，造成了几十人的伤亡，因为汽车安全气囊也未能膨出。法律诉讼最终迫使公司承认，尽管公司内部意识到这些开关有问题，却长期忽略，并没有召回这些汽车。[①] 更普遍的是，尽管交通事

① Bill Vlasic, “G.M. Inquiry Cites Years of Neglect over Fatal Defect,” *New York Times*, June 5, 2014. 大众最终同意支付 9 亿美元来解决对它的犯罪指控。

故导致了美国每年 3 万多人的伤亡，死亡人数几乎和整个越战期间美军的死亡人数相当，但是汽车依然蜂拥在各个城市和高速公路上。军事技术也远远超过保障安全
38 的需要，设计出了能造成非人道规模杀伤力的武器。尽管目前全球的武装冲突规模并没有增加，公众对战争的疑虑也有所消除，然而公众依然每年都批准军事技术的生产。

在高度可见的技术故障出现之后，对它的调查更是再一次昭示出让社会恢复信心的方法，就是人们多加小心就会更加安全。拿美国来说，1986 年“挑战者号”，2003 年“哥伦比亚号”两艘航天飞机遇难，都是由未经矫正的设计缺陷引起的，每次都让飞机内的 7 名乘客全部遇难。这个代价昂贵的惨剧严重损害了美国国家航空航天局的声誉，飞船遇难揭示了风险分析的特征，对技术系统的伦理监管和民主监管具有重大影响。

第一，即便对那些研究透彻、精心测试过的技术，我们也无法精确预见风险和伤害。导致技术故障的偶发事件链是各种各样的，差别迥异，我们无法完全提前掌握。在复杂的系统中，即便是很小的偏差也会导致灾难性的后果，因为正如社会学家查尔斯 · 佩罗（Charles Perrow）所指出的那样，各部件是如此紧密地结合在一起，一旦破坏链开启，整个系统就没有足够的复原能力来校正最初的错误。[1] 在“挑战者号”的事故中，起因就是橡胶 O 形环* 因为低温失去弹性而变脆破损，发射时无法密封燃气，致使喷出的燃气烧穿了火箭助推器的坚硬外壳。逃逸出的燃气继而引燃了相邻的外挂燃料箱。火焰、热气和爆炸最终导致基本联结部位弯曲破损，从而整个航天飞机在发射不到两分钟的时间里完全爆炸解体，观众们在看电视直播时，见证了这恐怖的一幕。机组人员舱的 7 个人，即便是爆炸时内部没有受到压力而得以幸存，但落入海面时的巨大冲击力也会使所有人不能侥幸存活。

39 在“哥伦比亚号”事故中，外部燃料箱表面脱落的一小块泡沫绝缘材料，在击中航天飞机左翼前缘后*，破坏了返回大气层时用于抵抗高温的保护系统。美国国家

① Charles Perrow, *Normal Accidents: Living with High-Risk Technologies* (New York: Basic Books, 1984).

* 助推器两个部件之间的接头。——译者注

* 损坏了碳隔热板。——译者注

航空航天局的高级经理认为无法对航天飞机进行中途修补，也没有命令对受损区域进行外观检验。事实上，最初的碎片冲击就已经决定了航天飞机和宇航员的命运，而宇航员却毫不知情。两周之后，在飞机返回地球，离预定地面还有 16 分钟时，高温空气冲入了人们一直担心的受损左机翼，导致机翼和机体融化，所有宇航员遇难。

第二，更加让人忧心的是，这两个航天飞机出事前都有预警信号，但要么识别不出，要么预警不被重视。一个人的认识完全取决于他在技术系统里面所受的教育、倾向和地位。对事故场景的艰难重现，让每场悲剧都清晰明了。比如，在这两次灾难发生前，有些工程师知道并担心这些缺陷会导致致命事故。[1] 两次事故中，都有专家提前警告可能会有严重错误。罗杰 · 博伊斯乔里（Roger Boisjoly），这位莫顿聚硫橡胶公司（Morton Thiokol）的工程师、美国国家航空航天局的承包商、“挑战者号”火箭助推器的生产者，就曾经反对把“挑战者号”的发射时间定在佛罗里达州一月下旬的极冷天气里。但他公司的领导和美国国家航空航天局的管理者们迫切希望能够实施这个已经推迟了很久的公共事件，否决了博伊斯乔里的意见。支持者们的信心来自这样一个事实：尽管之前的飞行中，“挑战者号”的 O 形环出现过问题，但也就是一秒钟的事，备用的 O 形环立马补上且保证了密封性。

同样，在致命事故发生之前的飞行中，“哥伦比亚号”也曾经被碎片击中，造成 40
机身有凹痕，但是这些破坏都没有严重到促使人们去多加预防。潜在的致命故障反而被视为预料之中的完美意象和实际现实之间的差距，每个事件中的风险都被消解在可接受范围之内。直到回头审视这些事件时，美国国家航空航天局才承认机构自身有一种自满的文化（这种自满文化也是乔布斯在“天线门”事件之后承诺绝不会发生在苹果公司的文化），把严重警告看作是常规故障。社会学家黛安 · 沃恩（Diane Vaughan）称这种现象为“反常常规化”。[2] 这种结构性健忘症能够让组织失去足够的警惕性，即便它们运作的技术有潜在的高风险灾难。

第三，如贝克所说，航天飞机的灾难凸显出复杂技术系统的管理分布方式限制了问责制。工厂只生产各个零部件，不负责组装或操作最终产品。而操作性责任又

---

① Rogers Commission Report, Report of the Presidential Commission on the Space Shuttle Challenger Accident (1986); Columbia Accident Investigation Board, Report (2003).

② Diane Vaughan, *The Challenger Launch Decision: Risky Technology, Culture, and Deviance at NASA* (Chicago: University of Chicago Press, 1996).

经常和管理决策的责任相分离，如“挑战者号”事件中知识和权威的分离：橡胶公司的技术专家知识和美国国家航空航天局的政治考虑决策的分离。通常，那些掌握技术并在实际中运行细节的工作人员，如有先见之明的工程师博伊斯乔里，根本无法影响上层决策人员的想法，决策者的技术知识经常跟不上知识更新，并且更多地屈从于经济和政治权变。悲哀的是，两次宇航灾难显示，这种分散监管的苦果，以及相关的机械错误、人为错误和机构错误，都加在无辜的受害者身上。对那些主管他们命运的决策，他们几乎没有发言权。

41 明确责任的困难可以看作是出现意外结果的另一面。无意伤害的发生，正是因为诸多涉及技术的情景中，没有单独的行动者负责整个场景。在洛杉矶和倒霉的罗伯特 · 马丁 · 桑切斯一起陪葬的 24 名乘客，当时不可能知道那是一趟死亡之旅，因为没有人能预测到火车司机会在开车时发短信。在这个繁忙的西部城市，对于那些乘客而言，那是和其他日子一样的一天，却是以悲剧结尾的一天。然而，发射航天飞机却不像乘坐火车这样普通，每个装置都是精心建造的，所有人造机器都是经过反复测试的。而再一次，他们的死亡太空之旅也找不到负责的单独行为人或者单独行动者。死亡的无辜人员里还包括和“挑战者号”宇航员一起飞行的优秀教师克里斯塔 · 麦考利夫（Christa McAuliffe），以及乘坐“哥伦比亚号”的以色列空军上校伊兰 · 拉蒙（Ilan Ramon）——一位逃过了大屠杀的幸存者。这些个案中所显示的责任分散性在全球化的背景下更是泛滥，在下一章我们会详细讨论。

2.2 风险和预见

用查尔斯 · 佩罗（Charles Perrow）的话来说，宇航灾难在某些时候是“正常事故”，但有时候绝不是正常的。尽管两种情况都是风险专家所称的那种“低可能性，高灾难性”（High consequence）的事件。这是不常发生，也不能完全预测的事件，但
42 是一旦发生，则会对组织、社区甚至是国家产生毁灭性的影响。“挑战者号”和“哥伦比亚号”上损失的生命虽然只有 14 名勇敢的个人，但是它给社会带来的经济和心理影响是深远的——对于美国国家航空航天局如此，对于太空计划也是如此，甚至对于一个国家也是如此，它们向来以人造太空飞船作为技术力量和世界地位的终极

象征。

核电站、飞机和处方药在引进之前、引进过程中和引进之后的预估中都呈现出极端化的特点，因此它们引起的相应的失败、事故和不良反应都被圈入“低可能性，高灾难性”的事件范畴。然而这种影响巨大的事故也时有发生。技术风险按照可能性和灾难程度分级。尽管汽车安全性能得到了极大提高，但是汽车交通事故仍然夺走众多生命。就其对社会的总体影响来说，汽车使用可以被合理地归为“高可能性，高灾难性”的范畴，这还不算它对化石燃料的使用导致的全球变暖和对气候变化的影响。相对而言，从梯子和自行车上摔落、割草机故障或者热水管故障导致的烫伤等都不是致命事故。即使每年会造成几个不幸的个人严重受伤甚至是死亡，但是整体上给社会带来的苦果较低。并且，人们在家里爬梯子、割草坪、拧开热水龙头时知道他们使用的工具可能会发生什么。因此这类事件被看作是“高可能性，低灾难性”的代表。它们和“低可能性，高灾难性”的事件不同，除了发生频次和社会经济影响不同之外，用户对所用工具的潜在熟悉程度也不同，见表 1。

表 1　　风险分类表 43

灾难性	可能性	
	低	高
低	发达国家中短暂的停电	从梯子上摔落
高	疫苗的副作用 核电站事故	交通死亡 枪击死亡（美国）

复杂技术的生产者和消费者，对于技术风险大小以及是否能够预防的认识水平，在不同的操作领域有所区别。居住在核电站工厂附近的人们通常不清楚工厂的安全档案，也无法在事故发生时保护自己。乘飞机的乘客不知道飞行员的飞行经验或者精神健康水平，尽管这些因素都可能会影响他们的生命安全，如 2015 年，“德国之翼”航空公司（Germanwings）的副驾驶安德烈亚斯 · 卢比茨 (Andreas Lubitz) 在驾驶舱内上锁，把搭档锁在外面，故意让客机撞向阿尔卑斯山，最终飞机上的所有人员遇难。服用处方药的病人能得到药物的大量信息，但是仍然无法预见或者预防他们自己或者孩子的严重不良反应。任何伦理上可以接受的风险监管系统都必须考虑这些广泛的原因变量、结果变量和知识分布变量，它们贯穿于整个危险技术的范畴。

为应对这些问题的挑战，技术发达国家的政府部门基本上都致力于监管性的风险评估：在公民遭受到严重的或广泛的伤害之前，进行系统的公共风险分析，随后
44 制定出所需的规章条例，以减少风险。理念上，这种发展起源于 19 世纪中叶保险业的崛起，以及保险业与国家福利计划的合作。风险分担的原则——从受风险威胁的所有人手中收取一小笔钱，然后用于补偿那些真正受到伤害的少数人——来自古老的传统。古巴比伦的《汉谟拉比法典》(Code of Hammurabi) 为农民提供基本保险，规定债务人的贷款在风暴或干旱破坏庄稼，或者失收减产时，可以得以免除。今天，几乎所有的社会行动在出现伤害时，都有人为其保险。如加利福尼亚州的消防员保险基金 (Fireman's Insurance Fund) 保证电影业能够应对特技表演和模拟灾难带来的伤害。

随着现代民族国家的出现，政府才开始常规地为人民的集体问题担保，比如职业风险、汽车事故、老龄化和失业、疾病或残疾。这是人在其一生历程中的某个节点极有可能遇见的伤害，会对生计和社会地位造成不同程度的伤害——这取决于受害人在社会中的地位。奥托 · 冯 · 俾斯麦 (Otto Von Bismarck) 是现代德国民族国家的建立者，他创立了著名的养老和保险系列计划，使得德国成为其他欧洲福利国家的典范。即便是美国，其政治立场是长期反对福利国家形式，各个州仍在 20 世纪之交先后颁布了《劳工赔偿法》为工作期间受到伤害的员工自动提供庇护。2010 年的《大众健康医疗法案》(The Affordable Care Act) 是奥巴马任期的标志性法律条款，代表了保险原则的进一步拓展，这一次涵盖的是全体美国人的健康医疗。

45 风险评估是一个政策性工具，评估本身并不是目的。它一般在制定监管方案之前实施并为之提供信息，从而让监管方案能够保护健康、安全和环境。就像社会保险计划一样，监管风险评估基于这样一个原则：提前计算出可能会被伤害到的群体。然而，这里的目标并不是拥有足够的钱去赔付受伤或受损的个人（这是公共保险和私人保险领域的主要目标），而是为了保障重大技术的发展带来的伤害总量处在社会能够容忍的范围之内。在评估危险技术的风险时，政府承担起了保护公民健康和生命的总体职责，使他们免于人为的技术风险。根据美国法律规定，药物、杀虫剂、食品添加剂和医疗设备在政府进行风险评估之前是不允许在市场流通的，并且大多数情况下都需要政府的明文批准。

国家层面的风险评估承担了评价和减少风险的重责，在原则上防范了贝克所指责的那种“组织性失责”，它还发挥了一定的民主作用。在许多国家，行政程序要求公布技术风险的相关信息，为感兴趣的群体提供质疑国家和集团风险专家的机会。因此，监管性风险评估为人们了解技术的内部工作机制提供了窗口，而这些信息在工业生产的过程中是不可能获取的。它赋予公民一种能够了解现代隐形风险的权利。

那么实践中技术的风险评估是如何运作的呢？ 20 世纪中叶，相关机构采取了
诸多措施，逐渐使风险评估过程常规化、熟练化、可行化。1983 年，为了解决长 46
期以来对风险监管决策的政治争端[1]，美国全国科学研究委员会（National Research Council，NRC）发布了一个报告，该报告系统规定了所有联邦机构都应遵守的风险评估程序，以完成所委托的风险评价和调控。报告惊人地清晰简明，全国科学研究委员会的分析框架在国内外得到了广泛的应用。[2]其核心指令是把“风险评估”看作很大程度上的科学项目，它完全不同于接下来具有价值倾向的决策，即 NRC 所说的“风险管理”。根据该规划，风险评估应该以一种独立的、线性的步骤来进行，每一步都基于获取的科学事实进行，所有的步骤实施完成，才能提出各种决策方案。几个关键步骤包括风险识别、剂量反应评估、暴露评估[*]和风险描述。

从外表来看，NRC 的报告似乎很有道理。如果说对风险的理解主要是对知识的掌握，以及评估自然事实和社会事实的话，那么在发现事实的过程中避免政治干预就是重要的。因此，把风险评估和风险管理分开对待，也似乎是明智的策略。1983 年 NRC 的报告列出了风险评估的四个阶段也似乎是同样简单。风险最小化或者消除风险的逻辑起点就是识别出风险的存在。在国民对癌症愈加关注的一段时期里，NRC 的专家把环境中化学物质对身体健康的影响作为研究的范式。因此可以预想，风险评估过程的第二步受到毒理学的启发，根据剂量比例来评估伤害。剂量反应评估就是一种科学实验，来决定影响的严重程度如何与身体暴露有关，这种计量应用于辐射暴露和有毒化学物质暴露。暴露评估构成了 NRC 框架的第三步，主要测量危

① Ronald Brickman，Sheila Jasanoff and Thomas Ilgen，*Controlling Chemicals: The Politics of Regulation in Europe and the United States* (Ithaca，NY: Cornell University Press，1985).

② National Research Council，*Risk Assessment in the Federal Government: Managing the Process* (Washington，DC: National Academies Press，1983).

* 评估暴露于人或环境的生物、化学和物理因素。——译者注

47 险对于特定人群的影响，研究谁暴露在这些条件下，以及通过何种方式。普遍存在的空气污染物和长期存在的物质，如铅，所涉及的暴露人群数量高于用来治疗特定病人群体的某些药物的暴露量。最终，在风险描述的步骤里，估算在整个人口中不同暴露水平所涉及的伤害程度和伤害分布情况。这包括对某些特别弱势群体的测评，比如孩子、孕妇，或是有其他健康问题的人群。这些确定的风险描述反过来能够合理地定义候选方案，以减少社会的整体风险水平。

2.3 风险框架：价值观问题

尽管 NRC 的风险评估框架看起来很合理，但是对它的批评理由也很充足，这种风险评估有意或者无意地缩小了技术发明所带来的问题。第一个最基本的局限是风险评估将问题框架化的方式，可能使我们错失实现集体福祉的最佳方案。美国社会学家欧文 · 戈夫曼（Erving Goffman）在社会学和社会理论中使框架的概念得以流行。[1]框架是指一个被广泛承认的社会过程，通过这个过程，个人和群体可以理解先前无组织的经验。戈夫曼指出，除非我们能够识别并标示出事件的成分，将它们和其他事件联系在一起，否则即便是最常见的事件也对我们丝毫没有意义。比如，一个火星人或者一个来自无汽车时代的人，可能根本理解不了闯红灯的通俗意义。他
48 需要成为全球驾驶文化的一名成员之后，才能理解这种行为是违法的。但是在努力理解的过程中，框架会突出社会系统内置的偏见，这会带来严重的伦理问题。

框架不可避免地要求把感官经验按照重要性进行分层：有些成分是该事件的范畴，有些不是，并且各成分只有经过适当的组合，才能构成有意义的整体。比如，我们晚上出门，路遇一陌生人。她在那儿自言自语，我们认为她肯定有精神疾病，于是我们穿过马路走到另一边避开她。同样，我们晚上出门，路遇一陌生人，她也在那儿自言自语，但这一次我们可能看到她戴着耳机，发现她在对别人讲话，而不是自言自语，突然我们就不害怕了。这种情况似乎很正常，因为这一次的行为模式是伴随手机发生的，让之前的诡异行为（在公共场合和一名隐形人交谈）变得可理

① Erving Goffman, *Frame Analysis: An Essay on the Organization of Experience* (New York: Harper and Row, 1974).

解，变得不危险（在公共场合和一名隐形却实际存在的对象交谈）。

因此，我们对正常和反常的解释既不是客观的，也不是感觉中立的。它们反映了根深蒂固的文化倾向。2012 年 2 月，在佛罗里达社区门控外，对未武装的非洲裔美国少年特雷沃恩·马丁（Trayvon Martin）枪击射杀的事件就彰显了文化力量对框架的影响。正如许多评论家指出，在同样的场景下，如果对象是一名白人少年，那么西班牙裔射杀者乔治·齐默尔曼（George Zimmerman）在邻区巡查时，就不会怀疑尾随少年或挑起事端，最终导致少年死亡。在这种情景下，种族构成了怀疑的框架，导致了悲剧的发生。这里反复讨论的政治问题是：谁构建了这样一个危险的框架？出于什么样的目的？为避免后续的类似事件，政治应该改变这种框架。最近这类枪击致死案包括：2013 年，在密歇根郊区对未武装少年瑞妮莎·麦克布莱德 (Renisha McBride）的射杀；2014 年，在密苏里州弗格森市对迈克尔·布朗 49
(Michael Brown）的射杀这些枪击案引发了一场全国性的辩论，而布朗的死亡在他的家乡引起了持续的内乱。射杀麦克布莱德的市民被判处 17 年的徒刑；而布朗的射杀者是一名警察，曾被布朗打过一拳，却免予起诉。这些案件展示了一个动态的框架转变——我们的社会不愿意看到年轻黑人的死亡引发一场“黑人的命也是命”（Black Lives Matter）的运动，而选择从容执法；同时也没有打算对警察使用致命武器不当而进行惩罚。

传统风险评估的第二个缺点是，它忽视了风险的系统性和分布性后果。危险技术挑战了贝克在普遍意义上所指的风险社会，因为危险技术实际上并不会在空间和社会群体中偶然地或平均地分布。它们倾向于多发在较贫穷的、没有政治优势的地区（目前愈加发生在世界上较贫穷地区）。这些地区的人们既没有专业的技术知识，也没有足够的关系和影响力把危险发展项目挪出当地。在 20 世纪 70 年代，工业国家的许多富裕社区组织起来，驱逐那些危险的或者有毒的技术设施，比如焚烧炉、机场和核电站。这些活动影响广泛，还获得了这样的称号：邻避综合征（not in my backyard，NIMBY）*。例如，纽约的伊萨卡市民动员康奈尔大学的科学家来帮助阻止纽约州燃气和电力公司在他们风景如画的卡尤加湖附近建设核电站。[1] 马萨诸塞州

① Dorothy Nelkin, *Nuclear Power and Its Critics: The Cayuga Lake Controversy* (Ithaca, NY: Cornell University Press, 1971).

* 不要在我的后院，指强烈反对在自己住处附近设立任何有危险的事物。——译者注

的剑桥市建立了科学评估委员会，以评价在本市进行高风险的基因工程研究是否合
50 适。科学评估委员会最终宣布最危险的实验系列（即所谓的 P4 等级，也是最严格的遏制标准）不得在本市地域内进行。[①]这两个事件都说明邻避综合征在有专家支持时能够成功。这里市民可以在大学城中调集到所需的专业知识，但是这些资源很难在国家规模或地区规模上使用。因此，企业就避开这些享有很好的政治权利，并有能力给出强有力的技术论据的社区，倾向于将工厂移到缺乏这些政治和知识资源的地方去。

第三点批评主要是围绕传统风险评估方式的局限性展开，因为它只对有限范围内的证据进行分析评价。监管者在进行风险评估时，基本上按定义只能选择忽略那些似乎不科学的知识，这里的科学知识是指通过同行评审得以发表的或者由合理的专家评议过程产生的科学知识。[②]这就意味着普通公民的知识，即便是基于长久以来的经验或者是集体观察反复确证了的事实，也通常会被忽略，并被认为是主观的或有偏见的，是一种个人信念，不能把它当作可靠的证据。[③]然而，如果这些经验性知识是人与机器或者自然环境直接互动而来的知识，那么事实上这种知识特别有价值。如工业生产中的工人可能会比设计工程师更加理解工作场所中存在的风险，农民比全球气候模拟专家更了解田地里农作物的生长周期。由于风险评估的框架集中于特定的、可识别的风险，它倾向于强调单个因素，比如从特定设施中排放出的某类化学物质或排放物，因而低估了多种有害物质同时暴露可能产生的协同效应。而在日
51 常生活中，人们却总是面临来自不同渠道的、多种形式的风险。这些综合暴露产生的影响，可能完全超出风险评估者的分析框架。

风险评估的常用线性模式很难描述这种复杂性，它通常只从一个单独的、确定的风险开始，追踪研究风险在广大人群中的暴露途径。我们都知道低收入社区的人均寿命较短，健康指标较差，因为这里的人们暴露在大量的生理和心理伤害下，从

---

① Sheldon Krimsky, *Genetic Alchemy: The Social History of the Recombinant DNA Controversy* (Cambridge, MA: MIT Press, 1982).

② Sheila Jasanoff, *The Fifth Branch: Science Advisers as Policymakers* (Cambridge, MA: Harvard University Press, 1990).

③ Jason Corburn, *Street Science: Community Knowledge and Environmental Health Justice* (Cambridge, MA: MIT Press, 2005).

营养不良、滥用药物、酗酒成瘾，到失业压力、婚姻破裂、精神疾病和城市暴力等各种伤害。风险评估泾渭分明的框架，强调的是同行评议的科学研究。每次只关注一项暴露因素，根本无法解释或者很少能解释复杂的社会原因和自然原因，而正是这些原因导致了灾难在某些地区集中频发。市民的无知也在另一方面加剧了这种不平等。风险聚集的地方通常也是知识资源较弱的地方，从而无法获得关于物理、生物和社会情况基准的可信数据。

第四点，也是最困惑的一点，NRC 监管风险的方法没有留下让公众考虑技术好处的空间，当技术处于初步设计或起步阶段时，在大量的经济和物质资本撤资或者得到技术不可能重新设计的结论前，公众是没有发言权的。利益计算通常是以成本收益的模式进行分析，但在 NRC 的模式中却处在图景的远端，只在最后的风险管理阶段才进行。换句话说，风险评估—风险管理范式不允许公众考虑特定技术途径之外的其他可能，包括选择终止技术，或者延期谨慎开发技术时，都把公众排除在外。

另外，风险评估者通常没有权利在几个可行方案间进行风险和收益对比。在核 52
废物管理的事件中，他们被指定探究高放射性的废物能不能安全存储在一个特定地点的永久性地质处置库*中，比如内华达州的尤卡山。他们没有权利全面探讨各种其他的替代性方案，比如把废物留在原地，在全国建 100 多个临时的、相对不太安全的处置设施，或者把它们用船运到其他乐于接收这些核废物的国家。美国的核风险评估专家也未去面对这样一个极端远景，即逐步取消所有的核能利用，就像奥地利和德国的“弃核”。某种技术途径是否会被否决，在美国完全是一个政治问题，而不是科学问题，因此不是标准风险评估的构成部分。

然而经验表明，在技术风险分析中，试图把潜在的政治价值观从中剥离出来，是事与愿违的，这会导致代价昂贵、难以解决的争端。美国花费了 20 多年的时间和 100 亿美元来研究尤卡山处置库，后来于 2009 年奥巴马政府宣布放弃该项目。在这段扭曲的历史中，内华达州从来没有同意国家把该州当作核废料场。放弃尤卡山的决定也反映了美国能源的隐性结论：单用科学分析无法解决难以理清的伦理和政治难题，创造一个单独的核废物处置库，让一个州来承受来自整个国家对能源渴求

* 放射性废物处置设施，位于地下稳定的地质构造中。——译者注

的冲击，势必遭遇各种困难。该事件中的事实陈述敌不过人们在社会倾向上表现出的不可调和的极端化症状。在这样一个有争议的区域中，单用科学也无法产生无懈
53 可击的、公众愿意接受的安全说明。结束争论需要的远不止是科学，还要结合目的、意义和价值。

2.4 政治量化分析

仅次于框架问题的另一个问题是，把量化研究当作风险分析的关键。通过系统地把数学可能性赋予不同伤害类型，风险评估者竟然能够对各种不同来源的威胁进行简单对比：比较空气污染和失业；比较生物多样性的丧失和饥荒；比较疟疾和鸣禽群体的死亡。进一步地，这些风险之间的对比给决策制定者提供了一个似乎强有力的支持基础，让他们决定什么样的风险更加值得控制，以及在普遍资源有限的条件下决定控制风险的严格程度。这些对比还可以帮助解释为什么风险评估从 1975 年开始成为一种最流行的技术风险控制工具，但是用数字标注伤害的可能性，让风险评估的政治复杂性雪上加霜。

对某件事情加上数学编码，这本身就是框架化的一种方式，因此也是一种政治行为。量化，这个定义本身，基本上就意味着对那些不可以轻易量化的维度进行忽略，包括忽略那些对公共福祉至关重要的维度。参议员罗伯特·肯尼迪（Robert F. Kennedy）在 1968 年竞选总统演讲时就雄辩地指出了量化的弊端，批评了国民生产总值（GNP）的指标：

> 然而国民生产总值并不能实现孩子的健康，保证教育的质量或是他们
> 54 玩耍的快乐。它无视了我们诗歌的美丽，无视了我们婚姻的美好，无视了公共辩论的智慧和公共官员的正直。它既不评价我们的聪明，也不评价我们的勇气；不关心我们的智慧，也不关心我们的学识；不在乎我们的感情，也不在乎我们对祖国的热爱；总之，它评价了一切，却排除了让生命更有价值的东西。它告诉我们美国的一切，却无法说明我们作为美国人为什么这么自豪。

类似的描述也可以用在对技术风险和收益的量化上，只不过不是用在国家级规模的 GDP 上。技术风险量化虽然在规模上比国家级小了点，却带来了严重的附加性影响：什么应该测评、什么不应该测评的决定，会对人民的生命和健康产生立即的、直接的影响。

评估许多化学和生物产品，如杀虫剂、食品添加剂、药品、工作场所的化学物质，以及转基因生物（GMOs）的方法，阐明了用数字预测未来的局限性。对风险进行定量评估，如测量某种特定的伤害，通常针对的是暴露于特定危险源产生的已知疾病或伤害。因此，风险评估可以高精度地估计当一个人长期暴露于不同浓度的已知有毒化学物质下，如苯或氯乙烯，所增加的患癌可能性。对于转基因生物的修饰基因可能转移到一个相关的、基因不曾被修饰的物种上，或转移到不是修饰基因意图修改的生物体上的可能性，风险评估也能得出貌似合理的结果。这种评估结果通常被用作风险管理的基础。例如，根据评估结果，制定在工作场所或周围空气中苯或氯乙烯的限定浓度；或者决定转基因作物的种植区域应该和不能受转基因污染的 55
作物之间保持多远的距离。

然而，这种惯行的风险评估做法总是让一些人们关注的问题遗留未解。以化学物质为例，过去的惨痛经历告诉我们，单个化学物质的评估无法考虑到多种污染物的协同效应，尤其是在那些贫困或弱势群体所处的污染物聚集的地方，居民根本无法在大量危险行业聚集的地方保护自己的安全。这种认识最终促使比尔 · 克林顿总统于 1994 年发布了一项行政命令（一项适用于政府行政部门所有活动的法令），要求每个联邦机构都“把实现环境公正作为其自身的职责之一”。根据这项指令，美国各部门必须能够识别并去解决它们的项目和政策中的风险，尤其是给少数族裔人群和低收入人群带来的“高度不对称的健康和环境风险”。这里的关键点在于尽管“环境公正”这个原则可以作为我们世界的基本原则，因为我们所有人都依赖于健康的环境才能存活，但是它在风险管理政策领域出现较晚。风险的量化评估本是为了使“标准暴露”对“标准身体”的伤害最小化，但这种测评最初没有预见到它不能为每个社区的人提供同样水平的保护。本是为了保护个人安全才制定出的政策方法，却在事实上掩盖了导致风险不平等的深层政治结构。

根据风险评估的量化制定出的策略，通常还会将一些重要问题边缘化。其中一

56 个就是相对成本和收益的问题。只有当技术项目已经起步时，比如开发或者上市一个新产品时，才会开启风险评估。风险评估者没有责任，也缺乏事实基础，去考虑是否存在其他冲击力度更小的替代方案。因此，其他替代方案，如考虑是否使用这个产品或程序，都不是评估者可以直接考虑的。另外，他们也没有对比那些能够达成相同目的，但风险和收益相对不同的其他方法。只要新的化学杀虫剂没有给人类健康和环境带来不合理的风险，它们就分别得到了批准；然而风险评估并没有把杀虫剂的使用和其他不同的害虫管理方法进行并列比较。同样，对转基因生物本身的评估（第 5 章会论述）也没有和其他替代性农业生产形式进行比较。[①]

风险定量评估忽略的另一个重要方面是，操作技术的社会行为。我们肯定都知道伤害的可能性不仅仅来自技术系统的无生命成分，它也来自人和客观对象互动过程中的多种复杂方式。香烟只有在人们吸时，才会产生伤害。枪支在人们开火时，才能致死。汽车只有在驾驶时，才会出现车祸或者污染空气。化学物质只有在从货架上买下使用时，才会进入空气、水和食物链。换句话说，现代性的风险不仅仅是
57 技术风险——不单纯是机器故障引起的，而是一个杂合的、动态的社会技术风险。然而风险评估仅仅考虑了技术对社会活动的影响，而且考虑的也不是很全面。

在风险分析中，暴露评估阶段也把人类的一些基本行为作为重要因素。在计算特定风险的持久度、强度，以及触及个人和总人口的范围时，风险评估者必须考虑人们可能表现的行为。例如，如果在风险环境下，一群人的居住地邻近地区有一个污染工厂，人们会一辈子居住在那里，还是会在几年内陆续搬走？原则上我们可以得到这些问题的数据性答案，但是这个数据却是过于简化的，也是不精确的。正如在制衣工厂中，我们测量用的“普通”穿衣人，只是一个有用的模拟对象。这一点可以用我与机器打交道的一件无害的小事来说明。有一次我在通过美国边境安全检查时，为证明我在美国的游客身份，需要按指纹读取信息，可是我试了两次，指纹机都不能识别我的指纹。最后，一个警官告诉我：“这些机器有时候就是不能识别女性的指纹。”（后来，解决这个难题的秘方就是在按指纹之前，先在手上抹一些乳

① 生物技术行业早就宣称，转基因农作物植入的抗虫害基因比化学杀虫剂更自然，对环境的破坏更小。这种为新的工业性农业生产进行市场定位的尝试，并没有和其他竞争性替代方案一起进行评估，如有机食品的生产或者害虫的综合治理。

液。）但并不是所有的机器都会蠢得这么低端无害。如果为标准用户设计的安全特征，遇上了一个非标准化用户，就会酿成悲剧，如在美国所发生的安全气囊事件，它本来是为了保护前座的成人而设计的，但气囊膨出时的冲击力意外导致几十名儿童的死亡。

风险分析还掩盖了许多人与技术系统互动的复杂问题。比如，应该如何把具有不同技术水平和智力水平的使用者纳入风险评估之中？在设计汽车的安全性时，预想中的驾驶者是一个冷静的中年人、一个莽撞的少年、一个嗜酒者、一个赛车爱好 58 者、一个视力受损的老人，还是一个综合所有这些特征的杂合体？今天许多技术的应用都是跨地区、超越国别的，生产者的风险评估要怎样调整才能适应潜在的终端用户呢？这些用户可能身处遥远的国家，具有不同的知识和习惯。对这些问题的忽略会引发致命的事故。例如，用英文标注的杀虫剂警告语，当非英语国家的农民使用时，就没有起到警告的作用。反过来，对进口的技术评估风险时，量化的数字能保证技术的准确性和可信度吗？能保证供应商的诚实吗？能保证恰当评估所需要的信息吗？臭名昭著的大众汽车“作弊软件”（见前文）似乎否定了这些。

总之，1975 年之后政策制定者所实施的风险评估为民主带来了许多问题。它只对事实进行单薄的片面描述，在技术开发的过程中介入得太晚，对社会技术系统的复杂性理解得太肤浅。它把真实世界的动态社会技术互动简化为一些普通的、标准的情景。它是不符合历史的，而且对自己的这种规范性预设也缺乏反思。为提高技术的监管，我们思考未来时，需要更好地、更全面地考虑人类关心的价值观——不能只关心改变的价值，还要关心持续性的价值；不能只关心经济收益，也要关心社会公正。下一章我会用一些案例来说明计量理性在监管特定技术方面的局限和失误。

第 3 章

灾难的伦理剖析

59 当人和技术创新无法和谐共处时，就会表现为剧烈的灾难。灾难通常以发生地来命名，可以根据地点名称了解到历史上出现的灾难：1976 年，在意大利北部米兰附近的塞韦索发生的有毒二噁英气体泄漏，导致儿童皮肤发炎，数千头动物死亡。1984 年，致死气体异氰酸甲酯席卷了印度中部的大城市博帕尔。1986 年，乌克兰发生了灾难性的切尔诺贝利核事故；2011 年，日本福岛也发生核事故。另外还有一些损害较小，但可以作为其他大型事故提前预警的事故。例如，早在 1957 年英国的温士盖，后来改名为塞拉菲尔德的城市，就发生了核事故；1979 年，宾夕法尼亚州哈里斯堡附近的三里岛发电厂也出现过核事故。在世界上的任何一个工业国家都可以找到这类用地点命名的灾难，以纪念当地的一些灾难。这些灾难可能发生在各个地点，如煤矿、石油钻井平台、高速公路、铁路交叉口、体育场、水坝、桥梁、天桥和工厂。而在这些技术事故中，我们不可能完全统计出死亡人数、环境所受到的毒害、破产的企业以及伤残的人数。

60 技术灾难代表的也不仅仅是失败和损失，它们也是对人们的粗心和贪心的道德拷问。这些事故中发生的故事概貌告诉我们的是一些教训，是我们与技术打交道时都容易犯的一些错误，也是我们不可能提前预见的后果。这些教训在我们这个时代尤其重要，现代灾难对我们的冲击力度更大，而我们却更难去预料和解决灾难的起因，这可以部分归因于财富的增长和人口密度的增加，部分归因于资本和工业的流动性。灾难还让我们洞察到了社会不平等的动态特征。就此而言，灾难是伦理分析和政治分析的主要研究对象。

数据统计显示了灾难的一个常见的、令人困扰的特征：穷人比富人更容易遭遇灾难。与富人相比，穷人在危险的环境下工作，劳动时间长，居住条件差，灾难来临时保护自己的手段和资源有限。通常他们居住的社区比较偏远，无法通过给政府施压来抵御损失和伤痛。2013 年 4 月 24 日，发生在孟加拉国纺织厂的悲剧再一次揭示了这种特征，达卡市郊的拉纳广场（Rana Plaza）九层高的大楼坍塌，据称导致 1 129 名工人死亡。[1]楼会倒塌并不令人惊讶，令人惊讶的是之前已经有多次预警，它竟然还被用作数千名工人的工作间。拉纳广场的正面入口是耀眼的蓝色玻璃和宽大的门前台阶，其门面给人一种误导。事实上，它是用次等材料建造的，水泥中掺的沙土太多，并且地基是沼泽流沙，其通过建筑评估和行政批准的审查也有问题。[2]在这个脆弱的建筑物上面已经非法地加盖了第八层，而楼倒塌时，又正在加盖
第九层。由于达卡经常停电，大型发电机在顶层隆隆运行，以供用电。当这些机器 61
运作时，整栋楼都随着它震动，让墙体和墙柱变得更加脆弱，最终在 4 月的那天上午发生了致命事故。

事故发生的前一天，工人就曾经全体紧急撤离过一次，因为一个工程师发现墙体和承重墙柱都出现了吓人的裂缝。事故发生的当天早上，所有的工厂主和大约 3 500 名工人在大楼外面焦急地等待，想知道能不能进去开工。他们急着履行合同，急着赶工出货。据说大楼业主萨赫勒 · 拉纳（Sohel Rana）用钱收买了两个人来检查大楼的裂缝，其中一个是建筑结构工程师，他们告诉人们大楼是安全的，可以

① 通常来说，这类数据无法完全确定。报道中，对拉纳广场中的死亡人数有不同版本，有的说是 1 127，有的说是 1 131。

② Hauke Goos and Ralf Hoppe, “Made in Bangladesh: Greed, Globalization and the Dhaka Tragedy,” *Der Spiegel,* July 1, 2013 (English translation by Christopher Sultan). Jim Yardley, “The Most Hated Bangladeshi, Toppled from a Shady Empire,” *New York Times,* April 30, 2013.

开工。拉纳，这位据说是黑帮老大的35岁大楼业主，和孟加拉国人民联盟（Awami League）这个该国最大的政党关系密切，这层关系使得他在房地产以及毒品上的灰色交易得以合法化。工人蜂拥进入大楼后大约半个小时，在8点半的时候，突然停电，于是发电机就开始隆隆运行。在不到10分钟的时间里，大楼的一角开始倒塌，几分钟内整个大楼全部坍塌。拉纳自己当时也在大楼的地下室，但他幸存下来，并开始逃亡，后来在印度边境线附近被抓获，并按谋杀罪被送到达卡法院接受审判。

伴随着拉纳的抓获和囚禁，这座以拉纳的名字命名的大楼，似乎再一次验证了关于风险和贫穷的悲伤预言。贫苦的工人为了那点微薄的工资，在狄更斯描述的那种悲惨不公的境遇下，辛苦劳作，勉强度日；而富人却坐享其成，变得更加富裕。生产和消费之间的供应链很长，比如孟加拉国的制衣工人，辛苦缝拉链、做衣领，只能挣得一个月15美元的薪水，而远在欧美的销售者则可以从一件衣服中挣到多于他们月工资几百倍的金钱。这种存在于生产地和销售地之间巨大的财富差异和权力
62 差异，也为腐败提供了空间，像拉纳那样贿赂当地政治官员的现象很常见。当有极端错误出现时，承受灾难冲击的也是贫弱的人，有时会造成大量贫苦人死亡，而富人却还能活着见到第二天的太阳。

然而，在技术世界里，风险却未必会对富人仁慈。在某种程度上我们都是风险社会的居民。和拉纳广场大楼的事件相应和的是2011年在德国爆发的大肠杆菌中毒（E. coli poisoning）事件，这是一种食物携带的致死性病毒。2011年5月21日开始，德国健康管理当局就不断报告出现急性腹泻的病例，年轻女性尤为严重，另外也出现了一种溶血性尿毒症的症状，感染后会引起肾衰竭和死亡。[①]到2011年7月末，官方宣布疫情得到控制时，据报告这两种病已经感染了欧洲4 000多名患者，患者大多数集中在德国的北部城市汉堡。危机结束时，55名患者死亡，其中53名是德国人。[②]许多幸存者也受到了永久性的伤害，需要长期进行康复护理，如肾透析。这次大肠杆菌中毒，是近两个世纪以来记录在案的最严重的感染。据世界卫生组织估计，这

① European Food Safety Authority, "Shiga Toxin-Producing E. *coli* (STEC) O104:H4 2011 Outbreaks in Europe: Taking Stock," *EFSA Journal*, October 3, 2011.

② "2011 Outbreak of Rare E. Coli Strain Was Costly for Europe," *Food Safety News*, April 3, 2015, http://www.foodsafetynews.com/2015/04/2011-outbreak-of-rare-e-coli-strain-was-costly-for-europe/#.Vm8Wfb8xRAM.

次感染对农业和工业造成了 13 亿美元的经济损失，这也是历史上食物中毒带来的最严重的灾难。

这样一种毁灭性的公共卫生危机怎么会发生在世界上最富有、最有健康意识、技术也最发达的国家呢？在疾病暴发早期寻找感染源时的困难，突出显示了即使在富裕的西方国家，食品的生产也具有分散性特征，消费者和监管者也对餐桌食物的供应链缺乏监管。寻找原因的最初做法，是比较同一地点的感染者和未感染者所食 63
用的食物，最初将目标锁定在新鲜的沙拉上，这解释了为什么成年女性是主要的感染者。当时官方就建议不要食用未煮熟的沙拉食物，尤其是生菜、黄瓜和西红柿。汉堡的公共卫生当局首先将矛头指向了从西班牙进口的黄瓜，它们宣称在黄瓜上测试毒素得出了阳性的肯定结果。而德国联邦政府就更加谨慎一些，多番测试后，证明黄瓜没有被那种致命的细菌所感染，然而这个结果出来时，西班牙蔬菜种植者的声誉已经遭到严重损坏。而在结果不甚明朗的时期里，俄罗斯更是长达一个月全面禁止从欧盟进口任何新鲜蔬果。

在德国得出初步检验结果的一个月后，一小群人又爆发了一个规模较小却相似的疾病，他们这次都是在法国波尔多附近的一次聚会上吃的食物 。调查工作随即展开，这群似乎与德国无关的患病人群，帮助人们把起因追溯到了葫芦巴豆芽上，它产自德国比嫩比特尔的一个有机食物农庄，这是距离汉堡城 50 英里左右的一个小镇。而这条食物链到此并没有结束，健康当局发现这些葫芦巴种子是从埃及进口的，而埃及才是真正的罪魁祸首。但是相关的病菌株实际上并没有从比嫩比特尔的农场中提取出来。欧盟食品安全局（European Food Safety Authority）也介入事件的调查之中，但结论也是含糊不清：

> 我们无法证明大肠杆菌 O104:H4 病毒出现在了我们所怀疑的种子里，
> 这也是预料之中的。有可能我们取样时，库存中已经没有病毒感染过的 种 64
> 子了；或者即便有，但其病毒感染水平较低，还不能从生物体中提取出来。然而，这并不意味着肠道感染细菌在种子或者葫芦巴的种子中不存在。[①]

总之，即便是整个欧洲所有的专家和最先进的卫生研究实验室，都无法解决这

① European Food Safety Authority, "Shiga Toxin-Producing *E. coli*."

种疾病的不确定性，因为它涉及的供应链太长，没有一个单独的国家和监管机构能够对它的始末全程监管。

总的来说，拉纳大楼的坍塌和德国大肠杆菌的疾病暴发，再一次说明了在全球风险分布中的公平性问题。承受风险灾难冲击的人，通常是那些对伤害他们的环境最没有控制能力的人。这些人处在生产链的起始端和末尾端：在危险工厂中劳作的工人和食用进口食品的消费者。他们最终受伤或者死亡，因为他们相信了中间经手商和高层决策者——老板、官员、专家、货物供应商，而这些人的知识和判断是有严重缺陷的。另外，灾难也会快速牵连，带来困惑。在未知、焦躁的环境下，我们可能会错误地归因，进而导致更多的损失和悲伤。虽然西班牙菜农种植的黄瓜最终被证明不含有大肠杆菌，但是在危机发生的时期里，据估计西班牙每天的经济损失高达 850 万美元。[①]灾难发生后，救援通常比较缓慢，并且救援力度也不够，从而导致受害循环永久化。大众中毒事件会引发长期的健康隐患，患者需要昂贵的长期治疗。法律程序可能需要花费多年才能索赔，部分是因为灾难中和灾难后搜集证据的困难——通常都是无法完全搜集，或者搜集的证据不太可靠。但这些赔偿无法弥补老年丧子、幼年失怙的痛苦，以及家庭收入主要供给者的丧失。

65 在技术的伦理监管中，重要的一步是去理解为什么这种不公平的灾难模式持续存在，以及我们怎么样才能缓解这种严重后果。出于这个目的，我们需要对灾难的三个维度进行分析：专家预测的局限性、赔偿的有限性以及技术系统管理中的结构性不平等的来源。在世界上最糟糕的一次工业事故中，这三个维度聚集在一起成为焦点。事件发生在 1984 年印度的博帕尔，美国联合碳化物公司（Union Carbide Corporation，UCC）的子公司旗下的一家化学工厂向环境中释放了有毒的异氰酸甲酯有毒气体，酿成了博帕尔悲剧。这个事件经过多番调查和反复争论，但是对于酿成悲剧的前因后果，依然找不到可信的融贯说法。[②]因此，用这个案例来剖析风险的

① James Kanter, "Death Toll Rises in E. coli Outbreak," *New York Times*, May 31, 2011.

② 针对博帕尔灾难，有十几本书从不同角度进行分析。其中包括 Upendra Baxi and Amita Dhanda, *Valiant Victims and Lethal Litigation: The Bhopal Case* (Delhi: Indian Law Institute, 1990); Kim Fortun, *Advocacy after Bhopal: Environmentalism, Disaster, New Global Orders* (Chicago: University of Chicago Press, 2001); and Dominique Lapierre and Javier Moro, *Five Past Midnight: The Epic Story of the World's Deadliest Industrial Disaster* (New York: Warner, 2002)。

伦理问题，是再合适不过了。在伦理意义上，博帕尔事件的叙述是超越时空的。可以肯定的是，它发生在 20 世纪一个很少有外人涉足的小城，然而由于这起灾难的出现，博帕尔事件简直已经成了现代人类贪心和粗心的讽刺寓言的代名词。

3.1　午夜命丧

乔治 · 奥威尔（George Orwell）用 1984 这个数字作为反乌托邦的同义词，在他叙述的世界里，一个全知的专制国家破坏了所有公民的个人精神。而 1984 年年底的印度却是另一种方式的反乌托邦，当时整个国家缺少有领导力和愿景的掌舵人。贾瓦哈拉尔 · 尼赫鲁 (Jawaharlal Nehru) 的女儿英迪拉 · 甘地 (Indira Gandhi) 时任印度总理，那是她 1980 年开始的第三个任期的第四年。她在 1977 年的选举中很耻辱地失去了总理职位，这是一项令人震惊的全民公投，推翻了她之前两年在所谓“紧急情 66
况”下的专制统治。1980 年恢复权力之后，甘地仍然不允许异议的出现，但也无法把整个国家凝聚在一起。她镇压了一场初期的分裂运动，这是印度旁遮普邦的锡克教徒（Sikhs）发起的，她在阿姆利则城北部的黄金寺——锡克教最神圣的教坛，对他们进行了血腥的武装镇压。4 个月后，在 1984 年 10 月 31 日，甘地被刺杀，行刺者是她的两名保镖，他们是锡克教徒，为阿姆利则城的事件报仇。接下来人们聚集在首都德里，进行暴力反锡克教示威活动，导致上千人死亡，上万人流离失所。

博帕尔发生的事故，就是在这种流血的政治动乱背景下发生的，但是它的根源却始于更早的时期，即印度致力于实现经济独立和政治独立时期。英迪拉 · 甘地初为印度总理时，印度正好发生了“绿色革命”，那时候农业上的创新使印度不再可耻地依赖于进口谷物。“绿色革命”中培育出的种子，被誉为科学的奇迹，培育者是美国农学家诺曼 · 博洛格（Norman Borlaug），他还为此获得了一项诺贝尔奖。然而，种子离开精心照料是不太可能实现高产的，博洛格研发的短茎、粗壮、高产的品种，也毫不例外。“绿色革命”的许多批评家后来嘲讽地称之为“高投入品种”，这些拯救生命的作物需要巨大的投入——灌溉、施肥、除虫，以及电力，这些总成本和不平等的谷物分配情况，构成了这个被高度吹捧的社会技术成就的另一面历史。博帕尔事件也是作物种植的负面历史之一，农业生产系统越来越依靠化学杀虫剂以实现高产，而生产杀虫剂的一个化学工厂出了问题。

67 在20世纪60年代末，总部位于美国康涅狄格州丹伯里的联合碳化物公司（UCC）开始在博帕尔开展业务，起初是生产电池。在1974年，UCC获得批准，能够建造一座新工厂来生产公司的标志性产品西维因（Sevin），这是含有胺甲萘化合物的杀虫剂商标名。母公司在印度建立了一个子公司——印度联合碳化物有限公司（UCIL）。当时印度的法律规定，外方对印度公司的所有权不能超过50%，但是由于该公司在农业化学领域的领军性地位，联合碳化物公司经过特别批准，可以对子公司保留50.9%的股权，而印度财政机构和私人投资方两者共拥有49.1%的股权。

胺甲萘，不像DDT，不会在动物组织或者环境中二次聚集，也因此被当作是特别理想的谷类作物杀虫剂。唯一让人担心的是它可能把益虫害虫一起杀死，因此，在很多国家禁止使用该化合物作为杀虫剂。博帕尔事件中尤为重要的是，用来生产西维因的一个原料，是一种有毒的中间物质，叫作异氰酸甲酯（methyl isocyanate，MIC）。该化合物能够和水进行快速化学反应，将液态的异氰酸甲酯变为气态。即便是极少量的异氰酸甲酯气体，都会导致眼睛、鼻子和喉咙的剧烈疼痛，使皮肤灼伤，损坏内脏器官，并导致肺部产生积液，让人咳嗽、窒息，甚至死亡。

在1984年12月2日深夜时分，大量的水莫名其妙地渗入地下存储罐中，这里面是印度联合碳化物有限公司储存的异氰酸甲酯。午夜刚过，气态的异氰酸甲酯开
68 始泄漏到工厂之外的空气中。用来中和该气体的强碱洗涤系统也没有正常启动。而本可以用来警示工厂外部社区紧急事故发生的报警系统也不太灵光。等到后来响起时，已经太晚了。30分钟内，一大片有毒的浓雾开始侵入工厂东南部的工人社区，那里人口密集，毒气蔓延进入上万个家庭。人们在自己那个简陋的房子里睡觉的时候，突然被呛醒，目不能视，不知道是什么将他们包围。许多人当时就死在了床上。那些勉强挣扎到大街上的人，努力试图从窒息的气团中跑出来。《纽约时报》（*New York Times*）一个驻博帕尔的记者一周后报道了这个惨不忍睹的场景：

> 数千人踉跄着奔跑到大街上，呼吸困难、呕吐、哭泣流泪，加入人员踩踏的大军之中，试图逃离这片浓雾，但浓雾四处弥漫，似乎无处可逃。在慌乱中，有些人被卡车和汽车撞倒。有些人倒下就没能再站起来，沟壑

> 中满是人们的尸体和水牛、狗、山羊、鸡的尸体。①

据说当晚至少有 2 000 人死亡，随后几天里又有 1 500 人左右死亡。官方估计直接死亡人数在 3 500 人左右，但也有人基于事故发生地——大型穆斯林社区卖出的裹尸布数量，估计实际死亡人数超过了 8 000 人。大约 40 万人惊恐地逃离了这个城市，据估计，他们当中有大约 15 万～ 20 万人遭受了毒气的重大伤害。时至今日，受害和死亡的总人数仍然有争议，因为随着异氰酸甲酯长期副作用的发生，死亡人数也一直在增长。这个痛苦的事实清晰地显示，这是有史以来对平民发动过的最大的一次毒气攻击，并且发生在非战争时期。

今天，印度联合碳化物有限公司工厂的所在地已经成为一片废墟，被铁丝栅栏和大门封闭起来，只能看见牛在那吃草。印度联合碳化物有限公司也不再是一 69
个实体，1994 年它被卖给了（印度）麦克劳德 · 拉塞尔有限公司（McLeod Russell Limited），重新命名为永备公司（Eveready Industries）。美国联合碳化物公司自身规模也迅速缩小，拥有 2 400 名雇员，这和灾难发生时所拥有的 9.8 万名雇员相比，差别很大。此外，它还完全成了美国陶氏化学公司（Dow Chemical Company）的子公司。然而它的公司名称和博帕尔这个词一起成为公众记忆中无法抹去的伤痛，至今这个已经倒闭了的公司仍然在它的公众网站上努力控制和净化人们的痛斥。

3.2　专家知识的非对称性

UCC 网站为其公司历史提供了一个快速链接，讲述了这个大型跨国公司的兴起和衰落。1984 年的大事记条目，是这样写的：“12月，博帕尔工厂的一个气罐由于有人故意搞破坏而泄漏，导致了多人死亡的悲剧”②。这是灾难发生后，联合碳化物公司立马采取的一种坚定的辩护立场，无论是在法律诉讼还是公共发言中，甚至在它的自我理解中，都是这样。该公司认为，水绝对不会是偶然灌进工厂的，因为工厂的防护措施做得很好。这是一名“心怀不满的员工”的蓄意破坏，该公司声称，它们

① Robert D. McFadden, “India Disaster: Chronicle of a Nightmare,” *New York Times*, December 10, 1984.

② http://www.unioncarbide.com/History.

在1986年就确定了这名员工的身份，据说印度政府也了解情况，但是不愿意公布，因为这会让UCC逃脱法律追究。在博帕尔事件上，UCC之外的所有其他行为主体，都没有证明支持过UCC的这套心怀怨怼的员工理论。

把毒气泄漏归咎于某个人的蓄意破坏，显然能够简单撇清许多关键问题。灾难发生后，最突出显现的问题就是知识差距和权利的不对称。比如，我们关于异
70 氰酸甲酯对人类健康的长期影响和瞬时影响，提前掌握了哪些知识？哪些是之前所不知道的？为什么把如此高毒性物质存储在人口稠密的居民区？现场采取了什么样的应急措施？为什么这些措施失效？谁有责任去关心受害者？不只是在事故发生后关心，还要对事故引发的慢性病进行长期的医疗监护和社会关注。虽然这些问题的答案在这几十年来开展的调查和法律官司中逐渐变得明朗，但是UCC却躲掉了法律的惩罚。当然它自己也在努力逃避罪责，该公司做出的划界性断言，即恶意企图而不是偶发事故引发这场灾难的断言，使该公司逃避了公开讨论并解决这些问题的责任。

很难用毒理学的标准方法去研究异氰酸甲酯。毒理学家们通常使用大鼠或小鼠作为人类的替代研究对象。把老鼠暴露于目标化学物两年，观察这期间的影响，一般在两年期间内应有的负面健康影响就会出现。1984年的时候，我们对异氰酸甲酯所知甚少，部分是因为毒理学家在做实验时，忍受不了这种刺鼻化合物的味道，没能将实验进行到底。现在我们所知的异氰酸甲酯长期副作用对慢性病的影响，比如，对肺部、生殖系统和精神健康的影响，是从那次最恐怖的人类自然实验中得知的。在这次恐怖的实验中，不经受试对象的同意，就让人们意外暴露于这种我们提前并不知道其毒理性质的化学物质之中，并且缺乏妥当的应急措施，更不用说长期治疗方案了。

事故发生后还引发了一场激烈的医学争论，这场争论让许多博帕尔的受害人和援助者坚信，州政府和公司对于逃避责任的利益诉求，剥夺了毒气受害者所急需的
71 医学治疗机会。争议主要是围绕硫代硫酸钠的使用和供应上，这是一种治疗氰化物中毒的解毒剂。政府当局当时显然是害怕如果毒气中发现有氰化氢，会引发严重的公共关系反弹。尽管受害人说注射硫代硫酸盐后，症状减轻，并且当时的一些尸检结果似乎也显示出了氰化物中毒的特征，然而，州政府官员在UCC高管们的支持下

否决了这些说法，坚持认为这些个体报告没有价值，并且发生的灾难与氰化物中毒绝对无关。中央邦*还召集了警方武力取消了博帕尔事件中应急诊所使用的硫代硫酸钠，甚至临时收监了几个志愿治疗受害者的医生。

米拉·萨德戈帕（Mira Sadgopa）是这种应急诊所的一名医生，据他叙述，受害人报告的经验与医疗系统采取的立场之间，存在着巨大的鸿沟：

> 但是人们都说感觉到症状明显减轻，尤其是头疼、肌肉疼痛、失眠、胸痛、气喘、心悸、视力模糊这些症状——病人的反应并不是非常一致，但可以肯定的是，他们的一些症状明显得到了缓解，但是这个结果至今为止，还没有被博帕尔的所有医生接受，因为他们说没有看到改善的指征。[①]

一方是没有科学知识的穷苦人民的主观感觉；另一方是正统医药科学的专家知识，受人尊敬的印度医学研究委员会（Indian Council of Medical Research）也是其中的专家成员。对于官方来说，谁的观点更可信，基本上是不言而喻的。然而后来在对 UCC 进行法律诉讼的过程中，收集发现的事实资料显示，知识的可靠程度是十分有限的。

UCC 医疗小组，在事故发生后的 12 月 3 日赶赴现场，但它们在营救时，使用 72
的准则没有考虑毒理学的影响，当时没有人清楚异氰酸甲酯对人体的实际影响，也不知道大量暴露可能对所有人造成的长期健康危害。化学品制造商协会（后来的美国化学理事会，American Chemistry Council）于 1985 年 1 月 3 日，举行了博帕尔事件讨论会，这次会议的讨论记录进一步确认了人们当时的无知：“博帕尔事故现场的医生说，大部分幸存者的症状可能会很快就消失。”[②]后来的事实证明，这种乐观估计完全是不成立的，许多幸存者的疾病，呈现出每年加剧的趋势，如眼病、肺病、生殖系统疾病、其他器官性疾病，以及心理疾病。在受害人的具体化的、经验化的知识，和医生们的猜测性、无根据的断言之间，比较合理的做法是本应该给予前者更多的

---

① Friends of the Earth Malaysia, *The Bhopal Tragedy—One Year After* (Penang: APPEN, 1985), p. 44.

② Environmental Working Group, Chemical Industry Archives, “The Inside Story: Bhopal,” http://www.chemicalindustryarchives.org/dirtysecrets/bhopal/index.asp.

* 博帕尔市所隶属的州。——译者注

信任。然而，实际中的处理方式是，武力中断所有用硫代硫酸盐治疗的诊所行为，而打着客观科学旗号的医疗系统对病人的疾苦选择冷漠无视，并且是在没有任何可靠证据能够支持这种官方立场的情况下进行的。

3.3 法律的不公

如果说在博帕尔受害者遭受痛苦时，医学专家没有施以援手，那么美国和印度的法律机构也是如此。这种由于所谓的粗心导致的巨大伤害，归在了民事侵权行为的范畴，这个法律分支主管私人主体之间造成的伤害。在试图用民事法律处理博帕
73 尔事件时，有两个现存的突出难题。第一，印度是一个新兴的工业国家，印度法院没有能力处理这种巨大规模的责任索赔案件。第二，尽管有几十年前的拉纳广场事故和比嫩比特尔事件作参考，但博帕尔灾难的起因和后果都是跨国界的。这是一个美国人的公司，基于从美国进口来的化学生产知识，对印度成千上万的人口造成了巨大伤害。谁最能够有效地代表无数受害大众的利益？这些受害人的索赔可能是正当急切的，也可能是有问题的，甚至也可能是机会主义的，另外随着灾难的全部影响逐步变得清晰，之后可能会有更多受害者加入索赔诉讼的行列。在这起跨国事故中，哪个国家应该承担司法责任？原告的索赔应该援引哪个法律？法官依靠哪个条文来判决？博帕尔诉讼案中的一切因素，都是史无前例，这个案件花费了 20 多年的时间，几经曲折反复，令案件本身成为不朽的历史。然而，在审视这场灾难的伦理含义时，几个方面凸显出来，它们绝非博帕尔事件所独有的。

事故爆发的消息播报后，一群知名的美国出庭辩护律师就来到了博帕尔市，他们在大型民事诉讼中经验丰富，蜂拥到印度来争取客户。美国的诉讼律师过去能赚到大笔的胜诉律师费，即只需要付很少的钱来雇律师，但是原告胜诉后的赔偿金最终会有 1/4 或者 1/3 的金额归律师所有。这样一个惊人的灾难，很容易让美国民事律师联想到，他们最后肯定能拿到也许是破纪录的高额律师费。如果该案件在 UCC 的故乡美国审判，那么受害者可以联合成一个单独的诉讼集体，能够对该公司施加很
74 大的压力。他们有充分的理由相信法院最终会判处高额的赔偿金，而原告律师团队就会相应地获得高额的净收益。因此，美国的知名诉讼律师早期非常兴奋，在博帕

尔奔走忙碌，就像一群蜜蜂绕着一大罐蜂蜜一样不停嗡嗡地转。

印度政府开始介入，结束了这场它们认为是非常不体面的怂恿受害者起诉的跨国律师活动。事故发生 4 个月后，议会于 1985 年 3 月 29 日颁布了《博帕尔毒气泄漏灾难法案（索赔处理）》，简称《博帕尔法案》。该法案是基于古老的“政府监护”（parens patriae）的习惯法原则，该原则赋予政府权力去保护那些无法保护自己的臣民，这项法案授予印度政府一项专有权利，即全权代理 1984 年 12 月晚上的那场致命事件中的所有受害者的索赔及以后的可能索赔案件。这项权利包括代表印度原告们进行起诉和审判，并代表他们达成赔偿协议。这个法案让那些想从博帕尔大众的受难中大发一笔的私人律师的希望泡汤，但也把所有受害者的希望押注在印度政府的能力上，押注在它们是否有能力有效代表原告索赔，是否能够获得公平公正的法律结果。

《博帕尔法案》只是决定了谁可以代表受害者，但没有解决诉讼地点的问题。这个问题的解决必须基于“不方便法院原则”（forum nonconveniens），对于有候选审判地点的案件，选择地点时要考虑诉讼审判的地点不会给被告或者证人造成不当的困难。通常来说，在民事案件中，审判地点应该是事故的所在地，除非该法院有不足，
不适合审判。接下来，发生了一场复杂奇怪的两国秀，印度政府被迫争论说应该在 75
美国审判，因为它自己的司法系统无法处理这种规模宏大的争端；而 UCC 反驳道，印度法院应该全权处理这个案件。每一方都从对方国家聘请了一些专家，来为自己的主张寻找实证基础。印度方面雇用了马可 · 格兰特 (Marc Galanter)，他是威斯康星大学的法律教授，也是研究印度法律系统的知名美国专家。UCC 雇用了帕尔吉瓦剌（N. A.Palkhivala）和戴德乾吉（J. B. Dadachandji），他们都是经验丰富的律师，也是印度最高法院的资深咨询专家。帕尔吉瓦剌曾经在 1977—1979 年期间担任印度驻美国大使馆的大使。

美国纽约南区联邦地区法院（U.S. District Court for the Southern District of New York）的法官约翰 · F. 基南（John F. Keenan）最终负责作出这项意义重大的裁决，他裁定同意 UCC 的主张。[1] 基南认为 UCC 的抗议很有道理，大部分资料以及所有有

---

① *In re Union Carbide Corporation Gas Plant Disaster at Bhopal*, *India in December*, *1984*, 634 F. Supp. 842 (1986).

争议的行为和决策都发生在印度，受害人也在印度，因此没有道理把审判挪到纽约来。法官最后总结说，这会给美国的司法资源造成不合理的负担。基南还认为这个案件的裁决涉及关于印度主权的政治敏感尺度，因此印度法律系统应该有能力进行革新、适应并创造特别的法律程序，基于此，基南拒绝了格兰特给出的历史性和社会性悲观评价，接受了UCC给出的保证，他们基于知名印度咨询专家的知识，确信印度能够在危急时刻崛起，应对危机和挑战。

基南在他那份63页的意见书中，在最后总结部分，响亮地唱起了印度在民族国家中崛起的赞歌：

76 > 1986年的印度联邦已经是一个世界强国，印度法院有能力证明自己能够赋予人民公平和公正。印度司法完全可以代表它的人民作出裁决。剥夺它们在世界中屹立起来的机会，就是重蹈覆辙，把印度重新推向它刚刚从中崛起的屈从和附属的地位。

讽刺的是，基南拒绝博帕尔原告们进入美国法院，其实也拒绝了他们进行法律革新的机会，比如，集体诉讼和胜诉费，这些可以非常有用地为美国大型民事侵权案件铺平道路。由于两国法律系统的差异，为避免对原告造成不适当的歧视，基南只作出了两点让步。他把整个案件返给印度，基于两个条件：一是UCC先由美国联邦进行预审调查，这可以让原告自由地获得更多的诉讼信息；二是该公司需要接受印度法院作出的任何裁决。

印度的司法系统也确实试图作出一项重大革新，但革新的结果事实上腰斩了基南的乐观估计。这是一项关于“跨国企业责任”的准则，即母公司不能将安全责任全部委托给子公司，不能让子公司承担所有伤害性的行为责任。如果这项准则得以实施，就会阻止UCC宣称，博帕尔事件中的错误完全由印度联合碳化物有限公司这个自主经营的子公司承担，而不应该殃及处在美国丹伯里的UCC。印度律师私下里也认识到，目前的法律中缺乏判决企业责任的先例，但是基于目前这种特殊的案件情况，则需要出台新政策。否则所有的跨国公司都可以简单地把子公司当作防火墙，
77 子公司在发展中国家造成的危险伤害，母公司都可以规避责任。UCC的回应是直接拒绝这项法规提议，引述史上没有这样的法规先例：“被告宣称法律中没有这种关于

‘跨国企业’或‘整体性跨国’的概念。”[①]

最后，跨国企业责任规定是否有效并没有进入诉讼阶段。UCC 一直愿意早点解决这场官司，不愿意冒险进入烦琐冗长的法律程序，更不用说它很有可能会被重判。于是问题就仅仅变成了，在什么时候，有哪些相关索赔，总共需要多少钱，就能够和对方达成私下了结。印度政府最初的要价是 30 亿美元，但在 1989 年的时候双方达成协议，同意赔付 4.7 亿美元——这只是原始要价的 15%，对于那 15 万～ 20 万名受害者所遭受的痛苦，以及仍然在折磨他们的疾病来说，这个补偿实在是微不足道。尽管如此，印度最高法院在 1989 年 12 月根据《博帕尔法案》的条款，合法地通过了这项协议，因此关于博帕尔事件引起的各种明显争端和令人疲惫不堪的争议就此尘埃落定。

然而，关于企业责任概念的争议交锋，显示出了法官基南对印度法律革新的殷切希望与现实世界的法律限制之间的巨大差距。几个世纪以来，发达国家的企业和民事法律都是为了保护公司不承担意外责任而制定的。美国和印度都继承沿用了英国的习惯法（不成文法），它并不是中立于经济和政治权利的，它是为阻止革命而设计的。习惯法倾向于用推理的形式和赋予法院特定角色的方式维持现状。习惯法通常从一个事实案例类推到另一个事实情景中，拒绝从纯粹原则出发进行推理或者论证，习惯法的审判是绝对经验主义的，同时也和英国的政治文化一样采取渐进主义 78
模式，偏爱“和稀泥”。另外，习惯法的法院受到先例和解释规则的限制，任何时候都不能和法律所适用的一贯立场偏离太远。与法规允许的解释范围偏离太远，会被视为使用新法规，这就等于是法院在制定法规，在习惯法律师们看来，制定法规本是立法和行政部门的功能，超过了司法权力的权辖范围。

印度当时虽然已经独立，但是并没有自由选择诉讼法的权利。博帕尔市民用来维权的法律系统，其基础中也具有内化了的抵制变化的原则。即便是最基本的责任法规，也反映了保守性的偏见，其维护的是财产积累和组织资本的权益。要想胜诉，原告方需要用“占有绝对优势的大量证据”来支持，即原告需要证明自己的言辞属实。在博帕尔事件中，法律规则和推理模式与科学上的不确定性一起合谋，使受害者在传统审判的框架下很难胜诉。

① Baxi and Dhanda, *Valiant Victims and Lethal Litigation*, p. 61.

化学暴露的情况对于搜集证据和证明来说尤其困难重重，因为暴露后，一些疾病比如癌症或者慢性病，需要很久以后才会出现，另外也很难确定地知道暴露的精确浓度和持续时间。[①]在户外工作或从事临时户外工作的人们，如农民或加油站的服务员，通常没有人去监控他们日常的暴露量；社区暴露于有毒物质的测量更是难以精确确定。灾难之后，高质量的证据也很难获得：责任性问题是流动的、模糊的，缺乏如何
79 能够搜集到可信数据的标准，另外还存有大量的争议。在博帕尔事件中，硫代硫酸钠的争议为后面的问题提供了一个预兆，医学专家从不同视角看待问题，为他们所看到的不同事实和应该采取的措施争论不休。而这种规模也是前所未有的。世界上任何一个医疗机构都没有承受过这种检查几万名受毒气侵害的病人的重担，也没有经历过在这种现行的健康诉求下，却无法完全确定疾病的性质、程度和严重性的复杂局面。

跨国的法律赔偿诉讼揭示了一种不能通过传统计算方法评价的不对等。在跨国官司中，当贫穷的原告和富裕的被告之间有冲突时，利害攸关的是法律采取哪一方的公平观。被告通常具有较高的经济地位，重视社会稳定性，坚持应用旧有的规范；而原告认为有必要修改那些导致问题出现的统治结构。这会是非常艰苦的抗争。1984年的事件过了大约一年，我在当时任教的康奈尔大学组织了一场关于博帕尔事件的研讨会。邀请来的其中一名发言人是一位著名的律师，她任职于纽约的一家大型法律公司，这家公司曾经代表过 UCC 打官司。我问她“跨国企业责任”准则是否有成功的可能。她极其轻蔑地回答说：“这没有法律基础。”对她来说，这完全是妄想，在专业律师看来它一文不名。

也许，形式上她是对的，尽管答案仍然是不可知的，因为这个问题并没有进入到审判程序，但是，发人深省的是，印度提出的“跨国企业责任”这一新法规映射出了一种正义感，它是由史无前例的恐怖死亡事实所授权的一种新法规，而不是基于法律固有的专家推理模式。它意味着对实际情况的变革性回应，新的情况要求特
80 别不同的新思路，因此，这是一种自愿和传统企业责任法典分裂的做法，那时候企业的危险性还没有进入全球化时代。但是法律自身已经被有经验的、受西式教育的企业律师，首先内化成了一种正义的实践。企业法律尤其有一种内在的倾向，即倾

① Sheila Jasanoff, *Science at the Bar: Law, Science, and Technology in America* (Cambridge, MA: Harvard University Press, 1995), pp. 114–37.

向于稳定性、可预测性和维持现状，这些都有利于维护资本的利益。法官基南认为印度有能力达成的那种法律革新，首先必须要通过逻辑和先例的"滤网"，而"滤网"本身就是为了阻滞重大革新的。因此，从某种意义上说，博帕尔事件在法院的历史过程可以看作是法律和正义的较量，而最终法律获胜。

可以肯定的是，1989 年的协议并没有搞定所有的索赔，像是来自亡灵和印度联合碳化物有限公司废弃工厂的幽灵申诉一样，大量的附带索赔仍在不断涌起。由于法律已经阻止了受害者原始索赔的直接裁定（由国家代理），博帕尔的受害者巧妙地运用各种各样的附带诉讼方式，比如，印度联合碳化物有限公司多年来的污染物排放造成环境污染，进而导致地产受损和身体健康受到损害，受害者从这些方面进行起诉。随着受害者和当地咨询专家学习并掌握了如何去研究他们的环境，如何去为自己的权益提出申诉，他们的诉讼策略也越来越成熟，但是时间却对他们不利。很多案件不断地被拒审，因为要么是在 1989 年协议中已经包括了，要么是超过了诉讼时效，或者是难以提出证明，或者原告不能代表当事人。而当事人可能在诉讼前已经死亡。尽管这些案件在美国联邦法院来来回回折腾了 20 年之久，总的来说，所有这些附带诉讼最终也都是不了了之，和 1984 年灾难的原始诉讼一样。[①]

或许我们可以说，即便是在富裕国家，法律也不能保证每次都能及时有效地 81
维护正义。哈姆雷特也谴责过"法律的迟缓"，查尔斯 · 狄更斯（Charles Dickens）1852 年的名著《荒凉山庄》（*Bleak House*），也用一场永无完结的诉讼遭际作为全书的主线。尽管法律具有烦琐累赘的特征，然而，美国的法律比印度的法律更加反应灵活，能更快作出判决，这是一个不容忽略的事实。北卡罗来纳州杜克能源公司（North Carolina-based Duke Energy）排放了大量的煤灰到丹江（Dan River）中，污染了 70 英里的河段，联邦起诉员立刻采取行动，让公司负起相应的责任。一年以后，杜克能源公司同意支付 1.02 亿美元的罚金，用来清理排放造成的污染。同一年，再一次同意支付 540 万美元来解决 15 年来一直悬而未决以《清洁空气法》的名义提出的一项起诉。[②]而对于大众汽车 2015 年 9 月惊人的"作弊软件"事件，

① *Bano v. Union Carbide*, 273 F.3d 120 (2nd Cir. 2001).

② Michael Wines, "Duke Energy to Pay Fine over Power Plant Violations," *New York Times*, September 10, 2015.

使其柴油机系统地规避美国排放标准的审查，也肯定会有一股起诉浪潮。

3.4 权力的不平等

法官基南对印度政府“在世界前屹立起来”的能力的信念，反映了他对机构权力的信心，这也可看作是美国人社会思想的典型特征。它基于这样一个概念之上，即一个具有意志力和想象力的行动者，可以通过所拥有的法律途径和政治途径进行调整，实现自己所意图的结果。基南还特别强调，印度法院“有能力赋予人民公平
82 和公正”。但是博帕尔事件中丝毫没有公平可言。问题在于，印度法院是否拥有迫使UCC 对博帕尔受害者作出等价补偿的工具或权力。对于印度的实地观察者来说，这个答案明显是否定的。在印度人看来，基南含蓄表达的印度和美国法律系统之间的平等，是一种很危险的幼稚想法，他忽略了陈腐的权力结构，它阻止了全球地位较低的国家向高地位国家有效索求赔偿的能力。

对博帕尔事件的大量受害人来说，权力不平等也非常突出，它是导致灾难出现的先行条件。对于 UCC 能够成为博帕尔工厂的主要股东这个事实，UCC 律师认为无关紧要，因为主要的生产控制完全由博帕尔的印度联合碳化物有限公司掌控。这反映了 20 世纪 70 年代去殖民化国家，如印度，对发达国家的深层依赖。贾瓦哈拉尔·尼赫鲁（印度开国总理）进行的大胆技术现代化改革，只是转换了依赖方式，并没有摆脱依赖。印度在 20 世纪 70 年代中叶批准 UCC 生产西维因时，是因为当时急需解决全民的吃饭问题，但印度实际上是从 UCC 引进了一个危险的技术黑箱。进口一个生产工序和工厂，并不等于掌握这种系统的所有危险，也不等于拥有这个工序的安全知识和管理知识。博帕尔的姊妹工厂位于西弗吉尼亚的因斯蒂图特，几十年来，那里的化学行业工人都是经过培训才能上岗的。即便这样，博帕尔灾难之后对他们的调查发现，因斯蒂图特工厂中曾经出现过的一些事故，完全可以给当时的UCC 印度分厂作出及时的警示，从而避免灾难的发生——要是人们能够提前预料到这些问题，该有多好。

不平等还影响了受害人和政府之间的关系，政府本应该给予受害者照顾，在法
83 律程序中代表他们的利益。然而无论是印度联邦，还是事故发生地的中央邦，来到

灾后现场时，都摆出一种洁身自好的态度。是 UCC 设置的用于生产西维因的工序和工厂，是 UCC 冷漠地犯下了使用不成熟技术的罪行，是 UCC 使用了化工业中最致命的化合物，是 UCC 将它出口到世界上最密集的人口地区。但是事实上，当地政府也负有相当大的责任，他们没有监管到这个工厂，没有给出早期的警示信号。事故当天晚上，洗涤中和系统和报警声的双重失效，是设计、管理和执法的多重失责。然而，直到悲剧性灾难吞噬了大量生命，博帕尔的市民才意识到，原来上层的权力机构在用他们的性命进行一场俄罗斯轮盘赌博（Russian roulette）*。

悲惨的是，灾难大都是降临在贫弱者和无权势的人头上。即便是在富裕国家，出现极端灾难状况时，也是进一步加剧这种根深蒂固的不平等。换句话说，社会结构很重要。发生在新奥尔良的“卡特里娜”飓风和 2004 年发生在班达亚齐的大海啸，妇女、儿童、老人和穷人的死亡人数远远高于富人和强壮的人。[①] 博帕尔事件也不例外。非常凑巧的是，当晚的风向恰好把毒气吹向了贫民窟，由于空气相对缺乏湍流，导致毒气在低纬度聚集，从而让棚户区常见的单层建筑中的人们吸入了最多毒气。要求公正和赔偿的博帕尔运动领导者们认为，1984 年 12 月 2 日那天晚上的风向如果不是向东南的贫民窟吹，而是吹向其他方向，那么印度的法律车轮会更快、更有效地前进。

基于这种权力等级，受害者要求追究公司官员个人责任的诉讼，最终也大都不 84
能实现，这似乎也是预料之中的。灾难发生几天后，联合碳化物公司的首席执行官沃伦·安德森（Warren Anderson）才飞抵博帕尔，被抓获并短暂拘留之后又被保释出来。他立即返回美国，余生都没有再去过那个数千人要求审判他和监禁他的国家，1992 年法院把他列为躲避法律的在逃犯。直到 2010 年 6 月，印度法院最终以较轻的过失杀人罪判决了 7 名年老的前任印度联合碳化物有限公司领导，原来起诉他们的罪名是刑事杀人罪。说判决过轻、过晚，这种说法不足以表达博帕尔法律诉讼者的鄙视和愤怒。许多人认为，博帕尔发生的事故和在纽约、华盛顿 2011 年 9 月 11 日发生的事故，是可以相提并论的同等罪行。对他们来说，两个事故截然不同的处理结果再一次凸显了不平等的结构，而他们也没有能力去改变这种不平等。博帕尔的

① Andrew Lakoff, ed., *Disaster and the Politics of Intervention* (New York: SSRC/Columbia University Press, 2009).

抗议者经常扛着告示牌，上面写着“通缉沃伦·安德森”。2004年，我还看到一个告示牌上写着“想要奥萨马*，给我安德森”。不过所有这一切都没有人注意，就像博帕尔许多其他需要承认的诉求一样。

3.5 结论

在拉纳大楼坍塌之后，孟加拉国内政部高官汗达克尔 (Mainuddin Khandaker) 经过调查研究，在他的那个将近500页的报告中指明了需要承担责任的主要行为人：
85 拉纳本人（贪心房东的原型）、所谓的专家们、工厂主和各政府部门。在和德国《明镜周刊》（Der Spiegel）的记者交谈时，汗达克尔说得更加直白：“那天的事件，那个4月24日是全球市场无法避免的冲击造成的。”换句话说，即便某些邪恶机构在不公平的结构中获得了权力，结构也远比机构更重要。

本章中所描述的这类技术灾难，对现代鼓吹的经济成就和社会成就，提出了迎头棒喝的伦理难题。随着世界联系愈加紧密，全球金融和商品的聚集，这些伦理问题通常是悲观的、明显的。全球市场的第一个特征是知识和权力的巨大差距，使全球市场中技术商品和技术服务的生产者和消费者相互割裂。那些处在接收端的人们——拉纳大楼的工人们，德国的豆芽消费者们和博帕尔 UCIL 工厂附近的居民们——没有办法知道自己日常生活周边所潜伏的危险。当灾难出现时，他们就会无辜地为别人的贪心和粗心付出生命和健康的代价。在这个贝克强烈谴责的风险社会中，无助的受害者们对于技术的设计和管理过程没有任何发言权。

全球市场的第二个特征是，市场运行的规则和规范的不对称性是在灾难中逐渐显示清楚的。为了吸引外资，得到这种金钱慷慨恩惠的接收方不断被迫作出让步。UCC 在博帕尔工厂中所占有的优势股东份额，和拉纳大楼的生产商在已有危险警告的情况下仍急切让工人开工，这两个事例都说明了经济权力的不平等。然而当事故发生后，受害者要求赔偿时，求助的对象还是同一个政府当局，正是它们制定出了这种有问题的规章；受害者们还要求助于同样的法律结构，而这种法律正是用来保

* 本·拉登的名字。——译者注

护资本，避免重新分配的。正如博帕尔诉讼事件显示的那样，仅仅控诉法律不公，86
是不足以改变法律所固有的偏见的。

法律和市场都预设社会互动可以在公平竞争的环境中进行，因此只要信息公开、游戏规则公平，就能使所有人平等地参与，然而这只是一个便利的虚构。事实上，根本不存在这种公平竞争的环境，我们很难根据那些环境本身内置的斜坡和裂缝来解决索赔的问题。那么，我们可以从灾难中学到什么呢？也许重新关注我所说的那种“谦卑的技术”是部分答案。[①]这种谦卑的方法包括高度重视技术风险的框架方式、测量方式，关注最脆弱群体的需求，评估技术不公平的分布影响，有意识地记住过去的灾难。另外应该在风险项目开始之前，而不是之后，使用这些谦卑原则。我们会在最后一章详细讨论这些问题。

① Sheila Jasanoff, “Technologies of Humility: Citizen Participation in Governing Science,” *Minerva* 41 (2003): 223–44.

第4章

重塑自然

4.1　新旧作物替换

87 在创新的历史长河中，自然以多种方式为人类提供服务，比如，充当合作者、资源提供者，有时还充当不情愿的陪练者。现在科学家已经开始质问，地球上到底存不存在一个不受人类影响的大自然？[1]农业是人们大规模干涉地球动力学的最早方式之一。人类每到一处，必先四处觅食，最终为实现腹中温饱和维持群体的定居生活，而充分利用自己的经验知识和理论知识，让土地更加多产。美国历史学家威廉·克罗侬（William Cronon）的恢宏力作《自然的大都会》（Nature's Metropolis），记载了原来穷乡僻壤的芝加哥如何经过翻天覆地的变化成为西部大都市。该书记载了他们如何把草原改造为玉米田，如何杀害了大批的野生水牛，如何砍伐森林等等。

① Paul J. Crutzen and Eugene F.Stoermer, "The 'Anthropocene,'" *Global Change Newsletter*, no. 41(May 2000):17–18, available at http://www.igbp.net/download/18.316f18321323470177580001401/1376383088452/NL41.pdf.

芝加哥重塑自然的能力，代表了人类对整个地球的影响力。在这个意义上，它是我们世界的一个微型缩影。

采集狩猎的祖先定居下来之后，从最初的农耕时期，就开始对各种动植物品种 88
进行选育。他们的出发点是实用主义的，希望尽可能充分利用所获得的资源。数世纪以来，农民一直在努力提高作物产量，改良口味，塑造美丽的外观，选育更加不易死亡的品种，这也是为了适应扩大了的广袤市场。植物的选育也有愉悦的一面，人们在选育过程中受审美和感官愉悦所驱动，希望得到气味更香、颜色更美的植物。数世纪以来，荷兰郁金香的种植者们一直致力于培育出一种难以实现的完美黑色郁金香。最近，日本的三得利（Suntory）酿酒公司投资支持了一项使用基因工程培育蓝玫瑰的比赛，但经过数年的努力，最终培育出的花朵是淡紫色而不是天蓝色，这让许多冷静的观察者们感到失望。水果和蔬菜种植者也在持续制造数不清的杂交品种，从无籽西瓜到异国风情的杏李(Pluot，李子和杏的杂交品种)和橘柚（tangelo，蜜橘与柚子的杂交品种)。

鉴于这种对自然的长期操控历史，20世纪末，农业中使用基因工程的技术培育新的动植物品种似乎并没有什么问题。在美国，从19世纪中叶起，农民和种植者们就很愉悦地开始与接受过大学教育的农业科学家合作，一起把研究应用于生产。[①] 现在，学术实验研究让基因修饰的手段更加成熟，能够制造出具有商业价值的大量转基因生物（GMOs）新品种，比如高产作物、具有新型医疗和营养特征的作物和能够抵抗极端恶劣环境的作物。通过转换物种之间的基因，科学家们可以制造出非自然
进化而来的转基因新菌株。这些新特点可以帮助植物对抗来自自然的最强硬的威胁， 89
如害虫、干旱及其他气候变化。尽管它有无限美好的潜能，农业生物技术却成为近期最有争议的技术应用和范例案件。在把大量的转基因作物引进到现代工业生产中时，我们应该避免什么危险？

为什么这样一个如此有吸引力的技术——巧妙、可行、广泛适用、对贫穷和饥饿具有巨大的潜在好处，还有商业利益——引发了一场难以平息的伦理和政治风暴？为了解开这个谜团，理解“绿色生物技术”，我们需要把它放在政治经济情境

① Charles E. Rosenberg, *No Other Gods: On Science and American Social Thought*, rev. ed. (Baltimore, MD: Johns Hopkins University Press, 1997), pp.153–72.

下——实际上是多种政治经济情境下——以及在新千年全球农业生产的情境下来理解。我们会看到，这项技术发展的辩论，是从技术发明、市场扩张和全球商品流通的交叠历史中演化出来的，全球商品流通也是导致博帕尔事故的主要因素。

实验室中的发现对于实验室科学家来说似乎是价值中立的，但是当它们进入到种植和商业阶段时，就会涌现出棘手的监管问题。当发达工业国家的科学和技术成就扩展到世界其他地区时，就会出现各种难以预料的问题，有可能是来自农耕方式的不同，也可能是来自消费者对风险、安全和自然价值的偏好不同。美国科学家在初步研究转基因技术时，这些问题并不是他们考虑的中心。大学科学家、商业和政策机构都认为，只要转基因生物对健康和安全没有构成威胁，就可以接受它们，这
90 能带来确定无疑的好处；另外，风险评估也是由理解生物技术的专家们所实施。总的来说，在产品开发的初期阶段，从没有人咨询过消费者的意见，但是，后来的事实证明，消费者对自己种植和食用的作物，具有他们自己的强烈判断和合理意见。这种早期忽略公众意见所带来的缺陷，是后来的补充性政策无法弥补的。

21 世纪之交时，农业生物技术的事件在很大程度上显示的是，现有的机构没有能力在技术雄心倡导者的希望和人民的担心疑虑之间进行调节。普通大众把生物技术看作是一种不受控的力量，是一种破坏文化价值的先锋力量。对于转基因的好处，许多人在质疑，这个新兴生物行业的产品和程序创新是满足世界对食物需求的最好方法吗？也有人质疑，渴求利益的企业在倡导技术发展时，作出的风险评估是全面的、客观的吗？转基因生物有可能会扩散，从而扰乱自然的生物多样性，或者毒害人和环境，追求利益的生产商能够负责地计算它们带来的风险吗？风险和收益的说法，只是现代社会技术在转变传统的生活方式和威胁到全球食品安全时进行的表层装饰吗？所有这些问题已经讨论了几十年了，但是答案和潜在的政治立场一样遥遥对立。[①]

4.2 战略性失误

农业生物技术产生之初，就伴随着大量的夸张宣传和战略性失误。创新是按照

① Les Levidow and Susan Carr, *GM Food on Trial* (New York: Routledge, 2010).

商业的想法和做法开展的，而不是根据种植者的需求，更不会去考虑消费者想买什 91
么或者吃什么。一些早期的观点最后证明不但具有政治破坏性，而且没有商业可行性。最初美国创新的对象，甚至不是一种植物，而是一种所谓的防霜递减菌株（Ice Minus），它是常见的丁香假单胞菌（Pseudomonas syringae）的变体，从中剪掉了一个基因，以降低植物在表面结霜的能力。支持者希望这种经过基因修剪过的细菌能够帮助娇嫩的植株，如草莓，抵抗突然的霜降，保证产量。他们指出，丁香假单胞菌的防霜递减菌株是自然界基因突变中出现过的菌株，不是新的微生物，但这一点并没有说服反对者们。环境主义者担心防霜递减菌株的大规模田野应用可能会扰乱生态系统平衡，并带来一些人们没有研究过的毒害性后果。最后达成的一致意见认为，目前把转基因的微生物体释放到环境中的时机还不成熟。因此创新者后来将商业兴趣转移到了转基因农作物和家畜上，希望提高它们的商业化规模。

这些方面的开发也是波澜起伏。命运多舛的“美味”（Flavr-Savr）番茄就是一个很好的例证。1980年，加州大学戴维斯分校（University of California at Davis）的农业科学家成立了一个卡尔基公司（Calgene），将他们实验室中的想法应用到农田中。他们的原计划是生产一种转基因番茄，它能够在番茄蔓枝上充分成长，而且味道更佳，并最终能出口到许多国外市场。他们将这种番茄的商标注册为“美味”，并且修饰了番茄的基因，使其较少地产生一种酶，这种酶会在番茄成熟时让番茄壁变软。卡尔基公司的初步目标得以实现，但是“美味”却是个失败的商业产品。成熟期延长，却并没有如同科学家所期望的那样变得更加美味。产品的出口也不理想。消费者并不喜欢“美味”番茄这种寡淡的味道，再加
上生产和运输的高成本，它们根本竞争不过传统番茄。在好几年里，加利福尼 92
亚的“美味”番茄只能加工为番茄酱，在英国的各大连锁超市中分销，但是随着英国公众开始抵抗所有的转基因作物，就连英国这个市场也在20世纪90年代末的时候枯竭。卡尔基公司也和许多其他成功的新兴生物技术公司一样，于1996年被孟山都公司（Monsanto）收购。

把转基因技术应用于家畜的早期商业尝试，也不比防霜递减菌株和“美味”番茄好多少。技术的潜能诱惑人们再一次错误地起步，导致生物技术行业和大众的关系不断恶化。一项美国政府资助的项目，把人类生长激素的基因植入猪身上，导

致猪患上关节炎和其他疾病。令它臭名远扬的是，19 头“贝茨维尔猪”（Beltsville pigs）中的 17 头都在一年内死亡。同样，使用重组牛生长激素 (rBGH) 可以增加奶牛的牛奶产量，但也导致受体牛患上痛苦的乳腺炎和其他各种痛苦的疾病。进而，治疗这些疾病需要增加使用抗生素，许多人担心这种对抗生素产生抗体的细菌会通过食物链传递给人类。经济因素也发挥了一些作用，因为使用 rBGH 主要对大型农场主有利，他们能从增产的牛奶中挣到更多钱。欧盟和一些国家的监管机构开始认真研究它带来的风险，最后规定它们的乳制品行业中禁止使用 rBGH。然而美国食品和药品管理局（FDA）却认为自己在这方面承担的责任有限。作为原则上为人类健康负责的实体，美国食品和药品管理局竟然批准了 rBGH 的使用，认为受体牛的牛奶对人类没有构成威胁。政府的这种无心监管，让小型农场主和动物福利保护团体义愤填膺，它们抗议，要求有机奶制品，拒绝携带 rBGH 基因的牛奶。许多美国人
93 现在仍然拒绝购买来自 rBGH 受体牛的牛奶或奶制品，认为激素泛滥是生物技术粗心应用的重大后果。然而，在现行的法律和政策体制内，对于这些伦理和经济问题，以及转基因食物在全球扩散的生态危险，没有任何一个联邦机构可以承担明确的责任。[①]

尽管美国的农业生物技术早期受到了一些挫折，但是在 20 世纪 90 年代取得了重大进展。生产商和商业作物种植者展开合作，因为种植者想对抗某种害虫，比如螟蛉虫和欧洲玉米螟，这些害虫会导致作物的大幅减产。种植者们尤其喜欢那种把苏云金杆菌（Bacillus thuringiensis，Bt）的一个基因移植到玉米中去的基因工程。Bt 基因能够产生一种蛋白质，这种蛋白质能够消灭害虫的幼虫，而对人和益虫无害，如蜜蜂和蝴蝶。另外也取得了商业成功的产品是抗除草剂的作物，这些作物经过基因修饰，可以抵抗常见的杂草清除剂。这项发明让孟山都这个化学工业巨头在全球的农业生物技术领域中开始崭露头角。孟山都生产的名为“农达”(Roundup) 的除草剂得以广泛推广和使用，这个农药的化学成分主要是草甘膦。转基因技术让孟山都公司又生产了一系列和“农达”匹配的作物，这些作物可以和除草剂配套销售。农民可以完全无顾虑地在种植时节喷洒“农达”除草剂，他们非常确定喷洒的除草剂

① Sheila Jasanoff, *Designs on Nature: Science and Democracy in Europe and the United States* (Princeton, NJ: Princeton University Press, 2005).

只会除去杂草，而不会毁坏经济作物。种植者特别偏好“农达”，但是一些尚未达成结论的研究已经开始关注它可能产生的负面影响，“农达”中的草甘膦可能会增加人们患癌的风险。[1]

从 1996 年开始，在不到 20 年的时间里，转基因的大豆、玉米和棉花在美国所 94
占的份额开始急速飙升。美国农业部（U.S. Department of Agriculture）通过调查，估计 2015 年抗除草剂大豆占所有大豆份额的 94%，相应的抗除草剂棉花和转基因玉米的比例都是 89%，而抗虫害的 Bt 棉花和玉米的比例分别是 84% 和 81%。[2] 这些比例远远超过了世界转基因作物的平均水平，也见证了美国生物技术行业和商品作物种植者之间的愉快联盟。

4.3　花园里并不是一切都美好

孟山都和其他美国转基因种子公司受到国内大好形势的鼓舞，在 20 世纪 90 年代开始把目光转向全球市场。然而，这一次它们毫无防备地遭到激烈的负面宣传和公众的排斥。尽管当时欧洲各国政府和布鲁塞尔的欧盟监管机构认为转基因技术有很大好处，可以进行市场扩张，但是转基因在欧洲出现了各种问题。很明显，欧洲公众并不同意各国政府和欧盟监管机构的看法。欧洲环保主义者和小型农场主指责美国技术的入侵，认为这项技术是未经检测的、不必要的、不可持续发展的。大西洋两岸对转基因的看法迥然不同、争议不断。美国生产者和政治同盟惋惜哀叹欧洲的这种似乎无知、不科学的妄断；而欧洲民众则质疑美国作出的安全性论断，争辩
说美国的论断是基于无知和猜测，而不是基于可靠的科学。在新千年，美国对其他 95
国家的那种似乎错误的态度——傲慢、文化上自大、不愿意承认美国的科学知识和技术能力有局限性——令孟山都公司成为人们的出气筒。

---

① 国际癌症研究中心已经将草甘膦列为可能的致癌物质。*IARC Monographs Volume 112: Evaluation of Five Organophosphate Insecticides and Herbicides,* March 20，2015. 不同观点，见 Michael Specter，“Roundup and Risk Assessment，” *New Yorker,* April 10，2015。

② U.S. Department of Agriculture，Economic Research Service，“Adoption of Genetically Engineered Crops in the U.S.” http://www.ers.usda.gov/data-products/adoption-of-genetically-engineered-crops-in-the-us/recent-trends-in-ge-adoption.aspx#.UvcHMvb9rbk.

世纪之交的那场声势浩大的转基因生物论战，揭示了基因编码信息在复杂生物体内产生作用的方式在科学上还存在巨大的理解差距，更不用说去理解修饰基因对于更大的生态环境的影响。对于本书的分析而言，重要的是它凸显了相关负责机构在管理新兴的技术以及全球应用技术方面的软弱无力。当事实不明朗、不清晰时，谁最终会负责解决以下问题：生产所缺乏的知识；在预防和冒险之间取得一个制衡；在自然和可持续性的冲突观念上进行协调；发生事故时承担灾难的成本。从良好监管的视角来看，无论在国家规模上还是全球规模上，每一个问题的答案都是模糊不清的或者有深层问题的。

4.3.1 未知的不知

令人惊奇的是，一个有争议的美国政治人物的寥寥数语，在转基因生物的政策制定中得以被框架化。唐纳德·拉姆斯菲尔德（Donald Rumsfeld）在乔治·W. 布什当政期间出任美国第二十一任国防部长，在 2006 年届满卸任时，留下了两笔遗产：第一，伊拉克和阿富汗“反恐战争”对政治和经济的腐蚀性影响；第二，总结现代社会中所有目的行为中所包含的矛盾。他的几句话迅速走红，最知名的短语是“未知的不知”。在 2002 年的一次新闻简报会上，他发表了几句俳句般简明的讲话：

96 有些是“已知的可知”，
那是我们已经知道自己知道了的事情。
我们知道还有一些事情是“已知的不知”，
那就是说，我们知道有些事情我们并不知道。
但是还有一些“未知的不知”，
那是一些我们不知道自己不知道的事情。

一位评论家称它是一首描述“现代认识论的美妙简明的短诗”[①]，拉姆斯菲尔德对它很是满意，还把它用作自己 2011 年回忆录的书名《已知和未知》（*Known and Unknown*）。著名的纪录片制作人艾洛·莫理斯 (Erroll Morris) 偏爱神秘主义，他在拉

① David A. Graham, “Rumsfeld’s Knowns and Unknowns: The Intellectual History of a Quip,” *Atlantic*, March 27, 2014.

姆斯菲尔德讲话的基础上又综合出了一个概念，将自己 2014 年的纪录片命名为《未知的可知》（*The Unknown Known*）。“未知的不知”这个概念明显地触动了人们的焦虑神经，要知道在我们这个社会所有的决策行动都是以知识为基础的。

正如第 2 章中所描述的那样，风险评估处理的大都是“已知的不知”因素。它是努力限定和量化人们想象的可能结果，因此处于“已知”的范畴内。在基因工程发展的头几年，人们认为这种框架能够实现负责的监管。1975 年，在加利福尼亚著名的阿西洛马会议中心（Asilomar Conference Center），顶尖分子生物学家讨论了包括自然界中之前不存在的病原体在内的转基因生物如何能够安全地待在实验室中，不会偶然逃逸出来伤害人类健康或环境。基于自己的实验室工作经验，与会者知道这些转基因生物有时候会逃逸出来，他们试图通过建立一些规则来控制这种已知危险的风险。讨论的结果是建立一套关于实验室研究的生理和物理的系统控制，以保 97
证阿西洛马会议所想象的可怖的可能结果永远都不会成为现实。

然而，那个时候重组 DNA 技术还未展开，就像是热切的孩子们手中的玩具一样，亟待发展。当时参加阿西洛马会议的分子生物学家们，没有人能预测到人们后来会故意把转基因生物释放到环境中去，将其发展成为一个新的商业领域。他们没有想象到一些主要作物，如玉米和棉花的自然品种，会几乎全部被基因修饰过的品种所取代。这一切，只因为这群出色的科学家当时关注的中心是实验室这个他们最了解的领地，而商业化生产不是他们考虑的中心问题。借用拉姆斯菲尔德部长的话来说，这种“故意释放”，即故意大规模地引进抗虫害、抗除草剂的转基因作物，是一种“未知的不知”的危险。然而，几年间，这种故意释放的预言已经变成了现实。其中孟山都公司和先正达公司（Syngenta）是释放转基因作物的行业佼佼者，它们在转基因出现之前，就一直热心致力于农业生产技术的发展。

我们对故意释放转基因的风险的知识积累得很慢、很零散，通常都是通过事后经验才能知道，而不是提前评估。一系列与转基因生物相关的事故告诉我们，美国主流的可控风险的意象是有缺陷和漏洞的。2000 年，Bt 转基因玉米中一种名叫星联（Starlink）的玉米得到批准，可以用来饲养家畜，但不适合人们食用。这种玉米最终却出现在美国卡夫食品（Kraft Foods）的玉米食品中，并在塔可钟（Taco Bell）快餐连锁店中销售。这种转基因玉米品种中含有一种叫作 Cry9C 的蛋白质，美国环保

98 局（EPA）把这种蛋白质列为潜在的人类过敏原。一家实验室和几个反转基因环境组织与消费者团体一起联手，对塔可钟的食物进行“基因鉴定”（Genetic ID），发现塔可钟的食物里面竟然有那种绝不该出现的蛋白质污染。之后就开始召回、产品回收、停止出口，造成了上亿美元经济损失，而星联玉米也被从市场上取缔。① 一项研究表明，该事件造成玉米价格持续低迷，比往年低了 7%。② 当然，这个事件也被淡化为一种可避免的事故——一种本质上良好行为的“意外结果”。有人认为，美国环保局就不应该批准星联玉米用来喂养家畜，环保局本应该知道在复杂的生产环境下，人们很难区分哪些玉米品种是允许食用的，哪些是不允许的。③ 另外，如果玉米种植者能够更加谨慎，完全按照规定行事，就不会导致玉米品种的混淆。另外，还有人认为，在这么多食用转基因玉米的人中，疾病控制中心只发现记录了几个有过敏反应的人，似乎无须恐慌。总之，对于支持生物技术的人来说，星联并不能说明对作物的基因进行修饰具有本质上的错误。这起事故只不过是不幸地偏离了良好的监管和良好的生产实践，然后由人们的过激反应共同造成的。

然而，星联玉米事件揭示出，对于新技术，我们的未来意象并不符合实际机构中的知识流动和责任。在第 2 章中，我们看到所谓的无知识（nonknowledge）并不是一个绝对的概念，而是一个相对的概念：人们对知识的定义取决于他看待问题的视角，尤其取决于他在一个组织、过程或阶层地位中所持有的立场。基因学家和医
99 学科学家掌握的关于人类过敏的知识，完全不同于谷物运输机操作者对于种子储存和船运知识的认识。各种形态的知识通常在工业过程中是相互分离的。比较明显的是，风险评估者通常倾向于掌握和应用抽象的科学知识，而筒仓操作员的实用性知识很少能够被涵盖在进行同行评议的科学文章中，而公开发表的科学文章才是风险评估和政策制定所依赖的纯净领域。因此，官方这样得出的复杂技术系统的风险或安全前景，可能会具有误导性、片面性和不完善的特点。

---

① David Barboza, “Gene-Altered Corn Changes Dynamics of Grain Industry,” *New York Times*, December 11, 2000.

② Colin A. Carter and Aaron Smith, “Estimating the Market Effect of a Food Scare: The Case of Genetically Modified Starlink Corn,” *Review of Economics and Statistics* 89, no. 3 (2007): 522–33.

③ Amelia P. Nelson, “Legal Liability in the Wake of *StarLink*™: Who Pays in the End?”, *Drake Journal of Agricultural Law* 7 (2002): 241–66.

“对谁来说是未知的？”这是一个关键问题，错误的回答会引起伦理问题，也会对社会造成伤害。科学和技术的一些未知领域也许只是对于大多数权威专家来说的，因为他们缺乏底层人民所具有的知识观念。因此，早期制定转基因生物管理规章的分子生物学家，可能对于他们预想中的那种偶然释放最敏感。他们可能不具有、也不关心后来生态学家所具有的那种知识，即转基因生物对其他物种的有害影响、转基因的抗灾害特征的其他后果、转基因生物的修饰基因转移到非转基因生物上的风险。而混杂的生产系统产生的无法监控和控制的风险，更不曾出现在那些分子生物学家的高瞻远瞩中。这些问题都是在随后的实践矛盾中出现的，不同领域的专家对转基因有矛盾的看法，美国的生物技术行业对转基因的热衷，完全不同于其他国家不欢迎转基因的种植者和消费者的观点。美国基于狭隘的风险知识制定出转基因的监管政策之后，其他国家才出现了不同的专家评估和不同的控制理念。[①] 然而，美国
生产商已经接受了自己国内的风险评估监管经验，认为它是坚实的科学给出的黄金 100
标杆，并将其他国家的批评视为不科学的指责。

转基因生物的监管历程显示，当进行风险评估和风险管理时，当权者，无论是科学家还是政治家，都缺乏寻求相反观点和立场的动机。主流思想框架之外的其他论断经常被拒斥为是无知的、没有根据的、缺乏科学证明的。因此，所谓的“未知的不知”其实可以看作关于权力分布不平等的陈述——那种权力可以决定为了何种目的，谁的知识才是有效的——而不是存在绝对的相关知识的真空。

4.3.2 冒险还是谨慎？

知识有时候只是视角的问题，完善的知识只是一种不可企及的理想而已，因此，在全球化的世界中充满了这种情况：一个团体宣称了某项正确的知识，却被其他团体否决或者驳斥，因为它们有良好的怀疑理由，或者自认为拥有更好、更全面的知识。转基因生物的国际贸易就展示了这样一个旷日持久的对峙，再一次凸显了现有的国际机构在协调管理方面的不足，它们无法有效调节不同国家的冲突性观点。这些国家具有不同的价值观，因此对于应该掌握哪些知识以及如何应对不确定性有着不同的看法。

---

① Jasanoff, *Designs on Nature,* pp. 42–67.

在2000年之后的几年里，各个国家和组织之间就如何看待农业转基因生物出现了严重的分歧。一些国家提倡一种“以科学为基础”或者说“冒险型”的方法，而有些则倾向使用“谨慎型”的方法。[①]这些术语以各种方式书写在法律和政策中，却都没有给出一个明确清晰的定义，但比较一致的是它们对科学知识的局限性有不同
101 的认识。从广义上来说，“科学型”（即“冒险型”）的方法把问题放在“已知的不知”框架中，认为对于未来的未知事物能够可靠地预测，应该根据目前的知识或定向的深入研究去预测。相对而言，“谨慎型”的方法认为某些重要的东西包括所有的“未知的不知”，都处在科学探索的能力范围之外。如果人们无法想象到它的存在，又如何让风险评估专家去估计它的可能性呢？科学的进步并不一定能够保证获得答案，因为技术的未来轨道中有太多严重的不确定性。确实，如果没有把握住问题，再多的科学知识也是枉然，甚至对传统科学知识的过分关注，会让我们从科学知识所不能解决的实际问题中分心。

冒险还是谨慎，这也是一场跨大西洋的转基因贸易战争的主题。2003年，三大谷物出口国：美国、阿根廷和加拿大，向世界贸易组织（WTO）投诉欧盟。控诉方指控欧盟违反了自由贸易的国际规则，对转基因作物的进口进行非法限制。控诉方认为，转基因作物经过了风险评估后被认定是安全的，而且欧盟禁止转基因作物是没有任何科学依据的，因此，对这些转基因作物的拒绝是非法行为。对转基因作物进行的所有风险评估都显示出它们不会对人体健康或者环境造成伤害。因此，在没有科学证明转基因作物有危险的情况下，就对这些产品设置贸易壁垒，是完全非法的。欧盟这种没有依据的做法违反了所有WTO成员都应该遵守的自由贸易的原则。

102 大约花费了两年的时间，WTO争端解决机构最终给出了一个长达1 000页的意见书，认为欧盟确实对转基因作物实施了非法的禁令，导致了转基因作物贸易的“不当延误”。生物技术公司对这项裁定非常高兴，吹捧它维护了它们对作物安全性的断言，而欧洲的消费者和一些欧盟国家就不那么高兴了。这似乎是美国的风险评估战胜了其他经济体的合法怀疑，要知道在许多人看来，美国的风险评估是基于对生态和未知的公共健康的不充分审查之上的。WTO的论证说明了在自由贸易和政治判断中存在着不能调和的冲突，当经济体之间相互购买对方的技术产品和随带的安全

① Joel Tickner, ed., *Precaution, Environmental Science, and Preventive Public Policy* (Washington, DC: Island Press, 2003).

标准时，对于不确定性的多少和可容忍程度有着不同的政治判断。这个案件激化了“科学型”世界观和“谨慎型”世界观之间的冲突。作为一起正式的法律案件，科学得以获胜，然而，这种胜利虽然具有法律约束力，却无法打消和熄灭人们对美国科学论断的普遍怀疑。

从WTO的观点来看，争端的解决主要是围绕对协约中关键词的解释，尤其是条款5.1和5.2，它们是经济体可以实行贸易限制措施的依据。条款5.1尤其明确地认可了监管跨经济体技术流动的“科学型”方法：

> 成员应保证它们的卫生措施或植物检疫措施是**基于评估**之上的，在恰当的环境中，对**人类、动物或植物的生命或健康**的风险评估，应使用相关国际组织开发的风险评估方法。

条款5.2进一步要求风险评估必须基于“现有的科学证据”之上，条款5.7再一 103
次强调，在一些其他经济体对科学的充分性存疑的情况下，这些经济体有责任提供更多的信息，以实现对风险更加客观的评估。[①]这些法律条文都强烈地认可，无论是现有的科学还是实际中应用的科学，都可以解决与转基因作物贸易相关的不确定性。但是我们不得不承认，对于有些风险类型的可能性，即使进一步研究也不能解决：因为大自然太复杂；因为我们无法预想到所有可能的起因；或者因为需要进行的研究耗时过长、花费过高而导致无法实施。

这种将科学视为贸易争端的中立仲裁的做法，让WTO处于一种很尴尬的位置。它是在应用科学和法律的客观性原则，还是在不经许可地侵犯其他经济体？如果风险评估本身在管理不确定性方面就是具有价值倾向的，那么其他经济体在公民要求对“未知的不知”高度谨慎时，是有权采取其他不同的方法的。[②]在选择“冒险型”还是“谨慎型”立场时，WTO把自己镶嵌在各个经济体的范畴中，选择不同的“管理理念”[③]。WTO通过协定的强制力量，以不成文的推论方式，获得了一种

① 世界贸易组织的《实施卫生与植物卫生措施协议》，第5条（风险评估和卫生与植物检验保护的恰当标准决议），第1、2、7节。

② David Winickoff et al., “Adjudicating the GM Food Wars: Science, Risk, and Democracy in World Trade Law,” *Yale Journal of International Law* 30 (2005): 81.

③ David A. Wirth, “The World Trade Organization Dispute over Genetically Modified Organisms: The Precautionary Principle Meets International Trade Law,” *Vermont Law Review* 37, no. 4 (2013): 1187.

特殊地位，但是它之前并没有明确地思考签约成员是否都愿意遵守 WTO 的某些认知倾向。

4.3.3 喜爱大自然

WTO 明文规定，在处理不确定性的问题时使用“科学型”方法，可以排除其他
104 有冲突的价值观，这些冲突在改造自然和自然商品化的过程中如影随形。许多人不相信基因修饰，因为他们认为这改变得太快、太多，远远超出了传统农业和培育技术。这些持怀疑态度的人包括小型农场主、吃粗粮的人、特产作物或传统作物种植者，以及关心伦理问题的有机食品购买者。所有这些人都强烈地反对包括转基因技术在内的农业工业化，不愿意改变他们喜欢的那种种植和消费方式。大西洋两岸的国家以及全球有机农作物的市场和供应链都在急剧增长，努力把有机食品和非有机食品小心分开，以满足消费者的偏好。例如，在马萨诸塞州剑桥市的一家全食超市中，一个咖啡研磨机上写着这样的标语：“本研磨机适合研磨有机咖啡及传统种植的咖啡豆。对于热爱维护有机咖啡完整性的人士来说，在家自己研磨咖啡是最好的选择。”

这个标语尽管有些半开玩笑的意思，但是反映了全食公司于 2013 年 3 月开始采取的全超市“转基因完全透明”原则。全食公司曾宣布了一个五年计划，即在五年内把北美所有全食连锁超市的产品都贴上是否包含转基因成分的标签。这种来自私营企业的自发性行为比政府对转基因的反应更迅速、有效。联邦政府没有在整个食品领域采取这样的限定，让消费者很失望。这和全食公司的自发行动形成鲜明对比。确实，美国的政策是在努力抵制贴转基因标签。在一项著名的“试验案例”（test case）* 中，美国食品和药品管理局和联邦贸易委员会（FTC）警告那些专用乳制品的生产商，如著名的冰激凌制造商本杰瑞公司（Ben & Jerry's），如果它们把自己的产
105 品贴上不包含转基因的重组牛生长激素，它们就会被起诉做虚假广告。因此，有机乳制品生产商被迫遵守一项比较别扭的规定，只能宣称它们的牛奶源来自某些农场主，由他们来保证牛群没有使用转基因重组牛生长激素。即便是这样，还要同时标示宣称，FDA 认为牛是否使用激素都不会影响牛奶的品质。

---

* 以检验某条法律是否符合宪法。——译者注

选择抵抗转基因的农场主也是处在两难的境地，一方面是越来越多的顾客要求有机食品；另一方面是强大的行业号召将产品的价格压得很低，行业愿意对转基因进行大量投资，以阻止非转基因市场的扩张。美国各个州在是否出台转基因标签的相关法律方面论战激烈，论战领域已远远扩大到乳制品中牛激素的问题之外。2012 年在加利福尼亚州，《第 37 号提案》进行全州公民公投，这是一项要求标注转基因标签的正式法规，虽然最终没有获得通过，却引起了对立双方巨大的争论浪潮。转基因支持者后期的巨额投资影响了投票结果，反对票占 51.4%，以略微的优势否决了法案。以孟山都公司和杜邦公司（DuPont）为首的生物技术和食品企业，比法案的支持者们在拉票中投入了更多的资金，共投资约 4 600 万美元，而对手只有 900 万美元的资金。2013 年在华盛顿州，一个类似的法案也未能获得通过，这次差距稍微拉开了一点。然而，这样的争议仍在继续，好几个州目前都有这样悬而未决的贴标签法案。

除了喜欢为自己和家人买到自然食物的消费者之外，还有许多其他人也想让工业化农业和传统农业分开。有机食物种植者就是其中之一。他们认识到要想为自己的产品争取市场，则需要向消费者保证他们的作物没有受到转基因的污染。另外国 106
家政府部门也认为应该保证精选的经济部门，比如有机食物生产商，不会发生产品被污染的事故，从而避免遭受难以承受的损失。比如欧盟采取严格的共存原则，是为了保证转基因产品可以被精确跟踪定位，即可以根据信号标记进行跟踪记录。欧盟认识到很难达到完全的纯化，共存原则就规定如果转基因成分低于 0.9%，该产品就可以标注为“非转基因”；澳大利亚和新西兰采取的比例限制是 1.04% 以下。这些数字可以看作是实际可行的，即使是比这更低的掺杂量，目前的技术也可以检测到。美国食品和药品管理局却仍然在抵制贴上“非转基因”的标签，因为在该机构看来，这个标签会误导人们认为它是 100% 纯净的。

然而，无序的大自然并不是政府简明逻辑的良好合作伙伴。在欧盟的监管者出台共存原则来试图全面解决转基因的争议后，他们发现了这种大自然的无序性。为了尊重顾客自由选择的权利，共存原则意味着，所有类型的农业在欧洲都有发展的机会。在实施共存原则时，欧盟当局制定出了转基因作物和传统作物之间需要保持的距离。这种距离在保持得足够远的情况下，通常能够阻止风吹导致的花粉杂交①，但是后来事实证明限定距离是没有用的，因为蜜蜂可以在转基因农田块和传统农田块之间自由飞翔。这些不守规矩的蜜蜂酿出的花蜜可能达不到“非转基因”的标识要求，往往超过 0.9% 的上限规定。养蜂人在销售这些蜂蜜时，就难以招徕那些喜欢
107 自然产品的顾客。另外，欧洲的小型养蜂人认为这种“共存”模式对于他们这些依赖农业生活的流动农民造成了本质上的伤害，限制了他们在田地之间自由地寻找最好的花粉源。许多德国养蜂人认为这种过于宽松的监管制度威胁和限制了他们的生存，2008 年，他们在慕尼黑行动起来，为蜜蜂寻求政治避难，宣称蜜蜂已经失去了自己的田地。②

在更大的政治规模上，几个欧洲国家有的禁止某些转基因作物的种植，有的禁止全部转基因作物的种植。禁止的目标作物中最突出的是孟山都公司杂交的抗虫害“MON810 号”玉米，这是欧洲所允许的为数不多的几个转基因品种之一。公司声称，这些禁令是非法的，比如在 2011 年，欧洲法院（European Court of Justice）判决法国禁止种植“MON810 号”玉米是非法的。③之后法国蔑视法院的判决，继续执行它们的禁令，直到 2014 年的种植季节仍在禁止。而孟山都公司则强调包括欧洲食品安全局（European Food Safety Authority）在内的所有健康和安全机构，目前没有发现“MON810 号”玉米对人类、牲畜和非目标物种有造成伤害的风险。④其实这些争论只是再一次凸显了价值观之间的鸿沟，企业相信的是一套基于风险型的监管方法，而消费者和种植者联盟害怕“未知的不知”，采取了一种与企业不同的、更加本地化的农业生产方式。仅仅把讨论限定在身体安全和生物安全的框架之内，对于解决人们的各种顾虑基本不起作用，人们担心的是对于作物品种和种子品种过度集权的危险，以及由此导致的供应食物的品种减少，而这些转基因生产又被控制在屈指可数

① 然而，对基因流动的深入研究显示，人们最初希望用一定的空间距离来避免转基因作物对非转基因作物的污染是过于乐观了。

② Javier Lezaun, “Bees, Beekeepers and Bureaucrats: Parasitism and the Politics of Transgenic Life,” *Environment and Planning D: Society and Space* 29 (2011): 738–58.

③ European Court of Justice (4th Chamber), *Monsanto SAS and Others v. Ministre de l’Agriculture et de la Pêche,* September 8, 2011.

④ Monsanto, “European Bans on MON810 Insect Protected GMO Corn Hybrids,” http://www.monsanto.com/newsviews/pages/mon810-background-information.aspx.

的几个大型跨国公司手中。

4.3.4　谁付出代价？

即使结果不明朗，人们也可能知道，如果有意外发生，肯定会有人需要付出代 108
价。这也是为什么我们会为火灾、水灾、交通事故，以及其他现代生活中的一些风险进行投保。然而，大型技术系统出现故障并造成伤害时，我们很难裁决谁应该为哪类损害承担损失，尤其是那些“低可能性，高灾难性”的事件，我们做不到每一次都能提前厘定清楚。事故的波及面常常是不可预料的，如“星联”事件就是它的一个印证。销售给人们的脆皮玉米饼中发现了 Cry9C 这种本应该只出现在动物饲料中的蛋白质，之后代价高昂的产品召回事件还涉及上百种其他产品，从而影响了美国和墨西哥的数家公司，并威胁到了美国向日本和韩国的出口。为了保护国内的玉米种植者，美国农业部花费了 1 500 万～2 000 万美元买回了尚未被起诉的“星联”种子。法德联合公司安万特（Aventis）的子公司已经让星联上市，因此最终在 2003 年同意赔偿 1.1 亿美元来弥补因价格下降给农民造成的损失，另外还需支付总计超过 5 000 万美元的赔偿金，来弥补因产品召回造成的其他损失。[①]清理“星联”玉米这条供应链中的总计花费，估计高达 10 亿美元，这些花费由整个社会来分担，没有人能具体算清楚安万特承担了多少，完全无辜的公众和私人行动者又承担了多少。

21 世纪初，在印度展开了另一个不同但更悲伤的责任与代价的事故，事故围绕着转基因棉花的引进而展开。20 世纪 90 年代，自由贸易打开了印度外商投资的市场。这项政策变化为跨国农业公司铺平了道路，它们开始向世界上最密集的小型农场主们销售它们生产的种子。之前小型农场主们播种的都是上个季度储存的传统种子， 109
每一年都从上个季度的作物中留出一部分，作为下个季度的种子。孟山都公司的 Bt 转基因棉花，商标名叫作“保铃棉”（Bollgard），似乎是印度棉花种植者的天赐宝物。之前棉铃虫经常侵扰印度的棉花植株，毁坏作物。经过 3 年的试验之后，印度政府在 2002 年允许了 Bt 棉花的商业销售，在不到 10 年的时间里转基因棉花占印度全部棉花作物的 95%。对于农场主们来说，能够抵抗棉铃虫意味着更高的产量、更

① Kristina Hubbard, “Remember StarLink?”, *Seed Broadcast Blog,* February 11, 2011, http://blog.seedalliance.org/2011/02/11/remember-starlink/.

加稳定的收益，另外还可以少用些化学杀虫剂，减少了对生物学上的益虫和其他作物的伤害。总之，全球生物技术行业为印度的棉花生产者和消费者许诺了一个双赢的局面，为印度经济带来了很大的回报。不到 10 年，Bt 棉花就几乎全部取代了之前的非转基因作物，和美国的转基因发展同步，似乎实现了双赢的许诺。

然而，到 20 世纪 90 年代末，印度农场主中间就开始出现了不同寻常的高比例自杀率。他们被不断下降的价格和上升的成本逼得走投无路，无数人只好以死亡作为最好的终结方式，选择上吊或喝农药自杀。死亡让负债者解脱，但并没有了结债务，他们心情悲痛的家人仍要背负这个重担。[①] 印度联邦政府和一些州因为农民的高自杀率颁布了一项债务减免法律来帮助困苦的农民和他们的家人，但是法律保护的人数有限，仍然无法阻止悲剧的发生。

经济解放、政府对转基因棉花的引进和农民不断自杀三个事件的同步进行，让一些积极分子开始担心外国垄断企业对印度农业的控制。其中一种论断认为转基因
110 棉花是导致自杀率上升的原因。持这种观点的人指出，小型农场主以前很少为购买种子花钱，或者说根本不用买种子，而现在却不得不购买昂贵的种子、杀虫剂、化肥等一系列产品，这让他们的净收益减少；并且在收成不好时更加脆弱无助，不得不承担更多的债务。生物技术行业提出了一系列驳斥的论点，它们认为自杀有时是酗酒引起的，有时是孩子高额的学费导致的。它们还引用一项研究，指出引进转基因棉花后，农民的自杀率和之前相比没有太大变化。

可以预见的是，这场争辩最终需要使用数据进行对决，双方都努力用数据来证明对方所说的那种显而易见的因果联系事实上无法成立或无效。这不仅仅是一场极端分子支持不同强硬立场的争论，也不仅仅是选用有利的引用数据来为自己的立场辩护。它还是一场使得研究员出现了两极分化的事件，它表明，这个事件处于复杂的灰色地带，其中的事实和价值观紧密相连，本质上不可能达成一种中立的裁决。2014 年 3 月，受人尊敬的高端杂志《经济学人》（*Economist*）发出声音，在《宴会与饥荒》这篇文章中赞同地引用了曼彻斯特大学研究员伊恩·普路易斯（Ian Plewis）所展示的观点，即印度农民的自杀率并没有突然升高。[②] 普路易斯认为，印度的自杀

① Ellen Barry, "After Farmers Commit Suicide, Debts Fall on Families in India," *New York Times*, February 22, 2014.

② J.L.P., "GMO Genocide?", *Economist*, March 13, 2014, http://www.economist.com/blogs/feastandfamine/2014/03/gm-crops-indian-farmers-and-suicide.

率并不比法国或苏格兰高，自杀最严重区域中农民的死亡率比其他职业的死亡率还要稍微低一点，另外，自 2002 年开始种植转基因棉花开始，自杀率也一直很稳定。再加上企业一直坚持转基因作物是安全的，普路易斯的这项论断，如果无法被驳倒的话，就能把农民的自杀问题变成一个不成问题的正常事件。

然而在相互牵绕的社会经济和技术变化的问题上，事情从来都没有那么简单。 111
2014 年 4 月，剑桥大学和英国伦敦大学学院联合开展了一项研究，该研究“发现了一个重大的因果关系，印度各州之间的不同自杀率可以根据该州的农场主和农业劳动者的自杀率来解释。”① 这项研究没有指明转基因棉花就是罪魁祸首，但它清楚地表明，处于弱势的农业人口越多，自杀人数就越多，那些拥有不到一公顷土地、负债严重、种植诸如棉花和咖啡等经济作物的人们，在面对全球市场的价格波动时尤其脆弱，不堪一击。

社会学家们在争论印度农场的种种前因后果时，印度最高法院出面来解决转基因作物控制和评价机制中的缺陷。反转基因的行动者们借助一个名叫“令状申请书”（writ petition）的法律程序，要求法院阻止转基因释放的扩大，直到完善的、严格的、透明的批准机制形成以后才可以解除。2013 年 8 月，法院指派的一组技术专家提出建议，对转基因作物进行无限期的禁止，除非它能够满足几个保障安全的前提条件。该专家组的报告显示，印度并不缺少食物，不是非引进转基因农作物不可，如“黄金大米”或 Bt 茄子。尤其是在大米方面，专家组警告说，转基因品种可能会威胁生物多样性，也会影响印度作为稻米出口国的地位，因为目前进口国家的消费者要求分开标注转基因和非转基因品种，而印度尚没有这方面的法规。这个报告让转基因的抗议者们大受鼓舞，但它只不过是一组专家意见而已，并没有解决背后的政治问题和监管问题。

4.4　信任缺失

新千年伊始，转基因农业就遇到了明显的巨大障碍，因为以美国为首的西方科 112
学家和企业失去了世界其他地区的大量农民和消费者的信任。关于转基因“黄金大

① University of Cambridge, Research News, “New Evidence of Suicide Epidemic among India’s ‘Marginalised’ Farmers,” April 17, 2014, http://www.cam.ac.uk/research/news/new-evidence-of-suicide-epidemic-among-indias-marginalised-farmers.

米”的争论，是很具有代表性的。开发这种转基因大米的初衷是出于人道主义目的而不是商业利益。它是农业科学家首次试图用基因工程来解决医疗和营养学上的需要的一项挑战。尽管这种医疗和营养的目的让“黄金大米”免于遭受如席卷孟山都公司的那种指责，但它也同样有诸多不足。

20 世纪 90 年代初，两个著名的接受德式教育的植物科学家，英戈 · 珀特里库斯（Ingo Potrykus）和彼得 · 拜尔（Peter Beyer）联手发明了新品种的大米，这种大米能够补充维生素 A，从而可以解决成千上万名亚洲和非洲儿童所遭受的维生素 A 缺乏症。严重缺乏维生素 A 会导致失明和死亡，但是要预防也很简单，只需要孩子们在儿童早期阶段能够得到充足的营养。在富裕国家，这类维生素缺乏症基本上从不会发生，但是在以大米为主食的地区，贫苦的孩子基本得不到来自蔬菜的维生素补充，因此他们是高发人群。

珀特里库斯和拜尔抓住了这个黄金机会，想促进转基因作物的科学事业，提高大米这种主食的营养学价值，同时改善一个严重的公共健康问题。在欧盟、洛克菲勒基金会（Rockefeller Foundation）和总部位于瑞士的生物技术巨头先正达公司
113 （Syngenta）的支持下，这两个科学家最终成功地修改了大米的基因，能够产生 β - 胡萝卜素，它是维生素 A 的前体。β - 胡萝卜素让大米呈现出一种淡淡的金黄色，因此这种米被命名为“黄金大米”。支持者们认为，食用这种品种的大米有望取代维生素 A 药片或其他形式维生素 A 的摄入。确实，参与“黄金大米”项目的人员指出，在全国公共健康项目实施之前，曾经试图通过不可靠的医疗系统进行治疗，可收效甚微，也许在人们的当地饮食中增加维生素 A 的摄入会是更好的解决办法。

然而，跨国的活动集团比如绿色和平组织（Greenpeace），基于政治、经济和环境理由，强烈地反对“黄金大米”的引进。菲律宾愤怒的农民把作物连根拔起，阻止在菲律宾展开田地试验，他们同意绿色和平组织的看法，认为转基因作物对当地的生计造成了威胁。科学家和主流媒体一致抗议不公，谴责这种故意破坏作物的行为，但是这种没有结果的问题也不单是极端分子一方造成的。印度最高法院的技术专家小组对这种转基因作物的试验表达了一个更加细致的论断，即关于“黄金大米”安全性的科学评价并不等于——也不能替代——对文化价值和社会经济影响的全面讨论，这些也是“黄金大米”开发早期就应该充分讨论的。

4.5　结论

基本没有人会否定，对动植物基因特性的了解打开了人类与自然互动的革命性新篇章，即便全球人口仍然持续增长，我们现在也有可能供给所有人的食物需要。114
然而，历史上主要的农业技术创新经验，已经无法解决转基因技术革命带来的一系列问题。近几十年的农业生物技术引发了一些关键问题：通过生产的垄断控制和知识产权的占有（这些问题会在第 7 章展开讨论），精英机构和部分地区的权力过于集中。

技术创新的传统线性模式认为，几乎所有的危险都可以被提前明确地识别，也可用可靠的方法进行风险评估，而创新的浪潮亦会带动所有的船只。总之，创新本身被视为是善的，并且进一步地假定，科学与经济的联合事实会阻止工业生产出人们认为危险或者讨厌的产品。转基因农业的出现击溃了以上所有的假定。这种似乎无比精确的基因工程，却无法很好地预料到，在动植物新品种生产和商业化的过程中产生的明显的复杂互动关系。无论对于个体生物（如“美味”番茄和“贝茨维尔猪”的事例）还是整个生态系统，生物学仍然是一个辽阔的未知领域。不断重复的基因逃逸和事故，以及抵抗生物危害性能运动的兴起都说明，人们对作物基因工程的可控性所持有的乐观程度，远远超过阿西洛马会议上分子生物学家的预期。回过头来看，转基因农作物的最初侵袭更像是对大自然的一种偶然的、孩子气的篡改，而不是一种负责任的创新。

更加严重的是，这些事件的发展让人们注意到权力的极度不平衡，技术创新一方面使产品的设计者和销售者拥有极高的权力，而另一方面则影响到弱势群体的生 115
计问题。像转基因玉米这样的产品，使美国的大型生物技术公司和农业公司获益，但无法解决小规模的欧洲农民和消费者对生物多样性丧失的担忧，以及对非目标物种所造成的威胁。在印度，新技术系统带来的各种成本，对构成这个国家农业经济脊梁的小型农场主来说是难以承受的。孟山都和先正达公司在决定何种抗虫害、抗除草剂的作物能够占领印度次大陆最多的市场份额时，它们没有考虑这些小型弱势农场主的需求。就连人道主义产品“黄金大米”也未能平息人们的质疑，也许这类作物实际上就是特洛伊木马，里面隐藏着企业利益的阴谋，不知哪天就会溜出来，占领控制全国的整个谷物生产系统。

为了让世界上最贫穷、最弱势的群体从技术创新中受益，全球监管理论和实践也同时需要创新。美国和欧盟成员国之间旷日持久的转基因论战显示出，目前的全球贸易制度尚不完备，还无法解决创新面临的潜在价值观问题，更不用说解决经济不平等和技术不平等所带来的压力。我们会在最后一章讨论这个问题。

第5章

修补人类

5.1　揭示密码

20世纪中叶，生命在科学和社会中被赋予了新意义。几个世纪以来生物学 116
中影响最深远的变革，始于众所周知的象牙塔中心卡文迪许实验室（Cavendish
Laboratory），它是剑桥大学著名的物理学和生物学研究中心。就是在这里，时年36
岁的生物学家、生物物理学家弗朗西斯·克里克（Francis Crick）和年仅25岁年轻有
为的美国合作者詹姆斯·D. 沃森（James D. Watson）共同揭开了一个大谜团，该谜
团几十年来一直困扰着大西洋两岸最有才华的几个领军人物。克里克和沃森一起发
现了脱氧核糖核酸（DNA）的结构，这种基本物质结构控制着所有生物体的发育与
生命机能运作。他们发现DNA是一种双螺旋链，由四种固定碱基对重复环绕连接而
成。1953年4月25日，他们将这项划时代的成果著成了一篇两页长的文章，发表在
英国的科学杂志《自然》（*Nature*）上。60多年后，关于这项基础发现的伦理、法律 117

和社会后果仍处在争论中：当事物发展威胁到人类本性和人类尊严时，法律和政策应不应该干涉生物科学和技术？

今天沃森－克里克的伟大发现的大致内容，不断地出现在科学研究文献和新闻媒体中，最近还出现在我们的小说、电影和电视剧中，我们对它已经是耳熟能详。DNA分子的双螺旋结构是最著名的科学形象。正如“生命”这个词汇在我们的语汇中占有重要地位一样，DNA也立刻在我们的符号和标记系统中占有了一个经常被引用、被标注的位置。就像地球的行星形象一样，双螺旋也是不需要特别说明就能被人们理解的。现在基本没有人会想起，著名的科学家莱纳斯·鲍林（Linus Pauling）这位化学家及诺贝尔奖得主，曾经提出一个DNA三螺旋的结构，之后沃森和克里克经过基本修正，才宣称了双螺旋的结构。今天即便是刚接受生命科学基础教育的人，也熟悉DNA作为生命和遗传特性的基本功能机制。

DNA分子的三个特征对现代生物医学和生物技术的发展具有变革性的影响。第一，DNA包含通常被称为“生命密码”的信息。该密码是蕴含于基因组中的，生物体的每个细胞中都能发现这种特有的完整信息蓝图。基因组中最出名的成分和最广泛研究的部分就是DNA序列，即提供蛋白质生产密码的基因，而这些基因可以反过来决定特定生物的结构和功能。然而，蛋白质编码基因只占所有基因组碱基对总数的很小一部分——在人类精子细胞或者卵子细胞中大约占30亿碱基对的1.5%。基因组中其余的非编码功能仍然是有待科学探索的未知疆域。物种之间的不同，在很
118 大程度上与基因组中出现或缺失某种基因有关。两个物种之间的关系越近，它们之间的共同基因就越多，因此，黑猩猩（Chimpanzees）与倭黑猩猩（bonobos）和人类有99%的基因都相同。

第二，DNA优雅简单的结构可以被方便地复制。DNA分子由四个碱基组成，分别被称为腺嘌呤（adenine，缩写为A），胸腺嘧啶（thymine，缩写为T），鸟嘌呤（guanine，缩写为G）和胞嘧啶（cytosine，缩写为C）。这些碱基以固定一对的方式结合在一起，A与T，G与C，就像沿着双螺旋扭转的梯子。在适当的化学环境中，螺旋结构会像打开一个长拉链一样解开。得到的单链DNA可以以同样的序列进行重组，每个碱基都和自身相对的碱基进行重新绑定，产生与分解前一样的双螺旋结构。DNA链以这种方式让自身精确地再现，这个事实具有史诗

般的划时代意义，但沃森和克里克谦逊地低估了它："我们注意到，我们所假设的那种特定配对的成功，意味着遗传物质可能具有一个复制机制。"[①]

第三，当用遗传编码的术语进行表示时，人类重要的物理性质和倾向变得更加透明。实际上，编码提供了另一种表达人类身份和人类本性的语言。比如，某个人是不是携带有亨廷顿舞蹈病的基因，或者能够诱发更高的乳腺癌或早发性阿尔茨海默病倾向的基因？DNA 知识还让身体变得更好地被管理。这种结构的极端简单性使得某些测试和重组成为可能。原则上我们可以剪切和粘贴一些不同来源的 DNA 片段，而不会影响到这个链复制自身的能力或者其信息传递功能的发挥。如果插入的 DNA 片段自身具有编码特性，这些特性也可以转移到重构的 DNA 宿主身上。例如，细菌 119
DNA 如果嫁接了人类遗传物质的片段，除了产生细菌自身所具有的蛋白质之外，还能产生人类蛋白质，因为嫁接的片段具有这种功能。原则上，人类的 DNA 也可以以这种方式修饰以产生新的性状。如果是对精子或者卵细胞进行这种基因修饰，编码的性状则会传递给这种细胞产生的所有后代，这被称为胚系基因工程，目前世界上具有蓬勃的生物医学研究能力的大部分地区都禁止对人类进行这项研究。[②]

然而，无论科学发现多么具有革命性，都不可能只靠理论就进入到应用阶段。为实现这种应用转换，还需要很多深入的工作，如新技巧、新技术、原材料、资本和机构支持等等。直到 20 世纪 70 年代初，斯坦福大学才作出一个重大突破，使人们能够把 DNA 的结构和身体功能的相关知识转化为商业产品。这就是 DNA 重组（rDNA）技术，俗称"基因拼接"，它从源生物中提取一段 DNA 序列，通常是基因片段，然后再移植到宿主生物体中。在宿主体内，外来 DNA 与宿主体内的基因一起进行基因复制。这项技术是斯坦福大学的斯坦利 · 科恩（Stanley Cohen）、保罗 · 伯格（Paul Berg）和加州大学旧金山分校的赫伯特 · 博耶（Herbert Boyer）一起开发的，基因拼接的技术使科学家能够在物种之间转移 DNA，从而创造出不可能存在于自然界的生物。如产生人类胰岛素的细菌，或者能够在黑暗中发光的具有磷光水母基因的植物。

① James D. Watson and Francis H. C. Crick, "A Structure for Deoxyribose Nucleic Acid," *Nature* 171 (1953): 737–38.

② 例如，1997 年欧盟理事会的《人权和生物医学公约》从法律上规定，禁止对人类生殖系基因进行改造。

1974 年，斯坦福大学以科恩和博耶作为发明者，提出并申请了 rDNA 技术的专利。[1]
120 6 年后即 1980 年得以批准，在 1997 年专利到期之前，该项技术为斯坦福大学挣了大约 2.55 亿美元。在这段时期，rDNA 分子的使用已经渗透到制药行业和农业领域，引起了这两个领域的革命性变化。

与第 4 章我们讨论的对植物的操控相比，对人类生物学的操控更加容易引起伦理学、法律和政策上的复杂问题。对于生物医学，人们最害怕的是它对人之所以为人的基本意义的侵蚀，违反了人的完整性（human integrity）。这种通过一个人的基因密码了解人身体的新方式，也开辟了前所未有的入侵前景，对人类所珍视的权利，如自由、平等和隐私权构成了威胁。与此同时，这些权利自身也在科学和技术进步的背景下得以重新界定。[2]医学的主要任务是救死扶伤，但基因疗法是用来根治某些基因缺陷还是用来加强某种基因以使人们具有一些超能力，这两者之间的界限是很模糊的，也是有争议的。生殖医学是为了帮助不孕不育的人受孕，因此帮助那些人实现终生梦想；但是这在某种方式上也意味着家庭意义的弱化和父母责任的淡化。20 世纪末，生命伦理作为一门学科的崛起就反映了这种忧虑的严肃性。专业伦理学家的权威地位越来越明显，他们指导社会和限定社会在修饰人类生物学上的程度和范围，但是许多问题，比如民主社会应该赋予伦理专家多大的权威这样的基本问题，仍然有争议，尚未得以解决。

5.2 透明的人体

就像所有的革命一样，后基因组（post-genomic）*生物医学也在其身后留下了一
121 路阴影。这次人们担忧的，不仅是工业活动受短期利益的驱使所造成的疏忽和不负责，而且包括科学不受控，以及技术和政府权力或者企业权力的合谋，导致对人之所以为人的本质意义的威胁。科学家修饰自然的好奇心和愉悦，会不会诱使他们迷

① Sally Smith Hughes, “Making Dollars out of DNA: The First Major Patent in Biotechnology and the Commercialization of Molecular Biology, 1974–1980,” *Isis* 92 (2001): 541–75.

② Sheila Jasanoff, *Reframing Rights: Bioconstitutionalism in the Genetic Age* (Cambridge, MA: MIT Press, 2011).

* 主要目标是注释基因组序列。——译者注

失在社会所憎恶的那些实验领域中？需不需要新的机构来预防这种研究领域的过度延伸？越来越多的基因知识会不会加剧个人与机构之间令人不安的失衡？它会不会威胁到自由和隐私的权利？它会不会进一步贬低边缘群体，或者给他们一些资源让他们更加自治？在评价这些问题时，我们必须先来看一下基本的基因学和生物技术工具，它让人们的身体变得更加可读，以及更加容易被技术干涉。

基因编码的四个字母为生物医学提供了一个强大的工具，使之能够找到某些遗传疾病的精确基因源。基因的信息编码及信息传输方式，不仅能够帮助解释物种之间的差异，而且可以解释同一物种不同个体之间的差异。控制某一特征的基因有各种形式，每种形式都会表达为明显的差异，例如人类眼睛和皮肤的不同颜色，皱巴巴或者圆形的种子，种子之间的差异是由 19 世纪的先锋遗传科学家格里哥 · 孟德尔（Gregor Mendel）在他捷克布尔诺市庭院里的豌豆植物中观察到的。这些变体被称为等位基因，许多遗传疾病与等位基因有关，它会导致遗传信息的传递出现障碍。这些缺陷会损害生物的蛋白质生产能力，而这些蛋白质对于身体生长和健康、抗击癌症和其他疾病是必不可少的。例如，德系犹太（Ashkenazi Jewish）背景的妇女继承了一 122
类名叫 BRCA1 和 BRCA2 的有害基因，她们患上乳腺癌和卵巢癌的风险特别高，因为她们的变异基因不能产生可以抑制这类肿瘤的蛋白质。因此，遗传医学（Genetic Medicine）的主要目标就是找到这些错误的基因信息传递，如果可能的话，进一步修正这些错误。

随着人类基因组计划（Human Genome Project）的完成，遗传变异的研究获得了巨大动力。人类基因组计划是国际上共同绘制和排列人类 DNA 中所有碱基对的一项工程。在美国，国家卫生研究院（NIH）和能源部（Department of Energy）在联邦政府层面出资资助了这个项目，詹姆斯 · 沃森担任了 NIH 项目的第一任主任。1990 年，该项目正式推出，而在 2000 年项目组就制定出了一个序列草案，这大大提前于科学家们的最初估计，原来估计需要 15 年才能完成草案。出乎意料的是，本来是公共"大科学"的项目却变成了私营部门的竞赛。J. 克雷格 · 文特尔（J. Craig Venter）曾经是 NIH 的一名员工，他在项目进行中脱离团队，建立了自己的塞雷拉基因组公司（Celera Corporation），目的是证明自己使用的技术方法比政府的方法耗费更低，却更

加快捷。[1] NIH 也用方法改进来作出回应，并加速了研究进程，文特尔的这种策略也
123 让他成为最出名的生物技术企业家之一。这些最近编辑的大量遗传材料被称为生物信息库（Biobanks），它大大扩展了一些关于遗传变异的研究，从个人规模、家庭规模的研究到具有特定基因特征的人群研究，以及广泛的种族群体和种族关系研究。

5.2.1 测试和隐私

遗传医学打开的第一道门就是诊断学。对决定某种疾病或患病体质的特定基因的掌握，可以让人们在信息更加健全的基础上，尽早做出医疗方案的选择。携带乳腺癌变异基因的女性是否应该早点进行乳腺切除手术以降低风险？很多女性为摆脱忧虑可能会选择这种彻底的措施，尤其当一些女性的母亲或姐妹曾经因为乳腺癌而丧命时，她们会更加倾向于手术切除。2013 年，全球著名演员安吉丽娜·朱莉（Angelina Jolie）公开宣布进行双乳切除手术，当时她发现自己携带有 BRCA1 基因，有 87% 的乳腺癌风险和 50% 的卵巢癌风险。[2] 关于她的事件报道无疑会引导其他人也去认真进行基因检测，这和美国第一夫人贝蒂·福特（Betty Ford）的事件很相似。20 世纪 70 年代中期，第一夫人在公共演说中讲述自己与乳腺癌的抗争，随后这一疾病才开始进入公众视野。

虽然我们已经相对清楚 BRCA 基因变异的后果，但是还有许多其他基因的变异结果是我们不清楚的。基因测试结果出来以后，即使相关人员可以负责任地获取和传达这些信息，但解释的过程也是无比艰难、令人不安的。如果基因测试发现了某些现代生物医学尚不能治愈的疾病标识，如亨廷顿舞蹈病或阿尔茨海默病，病人可
124 能会陷入绝望或者做出不理智的选择。患有这种易感病体质的人有时候选择无视它，认为知识只会带来耻辱或者希望破灭。确实，有人争论说病人应该有权利不知道那些不能逆转或者不能减轻症状的疾病。另外，由于某些疾病集中分布在特定的族群中，比如镰状细胞贫血症就多发于非裔美国人群体，遗传医学在早期开展时，

① NIH 使用的“分层鸟枪法”是首先定位基因组内的大片段 DNA，然后分解基因，最后进行测序。而塞雷拉基因组公司使用的“全基因组鸟枪法”是先分解整个基因组，然后利用大量的计算进行测序，最后再整合结果。最初两者激烈竞争，但后来发现两种方法能够互补。

② Angelina Jolie, “My Medical Choices,” *New York Times*, May 14, 2013.

就有人担心这种基因知识会加剧潜在的种族歧视。[①]

按照传统，将遗传诊断引起的伦理难题放在医患关系的框架内进行解决，一般是指派医生和医疗机构肩负起照顾患者的责任。目前工业国家的医院中都提供常规的遗传咨询服务，以确保接受诊断的患者能合理地理解结果，并充分理解他们的备选治疗方案。由于测试结果最多只是传达了某种疾病的发生概率，很少是绝对肯定的，因此，咨询的目的就是帮助患者达成一项决定，既不会过于规避风险也不至于过于自满而无视风险。

然而，基因测试成本的急剧下降却让病人对基因信息的掌控权从健康护理系统
滑脱到了正常的商业领域。大约从 2007 年开始，私人公司开始进行投资，因为它
们看到了这种“直接面向消费者（DTC）测试”的潜在市场。23andME 公司和解码
（deCODE）公司开始向消费者提供服务，只要送去唾液样品，就可以获知自己的遗
传信息和对特定遗传疾病的易感性。尽管 DTC 测试的可靠性、健康收益和法律地
位尚不清楚，但是据估计，在接下来的数年里，DTC 测试的市场会急剧增长。消费
者们担心的问题包括：测试的准确性和临床有效性；公司拥有基因信息后的隐私权 125
问题；如果 DTC 公司破产或者转卖，将如何处置这些基因信息。直到 2013 年，美
国食品和药品管理局才开始动作迟缓地实施监管职责，宣布 DTC 测试作为一种医
疗设备，使用前需要经过提前批准。又过了几个月，美国食品和药品管理局才勒令
23andME 公司在取得审批同意之前，停止其 DTC 测试的市场行为。

对隐私权的担忧也不仅限于 DTC 测试。基因测试的初期，人们就担心自己的遗传信息会不会落入坏人手中，老板或者其他有权势的人会不会用它来歧视、排斥自己。他们如果知道这个看似有前途的员工，有很大概率患上一种需要巨额医疗费的疾病，那么他们很可能拒绝为这个员工投保或者剥夺他的工作机会。然而，只要基因隐私权仅是在公民自由的范畴内讨论，法律就懒得出面干涉这个问题。这个立场直到在人类基因组计划完成后，才有所改变。基因组计划带来的更精确的医疗前景

---

① Jennifer E. Reardon, *Race to the Finish: Identity and Governance in an Age of Genomics* (Princeton, NJ: Princeton University Press, 2004); Dorothy Roberts, *Fatal Invention: How Science, Politics, and Big Business Re-create Race in the Twenty-First Century* (New York: New Press, 2011); Jonathan Kahn, *Race in a Bottle: The Story of BiDil and Racialized Medicine in a Post-Genomic Age* (New York: Columbia University Press, 2013).

或基于个人遗传图谱进行治疗的前景，让美国的立法者认识到，更强的隐私保护将鼓励人们更广泛地使用基因测试，并带来临床和制药方面的有益进步。总之，没有足够的安全感，人们不愿意做基因测试，这诱使隐私权在市场上的呼声越来越高。2008 年《基因歧视法案》(GINA) ① 为人们提供了联邦层面的保护，禁止雇主和保险业滥用基因信息，如生命保险、残疾保险和长期护理保险，这些保险对老龄化的社
126 会来说很重要。《基因歧视法案》同样也不保护那些自愿使用 DTC 公司测试的基因信息。

5.2.2 人口数据

如果说把身体特征转换为“信息”这种抽象语言给监管带来了一些问题，那么遗传信息与数据革命开始交织在一起，则更增加了问题的烦琐复杂程度。生物信息库（biobank)，或生物样品及其所含信息的大型数据收集，又给社会增加了一系列无解的难题。储存人类组织的概念早在基因时代之前就已出现。比如说，血液和精子早就被收集并储存在血库或者精子库中，以备输血或者应对男性不育。基因生物信息库与这些库不同，因为它储存的基本是永久性的信息以及一些可能会腐烂的物理材料。这些库存物的商业价值大部分来源于如下事实：这些信息可以进行开发，并且服务于与个人捐赠者或受益人无关的医疗诊断和医疗用途。

与一个世纪前精子库和血库的管理不同的是，现代生物信息库提出了拥有权、同意权和隐私权的问题。冰岛最初尝试建立一个基因生物信息库，但是它们的计划并没有按照预想得以实施，它们的失败在今天仍然具有启发性。② 有三个关键要素让人们最初认为，创造这样一个基因库非常诱人。第一，冰岛的人口很少，且相对比
127 较封闭（作出这个提案时人口不到 30 万)，并且冰岛有长期保持宗谱记录的传统。因此，家族特征和全民的不同特征能够相对容易辨别。第二，在这样一个医疗系统运作良好的国家，祖先的数据也可以用来比对个体的健康记录。冰岛也有良好的基础设施，能够从每个公民处收集到遗传数据，这也构成了提案中建立卫生部门数据库（HSD）的第三个关键要素。

---

① Genetic Information Nondiscrimination Act of 2008 (P.L. 110-233, 122 Stat. 881).

② David Winickoff, “Genome and Nation: Iceland’s Health Sector Database and Its Legacy,” *Innovations* 1, no. 2 (Spring 2006): 80–105.

由解码公司牵头，具有个人魅力的科学家、企业家卡里·斯蒂芬森（Kári Stefánsson）成立了生物制药公司。该公司和卫生部门数据库合作，被认为是公私合作伙伴关系，赢得了冰岛议会中大多数人的热烈支持。根据 1996 年《卫生部门数据库法》，公共部门的任务是提供数据，而私营部门——实际上就是解码公司——的任务是研究如何将信息转化为能够抵抗疾病的救命药品，如治疗多发性硬化。因为数据库成功的关键是能够基本涵盖所有国民的信息，因此设计者们使用了“退出制度”：即每个公民的医疗和家谱信息会在一种推定同意的原则下征集，除非他或她在征集之初就明确选择退出。

10% 左右的冰岛居民立刻申请退出研究。人们对于这种“退出制度”非常不满，有些人采取法律行动来阻止这个研究项目。原告控诉该研究未经他们同意就把他们列为研究对象，并且一旦参加研究，还不允许中途退出。而参考广泛应用的伦理指标，在临床试验中是允许受试对象自由退出的。诉讼者也特别不满意该研究未经同意就使用去世先人的医疗记录，去世的人无法为自己申请退出，另外，即便在世的家庭成员申请从数据库中退出，可对他们先人的研究也会不可避免地暴露这些家庭 128
成员的遗传信息。原告还控诉解码公司对整个国家医疗和基因信息拥有垄断式控制，因其具有长达 12 年的唯一经营权。2003 年，冰岛最高法院驳回了《卫生部门数据库法》的提案。这些法律条款从来没有能够得到彻底贯彻，尽管解码公司继续对基因变异进行研究，并且对精神分裂症和心血管疾病的遗传因素作出了重大发现，并发表了论文。

尽管有这场风波，同时出现了一些伦理的挑战，其他国家的生物信息库却仍然日益增长。其中规模最大、最具雄心的是英国生物信息库，它是英国政府和惠康基金会（Wellcome Trust）于 2006 年公私合作成立的，这也是英国最大的公办民助的生物医学研究。有批评家担心把遗传信息作为诊断重大疾病的主要手段有过分夸大之嫌。这种担忧部分来自这样的事实：越来越多的知识显示，基因本身对健康结果的影响并没有人类基因组测序前人们所想象的那么具有决定性。人们还担心以下问题：参与者的同意程度；生物信息库最终开放给商业研究人员的程度及相关的法律保障。尽管如此，到 2009 年，英国生物信息库在目标人群中仍成功招募到了 50 万名 40 ～ 69 岁的研究对象，让英国的生物信息库在数量和规模上一举达到世界领先水平。

相对而言，美国在这方面的研究仍然局限于各个州的地方性规模，因为它缺乏一个全国性的医疗系统，缺乏资源和奖励措施，无法集中收集基因信息。但是，作为世界领军的生物医学研究国家，其基因数据收集仍然得到了强有力的支持。著名的医学科学家和生物伦理学家伊齐基尔·伊曼纽尔（Ezekiel Emanuel）在奥巴马总统
129 当政期间是健康政策咨询专家。2009 年，他与人合作发表了一篇文章，论证市民有职责和义务来参与临床研究。[①] 伊曼纽尔和他的合作者认为，医学知识的增长会使我们每个人的现在和将来获益，这种知识是一种“公共的善”，因此事实上我们每个人都应该用自己的身体来“购买”这种产品，这种义务就像是每个人都有职责在法律审判中充当陪审员一样。这种“公共的善”的理论，就是相当直白地要求美国的每个人都提供自己的基因信息来充实国家的生物信息库。

伊曼纽尔的看法停留在对未来的想象之中，这种未来很容易让人们不愉快地联想到《美丽新世界》（*Brave New World*）中的未来，这是阿道司·赫胥黎（Aldous Huxley）写的一部反乌托邦的小说，描述了由国家管理的只具有生物属性的市民。越来越多的生物信息库由私人和非营利组织来创立和管理，已经让人们对信息的拥有权和控制权产生了焦虑。谁拥有生命？另外，拥有权这个概念具体指什么权利？它是包括生物机体的物理特征，还是也包括这些物理特征之下的遗传信息？第 7 章中会详细探讨这个问题，即高技术时代的知识产权问题。

5.3　辅助生殖

分子生物学家科恩和博耶对 DNA 结构的研究，为现代生物技术行业奠定了基石，与此同时，另外两个英国科学家也在对人类生命最基本和最亲密的过程进行实验：人类生殖。罗伯特·爱德华兹（Robert Edwards）是剑桥大学的发育生物学家，帕特里克·斯特普托（Patrick Steptoe）是位于曼彻斯特的皇家奥尔德姆医院（Royal
130 Oldham Hospital）的妇科医生，这两个人组建团队发明了治疗人们不孕不育的新技术，也就是今天众所周知的试管授精（IVF）技术。他们这项开创先河的技术实际上

① G. Owen Schafer, Ezekiel J. Emanuel, and Alan Wertheimer, “The Obligation to Participate in Biomedical Research,” *Journal of the American Medical Association* 302, no. 1 (2009): 67–72.

就是把人类生殖周期的初始阶段，即受孕过程，从女性的子宫转移到实验室里人工设置的玻璃器皿中。1978 年 4 月 25 日，奥尔德姆医院使用 IVF 技术，迎来了路易斯•布朗（Louise Brown），他一出生就获得了世界第一例“试管婴儿”的称号。

对许多人来说，路易斯的诞生是一个奇迹，也为那些不能孕育的夫妻带来了希望，他们也有可能成为生物学上的父母。是的！据估计，之后 30 年里通过辅助生殖技术来到这个世界的婴儿数量多达 500 万。毫无疑问，这个技术有一个强大的世界市场，至少可以涵盖那些支付得起 IVF 高额费用的人。然而，这个技术在早期发展之时，就已经有人担心把人类机体最自然的功能转移到操控和实验的领域中，可能会带来广泛的问题。这项举措会如何改变作为“父母”的含义或者“孩子”的含义？在我们的社会中，“生育控制”不仅意味着阻止某些孩子的出生，而且意味着只在社会认可的自然范围内生育孩子，如育龄期的异性夫妻在这样的社会中没有孩子是不是一种耻辱？当我们把受孕、妊娠和生育都转变成一步步人们可以选择和控制的步骤时，前方是否隐藏着我们所不知的大陷阱？

随后不久就出现了这样的一个隐患，尽管它只是 IVF 技术带来的间接后果。这
就是所谓的代孕母亲或者代孕问题，它是指一对夫妻将第三方牵扯到他们想要孩 131
子的事件中。这种代孕做法在 1986 年美国著名的“宝贝 M”事件中曾经轰动一时，M 代表的是婴儿的名字玛丽莎（Melissa），她是这场争论中的焦点婴儿。玛丽 · 贝思 · 怀特黑德（Mary Beth Whitehead）住在新泽西州，是两个孩子的母亲，她同意为威廉 · 斯特恩和伊丽莎白 · 斯特恩（William and Elizabeth Stern）夫妇代孕。斯特恩夫妇是受过高等教育的专业人士，他们之所以需要安排代孕，是因为他们害怕妻子伊丽莎白的多发性硬化，使她无法坚持整个孕期。然而，婴儿出生后，代孕母亲怀特黑德舍不得交出婴儿，因此他们开始了诉讼的历程，一直上溯到了新泽西最高法院。由于这种事件的裁决是首例，法院认为根据新泽西州的法律这种代孕合同是不受法律保护的，但最后还是把婴儿的监护权判给了斯特恩夫妇，这是出于对婴儿的成长最为有利的原则。尽管怀特黑德作为生物学母亲仍然有探访权，可是她和婴儿的关系却变得越来越生疏。在玛丽莎 · 斯特恩 18 岁的时候，她主动申请让伊丽莎白收养自己，从此在法律上和怀特黑德完全断绝了关系。

“宝贝 M”事件引起的伦理问题进一步加剧，因为 IVF 技术和代孕促使之前不

可思议的一些父母角色出现，比如，那些绝经的母亲、男同性恋和女同性恋父母或其他国家的女性。IVF 技术发明 20 年后，对非人类哺乳动物所取得的一些技术进展，更是引发了关于操纵人类生命的伦理界限的难题。这项技术进步就是在爱丁堡的罗斯林研究所（Roslin Institute）做出的，罗斯林研究所是英国动物健康和福利的重点研究中心，也研究该类进步对人类健康的影响。研究所里出生了一只名叫多莉
132 （Dolly）的绵羊，和平常的哺乳动物不同，多莉是它母亲基因的完全复制品，或者说克隆品。数世纪以来植物培育家一直高调吹捧嫁接过来的样本实现了预想的特性，保留了原始作物的基因信息。但哺乳动物的有性繁殖由于结合了母体卵细胞和父体精子细胞的遗传物质，产生的后代具有母亲的一半基因和父亲的一半基因。传统的畜牧业无法实现对个体的完全复制，尽管人们许多时候也希望能够完全复制具有某些特性的动物，如跑得飞快的赛马、瘦肉比例特别高的牛或猪、可爱的小宠物。罗斯林研究所的伊安·威尔摩特（Ian Wilmut）从成年羊细胞中成功克隆出了小绵羊，把母羊的所有基因组完整转移到小羊身上，最终打破了以前的这种障碍。

研究人员在成熟的 IVF 技术基础上，发展出了对人或动物的克隆技术，这是一次技术的新转弯。首先从成年机体细胞中提取出细胞核，细胞核里包含着该物种的遗传信息，随后把该细胞核移植到该物种另一生物的卵细胞中。* 然后将融合后的卵细胞再植入母体的子宫，任其在子宫中妊娠发育，直到新个体出生。但新个体没有遗传代孕母体的基因，而是供核母体基因的完全复制品。这项技术的商业价值对于农场主来说是显而易见的——在培育自己想要的动物时，可以完全排除以前的偶然性特征——但同时也带来了一些令人不安的问题。如果我们能够对羊这类哺乳动物进行克隆，那么我们似乎也可以克隆人类。而之前仅仅是出现在科幻小说中的那种场景，那种赫胥黎小说中描述的低级的、工业化生产人类的前景，似乎近在眼前了。

133 这种生殖生物学技术上的突破，引起了政治上的高度重视。美国的比尔·克林顿总统反应迅速，要求他的伦理咨询委员会来分析克隆人类的可能后果。[①] 他的咨询员们建议对克隆人类实行禁令，奥巴马总统以及历届总统也都进一步授权支持该禁令，并且在其他进步的工业国家，该禁令也得到完整的引用。然而其他相近的技术

① National Bioethics Advisory Commission, *Cloning Human Beings* (Rockville, MD, 1997).

* 该卵细胞中的细胞核已经被提前移除。——译者注

却一直处于争议的状态，这显示了人们在对待发育阶段的婴儿——从胚胎、胎儿到最终的婴儿，以及何时能成为家庭和国家中的一员持有不同的观点。

其中一个问题就涉及胚胎的“三个父母”。该技术是为了制造一个健康的胚胎，不含有母体卵细胞中线粒体 DNA（细胞核外的 DNA）所携带的遗传性疾病。为实现这个目的，从母体卵细胞（供核细胞）中取出细胞核，并把细胞核移植到另一个女性捐献的卵细胞（供卵细胞）中，而这个卵细胞的细胞核已经被提前移除。通过这两个细胞的融合产生的胚胎和婴儿，具有母亲的基因组，却没有遗传母体的线粒体疾病。2015 年 2 月，该技术被英国国会批准，但在美国仍然存在争议，而在德国则是严格禁止。

另一个热议的问题是，在大多数生物医学先进的民主国家中，对生殖系基因编辑的明文限制或者默认禁令可能会失去效力。这里导致禁令不稳定的因素起源于 CRISPR（clustered，regularly interspaced，short palindromic repeat）技术*，这项技术能够精确定位并快速编辑基因，以清除染病的片段，并用健康的等位基因来代替。如果用它来修复人类 IVF 胚胎的某些疾病，修复后的特性可以代代遗传下去，这类 134
修复是法律明文禁止的，如欧盟理事会的《人权和生物医学公约》。对于这种诱人的能够广泛应用的技术，需要什么样的机构以什么形式来考虑它的适用领域？这个问题需要人们重新思考监管的正确形式，以及专家预见性的合适范围。然而，到目前为止，这些讨论仅仅是由全球科学界的精英领头进行，而没有包括法律、宗教和伦理界的人士。[1] 全球公众未来的遗传基因正在热议中，然而，公众仍然是一个无组织、无代表、无法发声的沉默隐形团体。

5.4　设计生命，选择生命

就像 rDNA 的发现一样，IVF 和克隆也打开了通往发现和发明的大路，带来了更远大、更宽泛的社会影响，它已经不仅仅是治疗一对夫妇的不育，也不仅仅是培

① Sheila Jasanoff，J. Benjamin Hurlbut，and Krishanu Saha，“CRISPR Democracy: Gene Editing and the Need for Inclusive Deliberation，” *Issues in Science and Technology*，Fall 2015，pp. 25–32.

* 指成簇的、规律间隔的短回文重复序列技术，是一种基因组编辑技术。——译者注

育一种具有某种优良品质的畜牧动物。实验室和诊所现在有权干预人类的生殖周期，干涉曾经人们认为是极其隐私的部分。和母体分离的胚胎自身就处于一种未知的状态，它是一个潜在的人，具有重大的道德意义，可它又缺乏思考能力和感知能力，甚至离开技术的支持就无法存活。研究人员在研究这些实体时，应该如何把握研究的尺度？因为稍有不慎，他们就会毁掉胚胎。IVF 使用者在选择应用 IVF 技术时，应该遵循什么样的原则和尺度？如果胚胎未能移植到子宫中去，应该由谁来决定如何处理这些胚胎？解决这些问题的答案和方法具有流变性，每一个进步的工业国家
135 都明显地把答案置于符合自己国家基本价值观之下，这些答案和问题的进一步演化可以从以下三个领域之间的冲突中进行阐述。这三个研究领域分别是人类胚胎干细胞、设计生命和重构家庭。

5.4.1 人类胚胎干细胞

在惯行的医疗实践标准中，IVF 技术产生的胚胎个数通常比实际需要移植到母亲子宫内的个数要多，以保证最大化的安全孕育和婴儿健康。而“多余”的胚胎可以用作其他用途，如送给那些希望怀孕的不孕夫妇，也可以提取出人类胚胎干细胞(hESCs)，以治疗之前无法治愈的疾病。

人类胚胎突然能够从生殖周期中分离出来，作为单独的生物体来使用，为生物医学研究开辟了新天地。干细胞是指从生物体中提取出来的早期阶段的未分化细胞，它具有多向分化潜能，经过复杂的分化过程后，能够形成成熟的机体，机体的所有特征都是由基因组中的编码所决定的。重要的是，干细胞来源于人类胚胎，此时的胚胎处于囊胚（8 细胞）状态，尚未分化出特定功能，如血液、大脑、皮肤或骨头。它们是“多能细胞”，即能够根据移植的环境分化出各种类型的细胞。它就是生物医学的曙光，生物医学专家们希望这些高度灵活的细胞能够有一天用于治疗多种人类疾病，如帕金森病、阿尔茨海默病、白血病或婴儿糖尿病，这些都是由于身体不能产生健康的新细胞所导致的疾病。20 世纪 90 年代初，当威斯康星大学的詹姆斯 · 汤
136 姆森（James Thomson）首次成功地分离出人类胚胎干细胞时，这个梦想向现实又迈进了一大步。自此以后，美国和其他主要工业国家开始出现了大量的干细胞研究中心，在这个过程中也出现了各种各样的丑闻和争议。

人类胚胎干细胞研究的伦理问题主要涉及：用于提取干细胞系的胚胎地位如何？制造胚胎所需要的生殖细胞是否应当征得主人的同意？人们是否可以基于道德立场，反对出于研究或治疗目的对干细胞的潜在滥用？而解决这些问题的办法，国与国之间有着巨大的差异，伦理机构和法律制定机构的解决办法也是差别迥异。这些差异反过来反映了人们对使用干细胞作为研究对象所具有的风险有不同的理解，也反映了在选择研究方向和技术进展方面社会给予科学的自治性程度。

干细胞的研究通常会破坏掉胚胎，以提取出具有治疗活性的细胞。对于那些把胚胎看作人类生命形式的人来说，这个过程其实等同于谋杀。套用前总统乔治 · W. 布什的话来说，这就是为拯救一个生命而牺牲另一个生命。美国、英国和德国三个国家的政策也明显不同，这反映了即便是在宪政民主的西方，对这些问题的看法也有很大的差别。对于生命起始于何时的问题，美国法院和立法部门没有采取任何全国性的坚定立场。美国在制定和实施研究政策过程中，其机构机制是高度非集权化的，也不受什么单一的法规授权性的监管。然而，作为长期激烈的堕胎辩论的间接 137
影响，一项公众熟知的联邦法律《迪奇 - 威克修正案》（Dickey-Wicker amendment），禁止联邦政府投资支持那些为研究目的而制造胚胎以及会导致胚胎死亡或遗弃的研究。该修正案在 1996 年附录在美国国家卫生研究院的拨款法案中，并自此以后每年更新。因此，在美国，对人类胚胎干细胞的研究只允许在私人或者非联邦的资源支持下进行。数年来经过无数波折，国家卫生研究院继续支持那些符合联邦法律规定的干细胞系列研究。具有适当的“胚胎干细胞研究监督”（ESCRO）组织的机构可以使用国家卫生研究院基金，该监督组织可以对研究报告进行评估，并批准那些符合该州法律和国家指导方针的研究。

相对来说，英国在形式上采取这样一种立场：胚胎在 14 天以前具有的道德地位不同于这个分界点之后的道德地位。英国政策认定，早期的胚胎细胞不具备一些基本特征，不会引发诸如保护人类生命之类的担忧。然而，14 天之后，胚胎开始发育自己最原始的神经系统，人们则不可以继续把它当作一个非人类生命的物体。从那天起，它就至少是一个“前人类”。这项“14 天法则”是牛津道德哲学家玛丽 · 沃诺克（Mary Warnock）所领导的生物伦理学机构作出的最重大的决定。[①]沃诺克委员会建议英国设立新的机构专门负责管理所有与胚胎相关的活动。随后，1990 年的一项法律就促使设

① Warnock Report.

立了人类授精与胚胎管理局（Human Fertilisation and Embryology Authority，HFEA），之
138 后25年来该管理局一直负责所有IVF诊所的营业许可，并与公众定期举行会谈，对人类生殖系统研究有争议的领域，进行讨论以达成共识。

德国也是用生物学上的术语来定义生命的起始时间，但它的定义和英国的明显不同，它的定义符合德国在第二次世界大战之后管辖全国的《基本法》，符合《基本法》一贯要求的精确标准。《基本法》第一条第一款就是德国宪法对大屠杀作出的回应：它以明确的术语表述了人类尊严是神圣不可侵犯的，国家有义务来保卫它。为实现这一职责，德国法律制定者和法院最终裁定人类生命起始于卵子和精子的细胞核相融合的那一瞬间，因为正是在这时候才形成了一个明显不同的基因实体。它接着规定，从人类胚胎中提取干细胞就等同于毁灭了一个潜在的生命，因此，这种干细胞提取是法律所明确禁止的。然而，进口人类胚胎干细胞则是一个完全不同的事。德国研究人员可以使用在国外提取出来并进口到德国的胚胎干细胞系，因为这样德国的科学就可以避免毁坏胚胎以提取干细胞的污名。这种做法实在是一种令人不舒服的道德责任回避，事实上它和美国的做法很相似——只不过德国是坚定地把破坏胚胎的做法驱逐到本国的国境外，而美国法律则是把胚胎死亡的道德责任推脱到联邦法律之外，却允许各个州和私人资源继续支持这种研究。每个国家的伦理解决方案，实际上都反映了国家期望在科学、宗教和公共健康需求之间实现博弈平衡。

5.4.2 设计生命

139 IVF、克隆和基因测试一起打开了无限可能的大门，不仅仅使不孕夫妇可以拥有自己的孩子，而且还让他们能够在一定范围内选择自己想要什么样的孩子。惯行的IVF程序制造出的胚胎个数多于实际生殖需要移植的胚胎个数。这实际上就可以对孩子进行一定程度的有意识选择，以保证最终出生的孩子能够符合父母的需求和期望。对于大多数父母来说，最重要的是孩子没有携带一些遗传性疾病或残疾，而这些病通常可以传播给正常孕育的孩子。现在胚胎细胞都会进行一系列常规的检查，以判断胚胎是否携带一些导致严重出生缺陷的基因，如唐氏综合征或黑蒙性家族痴呆病（Tay-Sachs）。父母可以选择中止不健康胚胎的发育，期望下一次怀孕能够得到一个健康的婴儿，但是这个过程对父母来说是一场压抑而又悲惨的经历，对孕妇来说也有一定的风险。植入前基因诊断（PGD）和IVF结合在一起应用，能够提前预

防这类可能造成巨大伤害和危险的堕胎。PGD 能够在胚胎植入母体之前，就对试管胚胎筛查不正常的基因变异，因此可以让父母在怀孕之初，就确信自己将来会拥有一个健康的婴孩。

能够对胚胎进行选择，也引发了一系列的选择难题和尴尬困境。在原理上，胚胎的筛查也可以显示出一些和疾病无关的人类多样性的特征。最臭名远扬的事件是父母利用产前或者植入前筛查对后代的性别进行提前选择。尽管许多人支持性别选择，认为这样能够实现家庭中的性别均衡，然而，一些文化具有根深蒂固的重男轻女的倾向，这种选择已经导致某些国家全国范围内的男女比例严重失衡。比如在印度，即便法律明文禁止胚胎的性别选择，男性比例也远高于女性。随着科技的进步，试管胚胎还可以进一步被修饰，以具有预想的特征。尽管现在这类“设计婴儿”的制造仍然是一种理论假设，但在富有同情心的生命伦理学家和熟练的临床医生的帮助下，父母设计婴儿的事件也时有发生。

植入前基因诊断技术不但可以用来检测胚胎是否具有不正常的基因特性，而且可以用来检测胚胎的组织和另一个已经出生的孩子的组织是否可以兼容，因为另一个孩子需要移植健康的器官才能存活。这种选择“救命手足”的伦理问题已经进入了大众文化之中，如茱迪 · 皮考特（Jodi Picoult）的畅销小说《姐姐的守护者》（*My Sister's Keeper*）和石黑一雄（Kazuo Ishiguro）令人痛苦的小说《不要带我走》（*Never Let Me Go*）。[①] 皮考特描绘了一对姐妹的关系，姐姐患有严重的白血病，而妹妹的出生则是为姐姐提供血液、骨髓，以及最后的肾脏捐赠。石黑一雄把英国经典寄宿学校小说和科幻糅合在一起，惊悚地描述了一群学生作为“正常人”的器官捐赠者来生活和死亡的故事。这两部作品都表达了一种痛苦而无法解决的焦虑，在未来，人们的存在可能就只是为了服务于他人的医疗需求——用康德的术语来说，是作为一种手段或工具，而不是为了一种自身而存在。

幸运的是，现实生活总是比小说落后一个步伐，石黑一雄描述的那种批量捐赠者阶层可能永远不会出现。然而，现实中的个体案例已经出现。据报道，2010 年，英国首次成功地治疗了一项不可治愈的疾病，而这正是用弟弟的组织来拯救姐姐的生命。梅根 · 马修斯（Megan Mathews）一出生就患有罕见的血液疾病，需要每周输

① Jodi Picoult, *My Sister's Keeper* (New York: Washington Square Press, 2004); Kazuo Ishiguro, *Never Let Me Go* (New York: Vintage, 2006).

141 血来维持生命。她最终从刚出生的弟弟麦克斯（Max）那里接受了骨髓移植，得以痊愈。马修斯夫妻怀麦克斯的时候，使用了 IVF 和 PGD 技术来选择移植的胚胎，以保证婴儿不但健康，而且可以和他们生病的女儿的组织相匹配。在这起成功的医疗事件之前，数年来一直有一些法律争端，显示了两个对立立场之间不可调和的矛盾，一方面是父母们，他们认为自己营造的是一个相互支持、相互友爱的家庭，“救命手足”只是为了帮助生病的哥哥或姐姐；而另一方面是像英国反堕胎人士约瑟芬·昆塔瓦莱（Josephine Quintavalle）一样的活动家，从根本上反对出于医疗目的来孕育另一个生命。

5.4.3 重构家庭

“宝贝 M”的案件让公众意识到三个父母家庭的可能性——这种代孕的方法，在一些人看来，使女性不育也能够得到解决，就像早年间通过人工捐精受孕来解决男性不育一样。但是基本没有人可以预料 IVF 和代孕会在接下来的 10 年内如何重新定义家庭的集合概念，也无法预料代孕的法律和伦理后果在新世纪会如何继续有力地不断回荡。

围绕辅助生殖的大部分争论都集中于社会对传统家庭概念——如异性父母、适当的孕育年龄以及具有婚姻关系——的认同程度。人们对于是用法律来约束这些认同问题，还是把问题留给诊所和客户私下协商决定也有异议。表 2 展示了法律控制形式、家庭形式这两个变量的不同组合，会导致社会对于“正常”传统家庭范畴容忍度的巨大不同。

142 **表 2**

法律控制形式	家庭形式	
	传统	非传统
国家约束	使用 IVF 技术时，需同时满足以下条件： · 只限于异性夫妻； · 要求已婚； · 女性的年龄符合规定； · 限制移植的胚胎个数。 禁止代孕或代孕不受法律的保护。	法律许可非传统家庭的存在，但有一些限制，如禁止商业买卖卵细胞。
不约束（诊所自由制定标准）	传统的异性夫妻可以自愿选择 IVF 技术。	接受同性恋夫妻。 不要求已婚。 对女性年龄不作要求。 移植的胚胎个数也不加限定。

在西方国家，美国在新生殖技术的管理方面一直都是最宽松、最分散化的。对于生殖技术的使用没有出台全国性的联邦法律，国家对它的监管也非常松。因此，我们完全可以预料到，美国的生殖实验已经处于全球领先地位，第一例妊娠代孕事件便出现在美国。[1]代孕是指怀孕的妇女所孕育的孩子和自己没有任何生物学上的血缘关系。美国还拥有第一例 IVF 八胞胎的记录，以及无数女性超过 50 岁仍然生育的记录。

宽松的政策不仅鼓励了多种形式亲子关系的出现，还引起了一些艰难的法律 143
争端。如合约双方有一方反悔（如“宝贝 M”案件）；夫妻双方在 IVF 婴儿出生后离异，并对后代不负责。其中一个特别奇怪的案例是“杰西 · 巴泽卡”（Jaycee Buzzanca）案，她是 1995 年出生于加利福尼亚州的一名女婴，尽管有五个不同的成人和她具有一定的亲缘关系，但她在长达三年的时间里缺乏法律意义上的“父母”。一对匿名的夫妇捐赠了“胚胎杰西”，由一名已婚的代孕母亲来孕育，代孕母亲和另一对已婚夫妻约翰 · 巴泽卡和璐安娜 · 巴泽卡（John and Luanne Buzzanca）签订了孕育合约。在杰西出生之前，巴泽卡夫妻的婚姻解体，而约翰拒绝承担任何抚养孩子的义务。璐安娜希望成为孩子的合法母亲，但审判法院最初否决了她作为法律母亲的地位，因为她既没有生育孩子，也和孩子没有任何基因上的亲缘关系。最终加利福尼亚最高法院作出了进一步的澄清说明，裁定那些发起生殖医疗程序的“意图父母”，是孩子的合法父母，无论之后他们是否改变本意。

亲子关系的问题还和国家归属及市民权问题纠结在一起，在那些代孕管制严格的国家中，如法国和德国，不孕的夫妇跑到管理相对宽松的国家，像美国或印度，通过代孕获得了孩子。其中有两个法国家庭，米尼松夫妇和拉巴西夫妇（the Mennessons and the Labassees）选择在加利福尼亚州，利用该州宽松的代孕环境来生育孩子，他们的做法涉足了尚不稳定的司法领域。法国最初拒绝赋予他们的女儿法国公民权，因为按照出生地，她获得了美国公民权。2014 年 6 月，欧洲人权法院（ECHR）要求法国必须把公民权授予这两个家庭的孩子，否则相对其他法国父母的
孩子，这两个孩子在成长过程中会具有较少的身份特征和权利。欧洲人权法院认为 144
这样违反了《欧洲人权公约》第八条的规定，即尊重孩子们“家庭生活和隐私生活

① Peter R. Brindsen, “Gestational Surrogacy,” *Human Reproduction Update* 9, no. 5 (2003): 483–91.

的权利"①。批评家们抱怨说，欧洲人权法院破坏了法国国内公共生活的秩序，这样似乎告诉法国的父母们，他们可以安然无恙地去国外实施一些国内禁止的行为。但也有人反对说，这件事情只应该狭义地看作是对孩子最大利益的保护，不涉及更大范畴的法国主权问题或者法国民法法典的约束力问题。无论如何，最终法国政府决定针对米尼松夫妇和拉巴西夫妇的孩子接受欧洲人权法院的决定。

5.5 生命和法律

本章的一个重要主题是，技术一旦从实验室和试验田的封闭世界中逃逸出来，就在某种程度上成了所有人的财产。而技术的进一步扩大化应用，会改变使用者对自己身份和能力的认识，他们会逐渐用全新的、难以预料的方式，来理解自己能够做什么，以及自己是谁。因此，拥有新的工具可以让人们去想象和认识一个全新的未来。然而，在很大程度上，伦理分析和管理分析却仍然在以线性模式进行，停留在发明和市场的关系上，忽略了多能的发明在嵌入复杂的、动态的社会环境中所产生的反馈和创造性延伸。

基因密码破解后的十年内就出现了对人类生命物质密集而广泛的社会实验。现
145 在不仅技术专家，就连普通的社会成员都表现出，他们准备根据掌握的遗传知识和技术来行动，以创造新的市场需求，建立市民和科学家的新型合作关系，以及在家庭生育和家庭形式上采取新的做法。这场骚动更加清晰地显示出，对生命规律的探索带来了法律和生命的新难题。一个古老的问题以小说的形式再一次浮出水面（在干细胞时代，生命起始于何时，又终结于何时？），而之前人们认为已经得到解决的问题再一次使人类陷入困惑之中（谁才是真正的母亲？）。这些问题仅靠科学自身是得不到答案的。它们至少同等依赖于，或者更加依赖于政治、伦理和法律。

在上述案件中，法律和伦理像竞赛一样竭力赶上科学和技术的步伐，这种情形令人很欣慰。从表象上我们就能得到一个明显的结论：之前缺乏相关的法规，导致无法解决斯特恩和怀特黑德对宝贝 M 的争抢，也同样无法决定谁对杰西·巴泽卡具有父母亲的抚养义务。但是，如果我们认为法律和公共道德总是落后一步，就会落

① European Court of Human Rights, Press Release, ECHR 185 (2014), June 26, 2014.

入技术决定论的陷阱。这似乎是说技术设定了自己的道德标准，而公共价值观只是在后面追赶而已。我们在本章中的诸多事例显示，当人们面对标记和操控生命物质的新方法时，人们会不遗余力、全力以赴地运用聪明才智，再次阐明他们基本的道德认同：保存生命、保护生命；维持人类的尊严；维持母亲关系和父亲关系，即便现在充满了比之前更多的可能和想象。在每个事件中，这些正在进行自我塑形的社会技术运用，都同时并同等程度地利用了技术的物质资源和法律的规范资源。

可以肯定的是，生物学自我塑形的尝试并不总是对社会和个人有益的。“杰 146
西·巴泽卡”案件清晰地展示出，能够使用新生殖技术的父母，也会像正常孕育的父母一样，成为对后代不负责的坏父母。基因测试可以让人们能够早点预知自己将来的健康问题，让他们提前进行理智的规划，但是如果信息提供时缺乏咨询，或者提供给不适当的对象，它们就会过度地破坏人们目前的健康享乐。另外，大型机构、执法机构和私人的基因测试公司，如果拥有一些特殊权力，则可能会滥用基因信息，实施不当的社会控制。

本章中描述的生命实验，实际上是启发大家开阔思维，不要受到法院和立法机构的规章形式的约束，应当拓展关于法律和合法性的概念。确实，从实验室的最初阶段开始，生命实验一直贯穿着合法的概念，因为科学家们需要定义哪些东西在技术上是可行的，在伦理上和政治上也是可行的。现在已经出现了新形式的专家组织和新机构，前者如生物伦理委员会，后者如胚胎干细胞研究监督（ESCRO）委员会，以保证科学家在考虑这些因素的时候，不是处在和社会完全绝缘的环境中，保证科学家不会只考虑自己的研究兴趣和研究结果，不会只按照自己意愿的道德规范来约束。不过，社会在理解什么是“自然的”时，确实起始于实验室和诊所的决定。它们来决定不用害怕什么样的新奇生物，并能够进行安全生产；什么样的生物对目前的社会状况来说风险过大。下一章中，我们会讨论并比较一系列来自数字革命的问题和困境，它是信息技术和通信技术孵化的产物。

第 6 章

信息的广袤领域

147 如果说遗传学和生物技术的进步让我们的身体变得更加可读，更容易被其他人员窥探，那么新信息技术则无疑打开了另一扇通往我们思维的大门，以并行的方式窥探我们，控制我们。在飞机的安检区域可以清楚地看到，我们每个人都配备着相当丰富的笔记本电脑、iPhone、iPad 和各种其他电子工具，这些数字时代的思维工具是我们的亲密伴侣。电子仪器比任何的人类大脑都能更精准地记录我们的过去，绘制我们的未来，它使用的工具是日历、相册、我们所选择的音乐及存储的无数文件。个人电子设备可以说是我们自由选择的合作伙伴。而同时我们不太察觉的是，我们每天的行为习惯和爱好可以被谷歌（Google）和国家安全局（NSA）的数据记录器获知，它们可以对我们进行一定形式的监视和社会控制，而我们对这些只是有一些模糊的感知，仍然在网络上进行无数项的活动和交易。

通过联网，我们不仅可以获取大量的信息资源，而且我们自己也变成了一种
148 资源，容易成为一种新型的监控、管理和跟踪的目标对象。我们的消费模式、社会关系、个人形象，甚至是在推特（twitter）上发表的瞬时想法，都通过数字

媒介混杂地交织在一起，通过对这些信息进行收集、存储和分类，便可建构出惊人的自我综合行为档案，而这些曾经是我们的隐私、不可侵犯的信息。另外，与之前人类容易原谅及遗忘的大脑记忆相比较，网络空间的记忆是不容易消退的。

在这个信息世界中，任何打算了解并侦察我们的人，都可以轻易地获得许多信息。为了防止信息的误用和滥用，我们现在可以用什么手段来保护人们呢？谁有责任来保证，在信息时代那些拥有大量特权和信息能力的人会为社会整体的善而努力，而不是为了使不可靠的机构获取更多的权力？部分答案将取决于现行法律框架和伦理框架的灵动性，比如宪法如何能够延展并适应自由权的新意象。虚拟世界的可能性和局限性与之前的世界是如此不同，它必然需要一个全新的联结方式、全新的考虑方式和全新的规章制度。

本章中，我们会讨论信息时代的伦理困境，通过对比以下几组对立因素，如数字自我和身体自我，公共数据收集和个人收据收集，美国和其他国家，来探讨当问题的立场从一面过渡到另一面时会发生什么变化。每一类别都代表了一个待探索的领域，监管的规范也是不明确的、不一致的并且不断变动的。我们的目的是为了梳理出在数字化的个体时代，为符合人们对自由和隐私的新社会期望，谁负责制定、实施和修改这些规则和规范。

6.1　宪法保障

我们从传统的美国最高法院的神圣判例开始。2014 年 6 月，最高法院针对一 149
项关于个人自由的案件，出现了罕见的全员通过的情况。首席大法官约翰 · 罗伯茨（John Roberts）在“莱利诉加利福尼亚州”（Riley v. California）[1]的案件中写道：“如果警方在没有搜查证的情况下搜查手机，就构成非法行为。”像许多标志性的宪法性判决一样，这起事件也起源于非常普通的事件。这是一起常规的交通违规事件，在南加州的圣迭戈街道上警方拦到了一名汽车注册牌照过期的男性驾驶者戴维 · 莱昂 · 莱利（David Leon Riley），当发现他使用的驾驶证也已经被吊销后，警方随即对他的车进行全面搜查。在引擎盖下，他们发现了几支手枪，这让警方联想起了两个星期前

① *Riley v. California*, 573 U.S. _ (2014).

的帮派射击案。他们还拿到了莱利的三星智能手机，并在逮捕现场初步浏览了手机中的内容，之后在警察局又再一次翻阅他的手机。他们在手机上发现了一些可以作为罪证的照片和视频，证明莱利和恶名远扬的“瘸子帮”（Crips）有联系，并找到了针对他的几项重罪的指控证据，其中包括一项蓄意谋杀。莱利之后被确认有罪，并被判处 15 年徒刑。也许到这里，他就会销声匿迹，被人们遗忘了，但事实是，斯坦福法学院学生讲习班（student clinic）却选择了莱利的案例，来论证数字时代关于隐私权的新看法。

提交给最高法院的简报，必须清楚说明申请者希望法官们所解决的法律问题。莱利的简报简单扼要：“在对申请者审判时，法院所展示的证据（即一些数码照片和视频），是通过对申请者的手机搜查所获取的，不知道这是否违反了申请者所具有的《美
150 国宪法第四修正案》的权利？”这些权利包括，保护公民免于受到“不合理”的搜查和逮捕，这项条款的意义主要依赖于公民对它的理解和尊重。如果搜查范围进入了公民合理预期的隐私范围，比如他们的房屋、工作场所、汽车，甚至身体，那么这种搜查是否违反了公民的隐私权？[①]为了决定隐私的程度和界限，法官们必须在国家利益和公民的合法期望之间进行平衡，因为对立的两方都是根据各自的文化和职业特征来理解“合理性”的。

法院也早已认识到，人们对于权利和授权的期望是随着科学和技术的发展而演变的。科技会不断地重塑我们之前认为是正常的对象；同样，它也会重塑那些我们认为是入侵的、怪异的对象。法律，尤其是宪法，就会不断把“新的正常”编码为需要维护的权利范畴。因此，当血液酒精测试得以广泛应用时，最高法院以 5 ∶ 4 的投票票数赞成警方可以对醉汉直接进行血液测试，不需要征求醉汉的意见，也无需搜查令，并且也不违反《美国宪法第四修正案》。[②]法律执法部门认为 DNA 指纹图谱是目前法医学能够做到的最精准的识别工具，最高法院虽然意见不一，但最终还是判决，警方可以对因各种原因逮捕的嫌犯进行唾液 DNA 取样，即便没有调查令，

① 在“卡茨诉美国”案 [389 U.S. 367 (1967)] 中，最高法院认为，警方怀疑某人有非法的跨国赌博活动时，即便他用公共电话下赌注，基于对隐私的尊重，也不应该在电话亭外放置电子设备，对他的对话进行监听。该案件确认电子监听就等同于对人身体的侵犯。按照《美国宪法第四修正案》的规定，一个电话亭可以被看作是一个受保护的空间。

② *Schmerber v. California*, 384 U.S. 757 (1966).

也不会违反《美国宪法第四修正案》。①这项条款也是五个成员同意*，安东尼·肯尼迪（Anthony Kennedy）法官认为，用棉签对唾液取样和其他普通的例行程序一样，如指纹和拍照。他主要强调棉签取样的轻便性，而没有关注样本所揭示的潜在遗传密码的信息深度。因此，对逮捕的嫌疑人进行 DNA 测试，成为警方程序中合法的、惯性的必要项目，因为五个法官在某一项审判中认为有这个需要。②

然而，在对手机的无证搜查中，这一次最高法院法官们的想象和直觉就对警方
不那么友好了。首席大法官罗伯茨指出，手机不同于警方“合理”获得的其他物质 151
对象。在“合理”的情况下，他们搜查物品，可能是为了保护自己的安全，或者本能地怀疑某些粉末可能是违禁毒品，或某些香烟看起来不像正常的香烟。罗伯茨认为，手机现在已经全面地运用到人们的日常生活之中，甚至大家常说，火星游客会把它当作人类解剖的一个重要特征。它们所包含的信息并没有对执行逮捕的警方构成危险，也不会帮助嫌犯逃跑。确实，这些小巧便携的小电脑包含了大量不同类型的记录——照片、视频、语音信息、上网浏览记录、电子邮件——可以用来重新建构手机主人的全部隐私生活。鉴于小小手机中包含着巨大的数字信息，法官罗伯茨最后驳回了政府的观点。政府认为，手机和逮捕现场的其他物质对象是“材料上无区别”的对象，但罗伯茨认为：“这就好像说骑在马背上和乘飞船去月球是材料上无区别一样。”

首席大法官罗伯茨评论道，手机其实已经不再是电话了，它们现在也可以被看作是摄像机、录像机、通信录、日历、录音机、图书馆、日记本、相册、电视机、地图或报纸。这真是工程技术上的一项壮举，能够让人们把这么多设备都随身携带在口袋或者小手袋里。这些设备在以前是可以填满几个房间的，单就书籍来说就可能需要好几间，而现在把它们装在兜里，甚至都不会影响单夹克的裁剪外观。但手机的作用却不只是让用户能够在指尖获得全世界的信息，它还让手机主人的信息能

---

① *Maryland v. King*, 569 U. S. _ (2013).

② 正如在许多美国公民自由案中一样，四个法官持有完全不同的看法。令某些人吃惊的是安东尼·斯卡利亚法官的严厉抨击，他认为大多数人其实是为国家滥用权力打开了大门：“毫无疑问，今天的决定肯定会带来以下后果：不管出于什么原因，正确的也好，错误的也好，你一旦被捕，你的 DNA 信息就会被采集，并被输入到国家的 DNA 数据库之中。”

* 即 5 ： 4 的票数。——译者注

够被任何人窥探到。正如莱利案件中雄辩地阐释的那样，只要有足够的时间和资源，任何人都可以梳理里面的内容，比如警方为了逮捕而进行的相关检阅。手机可能和
152 手机主人并不是完全一样的，却肯定是让用户变得可识别、可辨认，因此手机是一个具有独特特征的信息储藏库。

那种使用智能机器分享信息和思维的人对自我的感官认识，完全不同于那些从来不知道这些技术的人。数年前，我从一个大学搬迁到另一个学校。搬家是一场艰难的历程，看到自己心爱的家，被一点点地挪走里面的东西，对我来说很痛苦，即便当时我很向往去新的地方居住。但是对我来说，最痛苦的分离时刻，是当我在离开的前一晚拔掉办公室电脑插头的那一刻。那时我想到，我告别的不仅仅是一个场所、一个家、一系列的朋友，还告别了作为一名学者的曾经的自我。这就像关掉了自我意识中的一部分一样。我们很有必要思考，我们的伦理、法律和社会分析机构有多大的能力来解决，在与技术互动过程中产生的这种主观情感的变化。我们现在和将来不断地用它来塑造自己，在某种意义上，它已成为我们最亲密的同伴，成为我们思想的延伸和潜在自我的延伸。

6.2 身体自我和数字自我

在发明计算机的科学家和工程师的想象中，网络空间起初只是作为自我塑造的一个领域，而不是帮助人们进行自我塑造。起初，它只是提供一个不加限制的场所，给人们一种自由表达的权利，而这种自由权利是现实中的世俗机构所缺乏的。在网络空
153 间上，获取信息的花费基本为零——至少对于那些理解如何获得数字信息的人来说是这样的。而买一份报纸，比如《纽约时报》（*New York Times*）这样的大型日报，在大多数人看来都是相当贵的。而互联网进一步把技术障碍基本降为零，随着新工具的发展，在获取互联网的内容时，就连编程技术也变得愈加不相干了。空间也变得更有弹性，可以无限获取，不再受到纸质版面、篇幅和胶水的物理空间的限制了。今天，只要稍微具备一些基本的电脑常识，就可以在服务器上设置自己的主页，并且基本不会收费，然后就可以在网页上发表观点，或者给那些愿意浏览网页的人展示自己的商品。

然而，这种自由也带来了潜在的监控，这是虚拟空间的开拓者始料未及的。在

Web 2.0 的交互时代，电子支付就是双行道的。把自己置于网络空间，其实也开辟了广泛和持久观察的通路。情报承包商爱德华·斯诺登（Edward Snowden）在 2013 年泄露了美国国家安全局（NSA）的大量文件，显示出我们的电子通信信息经常受到政府的无授权搜查，美国公民所认为的保护程度并没有得以实现。并且国家并不是唯一的监控行动者。像亚马逊（Amazon）这样的商业巨头，把全世界的货物放在消费者的指尖。但作为回报，亚马逊则记录了所有人的购物历史和喜好，随着时间的推移对其整合，用算法对其进行排序，并绘制出每个用户的潜在购物图像，成为广告商和卖家的潜在商品对象，这超越了用户之前所存取的信息。

同样，谷歌也记录了每个用户的搜索历史。我们下面会展示，它也能够浏览谷歌邮箱（Gmail）用户中的邮件，检测其中的非法内容。用户不止是简单地搜寻信息，在不知情的情况下，用户自身也成了一种数据资源。此外，他们还通过各种社交网站有意分享一些信息，如 Facebook（社交网络服务网站）、Flickr（雅虎网络相 154
册）、YouTube（视频网站）、Pinterest（瀑布流形式的图片展示）和 Twitter（社交网络及微博客服务网站）。在网络空间自由流动的媒介中，每个人的分享范围完全不受分享者的控制。借用心理学家和互联网评论家谢里·特克的话来说，电子设备“总是开着的，总是带在你身上的”，这也是首席大法官罗伯茨在莱利案件中所注意到的电子设备的泛滥性。①

数字自我正在变得愈加透明，但是人们是否把它看作一种麻烦或者滥用，取决于人们的社会倾向和政治倾向，在这个过程中，年龄、性别和地区都是重要的影响因素。例如，哈佛法学教授卡斯·桑斯坦（Cass Sunstein）认为，消费者希望有人解读他们的思维，而通过“预测性购物”，可以在他们自己还没有搞清楚自己的需求时，迎合他们的消费需求。②但并不是所有这类思维解读都是善意的，也并不是所有的消费者在选择市场自由和效率之间会作出同样的反应。人们需要对数字自我进行保护，但是如何进行保护？又可以在什么程度上把原来旧原则的酒完整地装到数字时代的新瓶子中？

① Sherry Turkle, “Always On: Always-On-You: The Tethered Self,” in James E. Katz, ed., *Handbook of Mobile Communication Studies* (Cambridge, MA: MIT Press, 2008), pp. 121–39.

② Cass Sunstein, “Shopping Made Psychic,” *New York Times*, August 20, 2014.

法律本是出于保护人们的物理世界不受入侵而制定的，并且法院喜欢用的类比推理也主要是基于物理世界。《美国宪法第四修正案》维护的也是一个物理世界的意象，维护"人们的人身、住房、文件和财务的安全权利"。普通人民和法官意象中的非法入侵，通常是指政府人员在无正当理由的情况下，踢开他们的房门，没收他们的财产，或者攻击公民。例如，这样的担忧让美国最高法院在 1965 年驳回了康涅狄
155 格州的一条州法律，该州法律禁止给已婚妇女开避孕药。[①]驳回的票数是 7 ∶ 2，威廉 · 道格拉斯（William O. Douglas）法官总结道，宪法保护"婚姻隐私"的权利，这是家庭内部的权利。因此，他认为避孕药的禁令就是对婚姻卧室内部的入侵，冒犯了自古以来这种关系的神圣权利。道格拉斯法官认为，对于拥有"双边忠诚"关系以及"生活和谐"的夫妻，不应该禁止他们咨询避孕药的使用。

通过与物理世界的类比，法院甚至在能够获得大量世界人口数字化档案之前，就出现了对非物理痕迹的保护。在形象权和人格权的普遍名义之下，人们有权控制自己姓名、形象、爱好、签名手法和怪癖的传播。我们会在第 7 章继续讨论把这种标记作为一种财产的意义。需要注意的是，这种虚拟的延伸实际上是被看为人们个性和自我的组成部分，就好像它们是身体的一部分。除了身体特征之外，签名手法，如约翰 · 汉考克（John Hancock）在《独立宣言》上的签名，就和个人密切相连，就好像是一种借代，看见他的签名就马上建构出他的个人形象，因此需要对签名进行同等的保护。

法律同样保护那些身体延伸的物理空间，那是人们通常视为不接受外人的地方，如卧室、更衣室或试衣间，许多州都规定，在这些地方未经授权便偷拍图片或者录制视频就是犯罪行为。这类法律把人们享有的基本权利——自由、自治、隐私、身体完整性——延伸到作为物理对象的空间权利，这些表征也是不可侵犯的自我的一部分。但是这种物理对象和虚拟对象之间的类比，能够迎接数字自我所带来的挑战
156 吗？这需要仔细考察我们在使用互联网的过程中建构出的自我特征。问题的答案取决于，我们如何感知真实自我与虚拟自我的身份，这本身就是一个有争议的、不断演化的过程。

① *Griswold v. Connecticut*, 381 U.S. 479 (1965).

6.3 新弱点

每个人的数字痕迹和其他的物理行踪很不同，对数字痕迹直接进行物理对象或物理空间的类推时会有许多问题，并且也不太有用。第一，这里面出现了全新的个人自治的问题。“大数据”在 Web 2.0 时代已经是大商机了，部分是因为大数据集合能够让人们了解之前隐藏的人类思维和人类意图的特征。将无数网络互动过程中收集的数据进行分类整理所建构出的个人身份、态度和行为的复合形象具有惊人的准确性。数据不仅能够逼近人们的身体和外貌，而且能够显示人们内部的思维和活动。第二，数字信息是互动的，这使隐私权产生了新问题：人们不仅是把关于自己的数据放到了互联网上，而且通过这些行为，让自身也成为潜在的监控对象、贸易对象，甚至是实验对象。并且由于人们的活动和互联网世界中的无数数据采集设备紧密相连，他们的行迹也变得前所未有地更加容易被跟踪。第三，和身体活动不同，信息追踪是持久的，有些人还认为它是顽固性的，甚至是控诉性的。与数字时代之前相比，它们在时间的长河中永久存在，在历史中沉淀，并且不能像之前那样容易被控制或消除。这三个维度让旁观者可以获得单从外表不可推知的个性信息，这三个维度也向伦理和法律提出了难题。

互联网已经成为信息的来源。我们可以举出许多通过公共信息对个人进行定位 157
或追踪的案例。其中比较惊人的一个案例，也是这类情况的第一例，生动地阐明了这些数据会如何侵犯人们所认为的隐私领域。2004 年下半年，一名 15 岁的男孩开始寻找自己的基因学父亲，因为他的出生是利用匿名者捐献的精子得以实现的。他“用一根棉签在口腔内部擦拭了几下，把它放到一个小瓶子里，然后邮寄给了一家在线遗传 DNA 测试服务公司”。9 个月后，在付款 289 美元之后，公司给他提供了两个人的身份，他们和他的基因配对密切，有可能是这个男孩的近亲。男孩发现这两个人的姓氏一样，结合母亲告诉他的匿名捐精者的城市和出生日期，男孩随后从另一家网络遗传公司买到了一份这个出生日期的名单。在名单中男孩发现了一名姓氏也符合的男性，最终找到了自己的父亲。这个父亲从来没有把自己的 DNA 信息提供给数据库，也从未同意公开自己捐赠精子的身份，然而，这个聪明坚毅的 15 岁男孩花了一点钱，就把他找出来了。一名加拿大的生物伦理学家评论道，“这个案例说明，辅助生殖中存在一些我们之前没考虑过的伦理问题和社会问题。”①这个评论再一次明确指出对隐私的侵犯，是一种始料未及的结果，能够轻易获得数据则是我们故意设计的特征，而不是一个漏洞，这种特征是网络空间原创者所致力于创造，并进行奖励的特征。

15 岁的孩子运用自己聪明的常识，找到了自己的父亲。高级的计算机技术也可以应用于从数据环境中所获得的公共数据，暴露一些人们不希望公开的个人特征。比如，剑桥大学对 58 000 名志愿者进行了一项研究，并发表在著名的《国家科学院院刊》（PNAS）上，研究显示，通过对他们脸谱网上的爱好进行数学分析，可以正
158 确地区分出“88% 的同性恋者和异性恋者，95% 的非裔美国人和白种美国人，85% 的民主党派和共和党派，以及 82% 的基督教徒和穆斯林教徒”②。几名作者担心，人们可能出于被暴露的威胁而停止使用数字技术，但他们同时也表现了一种盲目乐观，认为更大的信息透明度和信息监控可以确保技术提供者和使用者之间有足够的信任和善意。

事实上，目前我们任何形式的数字行动，都难免成为某种程度的调查对象。那些使用搜索引擎等上网服务或网络存储的人一般都需要同意牺牲一定的隐私权，通过互惠性协议，供应商可以获得用户的电子邮箱地址和其他信息。某些供应商会保证不泄露用户的隐私信息，但并不是所有的供应商都会保证。另外供应商是否信守承诺，用户也很难监测到，而目前活跃的全球黑客文化也对我们的身份盗用构成了另一重威胁。目前有很多众所周知的对商业网站的攻击，比如 2014 年圣诞节前夕黑客对索尼公司的攻击，暴露出大量关于公司内部运营的机密信息。而另一场无与伦比的喧嚣而难堪的黑客事件，是 2015 年 6 月对阿什利 · 麦迪逊（Ashley Madison）婚外情网站的攻击，揭露出 3 700 万用户的电子邮箱和账户信息。③黑客们声称自己

① Alison Motluk, “Anonymous Sperm Donor Traced on Internet,” *New Scientist*, November 3, 2005, http://www.newscientist.com/article/mg18825244.200-anonymous-sperm-donor-traced-on-Internet.html.

② Michal Kosinski, David Stillwell, and Thore Graepel, “Private Traits and Attributes Are Predictable from Digital Records of Human Behavior,” *Proceedings of the National Academy of Sciences*, March 11, 2013, http://www.pnas.org/content/early/2013/03/06/1218772110.full.pdf.

③ Nicole Perlroth, “Hackers Say They Have Released Ashley Madison Files,” *New York Times*, August 19, 2015.

的这次行动，部分是因为他们很不喜欢网站的这种做法，想中止这个公司的行为，但他们的行动却给许多人带来了伤害，比如这个网站用户的配偶和孩子，这些人其实是无辜的受害者。据报道，这些用户名的暴露，甚至导致一些人自杀。

即便在没有黑客故意攻击网络时，社交媒体软件通常也会在我们不知情或未同意的情况下侵犯我们的个人隐私。脸谱网公司开启了一项社交媒体的革命，却在 159
短短几年内引发了诸多抗议，甚至法律诉讼，维基百科甚至还专门用一整页来记录“对脸谱网的批评”。它的隐私政策不断地引发争议，例如，该公司不允许个人把账户从服务器上永久删除[①]——后来脸谱网修正了这个政策。

更加隐晦的是，Web 2.0 的双向交互模式让某些类型的心理测试成为可能，超越了过去那种对大众不加区分的宣传。许多公司都研究目前的消费者数据，表面上是为了提高所供应的产品，更加细心地为个体用户的需求进行量身裁定。这些做法通常来说是商业运行的合法辅助手段。但是网络服务供应商也是为了得到更好的信息才研究消费者数据。通常使用某个网站服务的条件，是需要个人同意网站出于“操作性”目的获取个人信息，但有时候对于这种同意性协议，用户可能根本懒得去阅读。然而，有些信息的使用会让许多人感到非常不舒服，尤其是把个人信息分享给其他供应商的时候，从道理上来说，它是对原始合同关系的一种合法性延伸。然而，可允许性研究和不道德性研究之间的界限是模糊的，并且公司——在监管控制的真空状态下——能够逾越并且经常逾越界限。

脸谱网的用户根本没有想到，他们在网站上的活动让他们成了心理研究的受试对象。在 2012 年年初，在用户不知情、未同意的情况下，脸谱网针对 70 万匿名用户做了一项情绪实验。[②]并于 2014 年 6 月在著名的科学期刊《国家科学院院刊》上发表研究成果[③]论述说，脸谱网在为期一周的时间内，把故意更改了情绪风格的新闻内

① Maria Aspan, “How Sticky Is Membership on Facebook? Just Try Breaking Free,” *New York Times*, February 11, 2008.

② Robinson Meyer, “Everything We Know about Facebook’s Secret Mood Manipulation Experiment,” *Atlantic*, June 28, 2014.

③ Adam D. I. Kramer, Jamie E. Guillory, and Jeffrey T. Hancock, “Experimental Evidence of Massive-Scale Emotional Contagion through Social Networks,” *Proceedings of the National Academy of Sciences* 111, no. 24 (June 17, 2014). 引自摘要：“当积极措辞减少时，人们就很少发表积极的博文，更多的是悲观的博文；当消极词语减少时，情况又正好反过来。”

容发送给用户，通过有意取消一些情感上消极的词语，将新闻内容设定为更加积极
160 或者更加消极的类型，发送给不同的用户小组。那些接受相对积极刺激的用户，整体上会贴出较积极的博文；而对照组接受的是消极的刺激，博文也比较消极。这三名合作作者，一个是脸谱网的数据分析师亚当 · 克雷默（Adam Kramer），另外两个是康奈尔大学的统计学家，他们总结认为，这项研究证明情感的感染力可以通过网络来传递，而不需要直接的面对面交流。

接下来就是整个国家的强烈抗议。虽然该研究没有明确地违反法规，但是媒体对研究人员的伦理批评全都是否定性的。只有脸谱网内部审查员提前了解了这项研究。由于康奈尔大学的两名人员并没有自己收集这些人类研究对象的数据，因此他们评估的是外部数据集合，该大学的伦理审查委员会（IRB）认为没有必要对参与数据分析进行审核批准，但 PNAS 期刊的编辑——普林斯顿大学的心理学家苏珊 · 菲斯克（Susan Fiske）却误以为这项研究已经得到了伦理审查委员会的批准。克雷默本人觉得有必要在脸谱网上发博文公开解释这一事件，并道歉："我可以理解为什么有些人这么担心，我和两位合作者们对这项研究中的一些表述方式感到很抱歉，它导致人们焦虑，为此我们感到很抱歉。也许从长远来看，本论文的研究收益会弥补今天所造成的焦虑。"①有的伦理学家认为该事件有些过于夸大，但是克雷默的事后道歉内容，并没有让许多人感到满意。科罗拉多大学托马斯 · 欧姆（Thomas Ohm）是一名法学教授，也是批判网络权力不平等的长期批评家，他认为，"这些伦理问题早就应该进行讨论。为了更好地为消费者提供满意的产品所进行的 A/B 实验，完全不同于企业这种把用户当作一群自愿的实验室小白鼠的做法，似乎它们想怎样施加刺激都行。"②尽管互联网上的讨论十分
161 激烈，但企业所赞助的研究是规范地把用户看作消费者，还是不规范地把他们当作实验室的小白鼠来对待，这个问题如何解决目前仍然掌握在设计者手中。

时间和记忆也对身体自我和数字自我发挥着不同的功能。身体死亡，记忆自然就消除了，但是数字信息却可以无限存在。对于普通人来说，我们很难完全清除我们个人电脑硬盘驱动器中的所有过时信息。而清除网络空间上广袤而零散的信息则

① Adam D. I. Kramer, June 29, 2014, https://www.facebook.com/akramer/posts/10152987150867796.

② Kashmir Hill, "After the Freak-Out over Facebook's Emotion Manipulation Study, What Happens Now?", *Forbes*, July 10, 2014, http://www.forbes.com/sites/kashmirhill/2014/07/10/after-the-freak-out-over-facebooks-emotion-manipulation-study-what-happens-now/.

更是艰难。人们在脸谱网上和朋友们发的搞怪照片，可能会在几年后导致他们失去工作，就因为潜在的老板看到了照片，觉得它影响不好或不得体。①而推特这个主要用于捕获人们生活中瞬时想法的媒介，其实也是一个重要的公共空间，而且出于许多实际目的，也是一个永久空间。人们可以根据你的推文追溯到你几年前甚至几十年前的一场失恋或工作危机。脸谱网这类公司已经在反复讨论相关政策，来决定贴出的个人数据是否可以删除。另外还出现了一些新的商业服务公司，纯粹为追踪个人信息，以及删除那些人们不希望出现在公共空间中的信息。迄今为止，关于个人信息寿命时段的监管政策仍然处于模糊变动的境况之中，下面我们还会看到，这种情况在国与国之间也是不同的。

6.4　公开或隐私

信息时代的开拓者们曾经欢欣鼓舞，庆祝获得了一种自由，摆脱了他们所认为的那种民族国家物理边疆主权的约束。威廉 · 吉布森（William Gibson）是《精神漫游者》（*Neuromancer*）的作者，约翰 · 佩里（John Perry）曾经是“感恩之死乐队”（Grateful Dead）的歌词作者，也是早期的互联网专家，他借用吉布森的一个术语， 162
起草了一份挑战性的《网络空间独立宣言》：“工业世界政府，致你那疲惫的钢铁巨人之躯，我来自网络空间，这是心灵的新家园。代表未来，我恳请你带着你的过去远离我们。我们不欢迎你。我们的聚集之处，没有你的主权。”他的这些言辞充满了预言和乌托邦的意味，引起了年轻一代电脑奇才们的共鸣，为发现新天地的成功而无比兴奋，那似乎是一个无边界的广袤天地，所有人都可以平等地进入，而且所有形式的言论都可以自由表达。

今天我们对这方面了解得更多。在布拉德利 · 曼宁（Bradley Manning）事件中，曼宁因为把美国的机密文件泄露给维基解密，被判处 35 年的徒刑。维基解密创始人朱利安 · 阿桑奇（Julian Assange）则寻求位于伦敦的厄瓜多尔大使馆的长期庇护。爱德华 · 斯诺登则在俄罗斯寻求政治庇护，以躲避美国以叛国罪的罪名对他的起诉。

---

① Viktor Mayer-Schönberger, *Delete: The Virtue of Forgetting in the Digital Age* (Princeton, NJ: Princeton University Press, 2011).

这些事件基本让所有人都不再质疑，网络空间中不但存在国家主权，而且国家还会对它的内容进行监管——尤其是当那些内容关乎民族国家所定义的国家安全时。它完全不同于巴洛（Barlow）和一些开拓者最初设想的那种个人自由空间，而是一个权力纵横交织的网络空间，任何使用它的人都会以一种无形的、不可预知的方式卷入进去。公共实体和私人实体都会控制网络空间中的个人自由，只不过使用的机制不同，应用的透明性和责任性制度也不同。

6.4.1 缺乏全球规范

斯诺登事件引起了巨大的宣传影响，令人惊奇的是，世界舆论却产生尖锐的分
163 歧，争论该把他看作是英雄还是叛徒、检举者还是罪犯。部分原因确实来自 20 世纪 70 年代国家边界消失的著名观点，以及由此带来的国家机构权力的弱化。之前在忠诚或国家安全的口号下，把公共舆论凝结在一起的权力已经受到侵蚀，但是这种权力分化也并不全是因为网络空间成为“思想的新家园”。其他的信息输送和传播技术以及电子媒体也发挥了重要作用。

斯诺登和丹尼尔·埃尔斯伯格（Daniel Ellsberg）案件的差异不但有趣而且很有启发性，埃尔斯伯格之前也披露了美国的国家机密。埃尔斯伯格是反战活动家，也是在哈佛大学受过教育的决策理论家，他暗中复制了五角大楼的文件，这份文件是递交给他的上司罗伯特·麦克纳马拉（Robert McNamara）国务卿的机密文件。埃尔斯伯格把这份文件泄露给了《纽约时报》和其他一些报纸。《纽约时报》以及后来的《华盛顿邮报》（*Washington Post*）在 1971 年 6 月根据文件的内容开始发表相关文章，并马上被理查德·尼克松（Richard Nixon）总统的法务部门告上法院。政府要求对《纽约时报》和《华盛顿邮报》颁发限制令，认为继续公开五角大楼的文件会损害美国的外交关系，帮助敌方国家。最高法院判决媒体胜诉，这也被广泛看作是《美国宪法第一修正案》自由言论原则的辉煌胜利。[①] 埃尔斯伯格也根据《反间谍法》（Espionage Act）被起诉，但是审判长取消了这项指控，因为法院发现政府在获取和处理证据时，存在严重不当行为，如非法窃听等。埃尔斯伯格则几乎成了民间英雄，直到 80 多岁，还一直在演讲，抗议对自由言论的侵犯。

① *New York Times v. United States*, 403 U.S. 713 (1971).

埃尔斯伯格事件是发生在一个单一国家领土内的司法审判，涉及的主要是本国国民、新闻媒体、国家机密、国家法律、法律实施和法官们。相对而言，斯诺登案 164
件在法律、政治和物体层面上是多源性的，即便中心事件——和埃尔斯伯格事件一样——也是美国公民盗取并泄露美国政府机密文件。斯诺登本是在夏威夷生活和工作的一名美国国家安全局承包商，他后来飞往中国香港与另外两个美国人会面，其中一位是罗拉 · 柏翠丝（Laura Poitras）——一名电影制作人，住在德国的柏林，另一位是记者格伦 · 格林沃尔德（Glenn Greenwald），他曾是一名律师，住在巴西的里约热内卢。格林沃尔德之所以住在巴西，据说是因为《美国婚姻保护法》不允许他的同性伴侣和他一起生活在美国。柏翠丝和格林沃尔德都任职于一家英国报纸《卫报》（*Guardian*），该报纸在 2013 年 6 月 5 日披露了美国国家安全局进行的监控事件；4 天后，斯诺登公开揭示自己是幕后的信息泄露者。2013 年 6 月 23 日，斯诺登从中国飞往俄罗斯，在俄罗斯成为地位不确定的难民，也自此成为美国政府眼中躲避正义审判的逃犯。他披露的信息引发了一系列扩大事件。其中包括在英国政府的坚持下，2013 年 7 月，《卫报》拆除了包含泄漏文件的计算机硬盘驱动器；2014 年 3 月，斯诺登对欧洲议会进行的电视证词；2014 年，《卫报》和《华盛顿邮报》获得了普利策奖，奖赏柏翠丝、格林沃尔德和伊万 · 麦卡斯基尔（Ewan MacAskil）作出的公共报道。

所有这些事件都显示出我们的世界虽然是一个由现代技术——飞机、电话、电视、计算机、电子邮件和电子报刊——相互交织联系构成的世界，但是这些相互交织联系仍然负载着国家之间的基本竞争和主权竞争。2013 年 6 月，一架载送玻利维
亚总统埃沃 · 莫拉莱斯（Evo Morales）的飞机，因被美国怀疑会把斯诺登从俄罗斯运 165
送走，被迫在奥地利强制着陆以后，美国和拉丁美洲的关系转向恶化。据报道，根据斯诺登公布的信息，国家安全局监听了安吉拉 · 默克尔（Angela Merkel，德国总理）的私人电话，这激怒了德国和欧洲，而默克尔和奥巴马总统之间的紧张关系又加剧了全球危机。[①]同时，斯诺登也继续被许多人看作是自由的标准捍卫者。2014

---

① Dan Bilefsky, "Indignation in Europe over Claims That U.S. Spied on Merkel's Phone," *New York Times*, October 24, 2013; Mark Landler, "Merkel Signals That Tension Persists over U.S. Spying," *New York Times*, May 2, 2014.

年年初，在共同创始人埃尔斯伯格和其他人（包括柏翠丝和格林沃尔德）的邀请下，斯诺登加入了新闻自由基金（Freedom of the Press Foundation）董事会。

斯诺登的大胆行为激起了全球针对监控的公共辩论，在全世界引起了高层次的政治动荡。它令世界领导人和安全机构处于一种尴尬的状态，激起了相关立法调查，促使美国的宪法对其作出回应，恐吓了媒体也奖励了媒体，并使民主国家的公众意识到，国家的安全机构存在大量广泛的权力滥用，并且其潜在可能性是不可预见的。同时，与埃尔斯伯格事件相比，斯诺登事件及其多重的连带效应，说明斯诺登强力公开的这个事件很难达成终结。在“9 · 11 事件”之后的世界里，很多人认为美国的宪法已经无法保护言论自由，而诸如埃尔斯伯格这类人可能会冒着被起诉的风险，只能指望法院能够公正地证明其无罪。另外我们也缺乏适当的组织来裁决在元数据扫描时代和洲际电话窃听时代的监视伦理。换句话说，埃尔斯伯格的传奇是发生在发达国家的公共领域，其中的辩论规则和公共理性的语言，相对来说是基于既定的机构惯例。[1] 而斯诺登事件让国际社会卷入了一场多中心的辩论，这是 50 年前所无法
166 想象的，但同时也突出了在全球建立集体规范的困难，它需要应对各国利益的大幅度分化、跨国政治分歧以及政治联盟的对立。

6.4.2 数据寡头

技术领域的亿万富翁，成了 21 世纪初期新出现的阶层，大量财富集中掌握在少数人手中，他们主要聚集于加利福尼亚州传说中的硅谷，但这也象征了个人信息这种新资源被少数几个人所控制。“数据寡头”这个术语被用来指诸如谷歌和脸谱网这类公司。它们为大众打开了无与伦比的信息门户通道，但它们也控制着大众信息，它们所控制的信息范围和信息类别，为它们带来了巨大的潜在价值。尽管这些公司从技术上来说是私企性质，非国家所有，但它们却能跨越界限，让国家难以责令它们负责地使用数据，或者为数据滥用承担责任。

谷歌就是其中特别有趣的一个研究案例，它展现了网络空间中权力和责任的相互作用。谷歌自成立之初，一直在努力成为有史以来最好的搜索引擎，致力于为用户提供正确和公正的信息，并且让用户能够迅速查找到所需要的信息。该公司的座

① Sheila Jasanoff, *Science and Public Reason* (Abingdon, Oxon: Routledge, 2012).

右铭是“不要做坏事”，这也是谷歌的商标，体现了它对社会责任和良好行为全力以赴的主旋律。然而，随着公司的发展，它的产品开始多样化，它的野心开始扩张。由于这些发展，谷歌在 2015 年成立了一个名为“Alphabet”的新母公司，来囊括它所有的多元化商业活动，讽刺的是，这一次 Alphabet 公司并没有把“不要做坏事”这个口号作为其行为准则的一部分。[①]

谷歌已经不单纯是一款世界上最受欢迎的搜索引擎，它还上市了一系列互联网 167
产品和服务，如 Gmail、谷歌地图、YouTube、Chrome 浏览器和安卓（Android）手机。它每年的利润超过 500 亿美元。谷歌现在在某些方面表现得像一个国家，每个月向 10 亿多人口提供信息和广告，因此它的活动和大国政府的规模相当。但是谷歌现在还是依据它最初主张的良好行为准则来使用权力吗？

谷歌与美国政府和欧盟的摩擦，揭示了一些问题。该公司数年来都在接受反垄断调查，因为有人指控它运用自己巨大的市场份额，进行了不公平竞争。例如，显示的搜索结果中只提供自家的地图和搜索服务。2011 年，在美国参议院反垄断听证会上，谷歌的 CEO 埃里克 · 施密特（Eric Schmidt）承认公司的市场份额似乎是垄断性的，但这最终是法院的事，“尊敬的阁下，我同意我们在那个领域……我不是一名律师，但我对垄断调查结果的理解是这样的，它是一个司法过程。”[②]尽管美国调查局最后没有对它进行严格限令或处罚，但如果是欧洲进行最终裁决，事情会更进一步。[③]在斯诺登泄密案之后，欧盟的管理者们更加担忧，美国公司主导着欧洲领地内的信息收集和信息流动。

对人们搜索时能看到什么信息的控制，是一种新型的、不受监管的私人权力。以前，主要是由民族国家来管理信息流动，它是通过公共教育来控制的，在一定程度上，也通过新闻媒体来控制。事实上，政治理论家本尼迪克特 · 安德森（Benedict Anderson）认为，民族主义本身是自上而下的控制的产物，创造出人民的“意象社

① M. G. Zimeta, “Don’t Be Evil: Google, Alphabet, and Machiavelli,” *Paris Review*, August 12, 2015, http://www.theparisreview.org/blog/2015/08/12/dont-be-evil/.

② Matt Rosoff, “Is Google a Monopoly? ‘We’re in That Area,’ Admits Schmidt,” *Business Insider*, September 21, 2011, http://www.businessinsider.com/is-google-a-monopoly-were-in-that-area-admits-schmidt-2011-9#ixzz3BEHV6le9.

③ James Kanter, “Google’s European Antitrust Woes Are Far from Over,” *New York Times*, June 22, 2014.

168 区”，引导他们认为自己属于某一个国家。[①]然而，如果说谷歌把人们从那种国有、国家控制的媒体中解放出来，也明显是不完善的。出于对私人利润的关注，该公司一点也不逊色于民族国家，它对控制用户看到的内容以及控制他们的思想和行动极其感兴趣，总是选择性地显示和隐藏信息。正如卡斯·桑斯坦的评论所指出的那样，对一些消费者来说，只要把一些思想性控制以选择性的语言外衣进行包装，如“预测性购物”，就会变得令人不那么排斥。但是谷歌对人们生活的控制，不但直接，而且不友好，这首先要从它如何对待雇员谈起。

苹果的标志性人物乔布斯去世后不久，6 万多名技术员工集体联名控诉苹果、谷歌和其他著名的高科技公司在雇用他们时，违反了反垄断法案。[②]原告称，这几个公司明确地达成一致意见，不互相挖取对方的技术雇员，也不为争夺技术员工开展工资赛。乔布斯是这件事情的主谋，他在硅谷的神话性地位帮助他说服了很多同行和他一起联手，因为他们可以明目张胆地降低员工工资，而且不担心同行竞争，这会让老板们集体受益。据称，这种共谋模式令员工损失了 30 亿美元的津贴。诉讼案提出 3 年后，美国加州圣何塞地方法院的高兰惠（Lucy Koh）法官驳回了一项赔偿 3.24 亿美元的提议，认为这不足以补偿员工的损失。她强调，陪审团将找到针对乔布斯及其同行的强有力证据，这会让他们付出比提议款项多出几倍的赔偿金额。观察家认为，在这种特殊情况下，10 亿美元左右可能是法官认为合理的赔偿金额，这
169 是原始提议的 3 倍。[③]最终，法官同意了 4.15 亿美元这个相当低廉的赔偿价格，这比公司的原始议价多出了 1/3。

高科技公司倾向于制定自己的规章来进行生活调节，这也是让技术公司与高技能员工的关系凸显的制度，它在旧金山湾区引起了复杂的团体关系。谷歌注意到需要对员工的工作场所进行量身定做，以符合员工的精神健康和身体健康，因此从健身中心到其墙壁的颜色都进行了精心的设计。这些额外福利和它们所折射的巨大财富流，在向上流动的技术部门和保证技术能够运营的城市环境之间，造成了日益加

① Benedict Anderson, *Imagined Communities: Reflections on the Origin and Spread of Nationalism* (London: Verso, 1983).

② *In Re High-Tech Employee Antitrust Litigation*, 11-CV-0250, 2014 U.S. Dist. LEXIS 110064 (N.D. Cal. Aug. 8, 2014).

③ David Streitfeld, “Court Rejects Deal on Hiring in Silicon Valley,” *New York Times*, August 8, 2014.

剧的差异。2014 年年初，旧金山意外爆发了一场愤怒的示威游行来抗议那些大巴，它们每天载送员工到神奇的谷歌、苹果、雅虎和其他公司“营地”——但据说经常非法占用城市公交车站。[①]以一种安抚的姿态，谷歌发起了一项“海湾区冲击挑战赛”(Bay Area Impact Challenge)，邀请本地的非营利组织为更好地提高社区生活，对创意方案进行竞赛。由社区通过两个星期的公共投票选举，对选出的所有优胜者共发放 500 万美元的奖金，而对前四名获胜者每人发放 50 万美元奖金。值得注意的是，这种姿态模仿了经典的民主程序，是公共工程支出和选举生效的惯用程序（从 5 月 22 日至 6 月 2 日共有 191 504 份投票），区别之处是它缺乏传统的民主审议的“外衣”，比如邀请公民来参加听证会或其他积极行动。

谷歌作为数据的收集者，当和政府当局达成合作关系时，更加不像是一个私人实体。它曾经参与到执法的某个领域中，对 Gmail 用户的电子邮箱经常进行扫描，以发现儿童色情的证据和违法的证据。“全国失踪和受虐儿童中心”（The National Center for Missing and Exploited Children）建立了一个数字化的数据库，并存储了一些加密的失踪或受害儿童的图像。如果 Gmail 邮件中发现了里面的一个面孔，谷歌 170
就会把数据报告给当局。2014 年 8 月，得克萨斯警方正是收到了这样的信息，才搜查了一个餐厅员工的电子设备，这个人曾经因为性侵犯罪被判处 20 年徒刑。搜查到的色情材料和相关信息让这个人被逮捕。虽然人们认为搜寻潜在的虐童者没有什么不可以，但是观察员认为谷歌用来侦察儿童色情的同一类技术，也可以用来获取其他信息，这可能导致谷歌走向不正当的下坡路，在事实上成为政府的监管之眼，管控一些政府不该监管的事情。

谷歌和其他高科技公司对棱镜项目（PRISM，政府的秘密电子监视程序）的参与程度，也引起了公众的恐慌。斯诺登泄密案显示出美国国家安全局与英国的主要情报机构合作，针对美国人和外国人的电子通信模式，收集了大量的日常信息。这些“元数据”有很大一部分是通话记录，包括呼叫者和接收者的号码，以及呼叫持续时间。美国国家安全局扫描的数据中，还包括一些电子邮件、照片、音视频聊天和其他文件。从法律上来说，PRISM 项目是在 1978 年的《外国情报监听法》

---

① David Streitfeld and Maria Wollan, “Tech Rides Are Focus of Hostility in Bay Area,” *New York Times*, January 31, 2014.

(FISA)管辖下运作的。除非是特殊情况（如监测持续时间不到一年），美国国家安全局一般都需要外国情报监视法院（Foreign Intelligence Surveillance Court，FISC）的授权令。外国情报监视法院的七名法官，完全由美国首席大法官任命，尽管法院的实际决定是秘密进行的，但它们几乎没有拒绝过国家安全局的请求。

格林沃尔德和麦卡斯基尔（Mac Askill）基于斯诺登泄密的文件，在《卫报》上
171 发表的第一篇文章中指出，国家安全局能够直接进入谷歌、脸谱网、苹果、雅虎和其他几个网络公司的中央服务器。[①]但谷歌和其他技术巨头断然否认，称国家安全局不能直接或间接访问其数据系统，公司只在经过彻底的内部审查之后，才会提供一些单项的个体信息。2014 年 9 月，雅虎拒绝外国情报监视法院的授权令。上诉法院公布的一些文件显示，2008 年美国政府威胁雅虎，如果它们拒绝交付棱镜项目下的通信数据，就会每天被罚款 25 万美元。[②]雅虎抗议并质疑，要求大量电子数据是否具有法律的合宪性，但这种抗议在外国情报监视法院那里已经失败。

简单来说，2016 年的冬天将会再次出现测试案例，它可能会引发技术行业的巨头来对抗美国。联邦调查局（FBI）要求苹果公司解锁恐怖分子中一个枪手的 iphone 手机，因为他在圣诞节前，在加利福尼亚的圣伯纳迪诺的一个办公室派对中作案，杀害了 14 名同事。苹果公司拒绝了，部分是因为这种强迫它们写软件的行为违反了它们在《美国宪法第一修正案》中的权利；部分是因为满足政府的要求将打破公司的密码保护制度，使所有的 iPhone 用户成为潜在的攻击对象。[③]当与 FBI 的会谈僵持时，苹果公司 CEO 蒂姆·库克（Tim Cook）把公司的情况公布给了美国公众，在 2016 年 2 月 16 日的声明中宣布，“联邦调查局可能会用其他词来描述这个工具，但可以肯定的是，创建一个可以绕过安全检查的 iOS 版本，无疑是开了个后门。也许政府会说只是针对案例中的一个手机使用，但是没有人可以确保能够控制这种情况。”[④]几周

① Glenn Greenwald and Ewan MacAskill, “NSA Prism Program Taps in to User Data of Apple, Google and Others,” *Guardian*, June 6, 2013.

② Craig Timberg, “U.S. Threatened Massive Fine to Force Yahoo to Release Data,” *Washington Post*, September 11, 2014.

③ “Breaking Down Apple’s iPhone Fight With the U.S. Government,” *New York Times*, March 21, 2016, http://www.nytimes.com/interactive/2016/03/03/technology/apple-iphone-fbi-fight-explained.html.

④ Tim Cook, “A Message to Our Customers,” February 16, 2016, http://www.apple.com/customer-letter/.

后，司法部宣布它发现了一个秘密的方式，在没有苹果的帮助下，也能破解匪徒的电话，这场一触即发的法律恶战马上消融了。这起案件不仅凸显了关于数据安全巨 172
大的无解的技术问题，而且更重要的是，它提出了在数字时代，当电子设备也成为“人们解剖学的一部分”（借用罗伯茨法官的话来说）时，公民是否能够信赖政府的保护或私人行业的保护问题。

6.5　世界中的美国

斯诺登泄密案后的连带效应中，最具有分裂作用的是披露出美国情报局对德国默克尔总理的电话监听事件。在世界历史亟须西方国家具有统一目标时，它在美国和德国这两个传统上关系紧密的盟友之间楔入了不信任的因素。该报告泄露大约一年后，默克尔总理在一次国事访问中提醒奥巴马总统，两个国家的有些理念区别很大，如在把握安全和隐私的“平衡比例”上。[①] 这就似乎是说，美国对欧洲国家最有影响力的领导的监听，也是在跨国关系中埋藏了一条不和谐的脉搏，不同国家对电子时代的伦理标准和可行性行为有不同的看法。

据说，欧洲人由于他们在第二次世界大战期间的法西斯主义和社会主义的经验，通常比美国公民更加关心隐私权。在美国华盛顿特区的大屠杀纪念馆（Holocaust Memorial Museum）中，大家第一眼看见的展览品，就是霍尔瑞斯（Hollerith）机器。它是现代计算机的前身，1939 年曾经用来普查德国的人口，第一次记录了公民的种族以及其他个人信息。有人会反驳说，美国人更关心的是安全问题，尤其是在经历“9 · 11 事件”之后。对于这种概括，我们接受时需要谨慎，实质性的政策分歧更加 173
能说明大西洋两岸的国家是如何看待它们和数字化公民之间的关系的。

自 20 世纪 90 年代以来，欧盟已采取措施，以创建一个能为成员国的所有人提供个人数据保护的统一框架。1995 年的《数据保护法令》（Data Protection Directive）确立了“数据主体”所拥有的一系列权利，以抵抗公共或私人的“数据控制者”。数据主体是自然人（即人类），可通过一系列身体、心理、经济、文化或特定的指征来对其加以识别。该法令规定数据主体有权利在未征求本人同意的情

① Landler, “Merkel Signals That Tension Persists over U.S. Spying.”

况下，默认拒绝任何人对他或她的数据进行收集或加工。但一些特殊情况除外，例如为了主体的自身保护或一些公共功能，如税收。自 2012 年以来，欧盟一直在试图替换目前的指令，代之以国家的实施系统来弥补，以便能在整个欧盟内作为法律进行单一管理。在为企业简化数据保护步骤的同时，新法律也在加强为个人服务的隐私规定，如对数据收集或加工应遵从“事先明示同意”的原则，以及明确的“被遗忘的权利”。

2014 年 5 月，针对后一项“被遗忘的权利”，欧盟法院率先进行了解决。[1] 2010 年，西班牙律师马里奥·格斯蒂亚·冈萨雷斯（Mario Costeja González）向西班牙的数据保护机构投诉称，用谷歌搜索其名字会显示一条链接，内容是 1998 年一篇两页长的大型西班牙报纸的报道，报道他之前因为没有偿还社会保障的债务，被迫销售房屋。格斯蒂亚认为这些页面已经不再相关，要求更改或隐藏它们，谷歌和其西班牙子公司应删除链接。格斯蒂亚的要求经过评审之后，法院裁定即使是之前合法收集存储的数据，也可能随时间变得与数据保护指令不兼容，成为“不充分的数据、
174 无关的数据或不再相关的数据”。法院还指出，删除数据的权利也不是绝对的，而是在数据主体的权利和公众兴趣之间取得一个“相对的平衡”。

这项裁决的波及面目前尚不清楚，但是在随后几个月内明显显示出，这个过程可能会成为谷歌和其他大数据控制器的沉重负担。谷歌宣布，它会对涌入的数万条申请进行审查，看是否符合法院的裁决标准。但这需要仔细审查这些数据的性质，看看它们是否真的过时或不相关，并决定公众对信息是否有访问兴趣。例如，一些公众人物或试图获得政府职位的人的旧信息，可能就是相关的；而那些绝对是纯粹的私人信息则被认为是过时的，如格斯蒂亚十几年前的坏账。

能够控制数字自我的深远过去，是数据保护中一项重要的新原则，时间将会告诉我们这个原则是否有效。然而欧盟和美国的政策分歧，比如对这种“被遗忘的权利”的分歧，会带来什么样的经济和社会影响呢？这并不是一个假设性问题。两方对政策的反应说明存在相当大的意见分歧。哈佛大学的法律教授乔纳森·齐

---

① *Google Spain SL*, *Google Inc. v. Agencia Española de Protección de Datos (AEPD)*, *Mario Costeja González*, Case C-131/12, May 13, 2014, press release no, 70/14, at http://curia.europa.eu/jcms/upload/docs/application/pdf/2014-05/cp140070en.pdf.

特林（Jonathan Zittrain），在《纽约时报》上评论道，“我认为对这样一个很现实的问题，这种解决方案是很糟糕的。”而维克托 · 迈尔 · 舍恩伯格（Viktor Mayer-Schönberger），这位牛津大学的互联网监管学教授则认为裁定只是进一步肯定了现有的法律，并欢迎这种让我们回到“数字化时代之前的那种短暂性、瞬时性的可遗忘的生活”[1]。

就目前来说，以农业生物技术为例（见第 4 章），大西洋两岸的国家构成了两方意见不同的强大政治区域和经济实体，对管理理念和管理制度都存在严重分歧，每 175
一方都是基于自己长期以来对国家、市场和个人之间良性关系的理解。美国缺乏保护数据隐私的主要法规，缺乏像欧盟指令或拟议法规那样的法令。美国用《医疗保险可携性和责任法案》（HIPAA）及修订方案，以国家级的高标准保护着医疗记录，而对收集和处理关于消费者偏好的数据，或者自愿上传的个人信息，几乎没有保护。这种情况反映了美国强调行业自律的倾向，国家法律只在它们上升为政治事件后，才开始着手补漏洞，国家主要关注健康、医疗保健及医疗保险被拒的相关事务中的隐私权问题。

6.6　生活在前沿

电子边界的扩张已经改变了我们在这个世界上的生活方式。那种古老仪式感的生活方式已经一去不复返了，我们不再写圣诞贺卡、邮寄信件、阅读书籍，也不再对不断增长的人口做人口普查。尤其是对美国千禧一代来说，凡是交易中需要纸张的事情，似乎都是 20 世纪的感觉，是过去时代的丑陋遗物。即便是电话中传来的人的声音，也已经有点过时了，因为人们在脸谱网上“说话”或发信息和推文来与朋友保持联系。把遥远的朋友一下子拉近了，但同时传统的集会场所，如邮局、小区的书店、图书馆，甚至是当地的购物中心，却在慢慢地死亡，不再受到人们的青睐。加州的那个神话般的硅谷吸引着年轻的企业家们，他们渴望开采这片似乎无限的数字空间中所蕴藏的财富。

① David Streitfeld, “European Court Lets Users Erase Records on Web,” *New York Times*, May 13, 2014.

176 这些动荡下面掩藏的副产品，让每个接触互联网的人，都出现了一个改变了的数字自我。在某些方面，对于搜索引擎和社交媒体的老用户们，可以通过他们的数字痕迹来了解他们，这比通过老式的面对面的接触了解得更全面。互联网不但能够记录，可能还会永远存储他们的那些转瞬即逝的念头、休闲照片、日积月累的写作作品、言论、购物历史，以及在某些特殊情况下他们黑暗的、阴暗的或犯罪的冲动。在这个任性的空间中，政府不是唯一的领导，但和最初的炒作相矛盾的是，国家主权仍然是互联网上的一个强大力量。在能力上可以和政府功能平行的是新的数据寡头：谷歌、微软、苹果、亚马逊、脸谱网、推特、雅虎、YouTube 和其他尚且不知但有影响力的数据寡头。它们能“阅读”人们，并且控制人们的行为。

互联网治理是一个被人们公认的需要政策监管的领域，但如果单从价格的视角来看待它，就完全忽视了互联网所造成的巨大的道德困境和法律困境，忽视了对人们使用数字资源时所形成的虚拟身份和活跃主体的监管。立法机关的反应一直很慢，部分是因为害怕阻碍经济发展和技术进步。而法院则喜欢用物理世界的实体进行类比，这具有一定局限性，因而作出的裁决有失公正，并且缺乏通贯性。在这种背景下，欧盟裁决的“被遗忘的权利”，尽管有一些缺陷和实际困难，却被凸显出来，成为引领正确道路的信号塔：探索在 21 世纪“人”的新意义的创造性重塑，也探索作为一个移动的、变化的、痕迹能被追踪的、有观点的数据主体的新权限。

第7章

谁的知识？谁的产权？

人们拥有神圣不可侵犯的法律权利和伦理权利。我们认为，人是一个整体性的 177
概念，拥有尊严，具有保护自己的身体、财产和生活环境的权利，不受任何人的非法攻击或侵犯。在法律和伦理的大框架下，从国家宪法到联合国《世界人权宣言》，都把人们拥有的这种权利视为不可侵犯、不可分割的一部分。在这些方面，人明显和物有所不同，尤其不同于那种可以被占有、被当作财产的物。我们所拥有的物，可以使用或用完、可以出售、可以贸易、可以交换、可以分割、可以赠送、可以毁掉，除了法律明确的禁止行为之外，只要物主愿意，怎样都行。但新的生物技术和信息技术已经混淆了人与财产之间的界限，它事实上是把人的一部分特征以前所未有的方式提炼出来。从我们身体中和自我中提炼出的物质材料处于什么样的地位？诸如基因、语音和交易录音这类东西，是不是物质实体？在本章中我们会讨论这些技术对人的分割和延伸所造成的困境，以及目前应对这些挑战的方式。

7.1 永生的细胞

178 这可能是一个现代的斯芬克斯（Sphinx）*之谜：什么东西貌似已经死亡，却仍然活着？有名字却尚未命名，伤害了一个生命但也拯救了许多生命？这个谜底的答案可以从当代生物实验室发明药物的物理形式中去寻找，其实答案就是人类细胞系——从一个患病的平凡人身体中提取出的细胞群。它可以在适当的条件下永远地活着，为研究提供无限的物质材料，让人们能够研发出一些新药物，可以治愈致死疾病。

正常细胞的生命是有限的，它们也会死亡。但细胞系中的细胞群经历过基因突变，它们能够在人的体外环境中无限分裂下去，真正成为永生细胞。这种相同基因的细胞增殖对于现代生物医学研究来说，是不可或缺的必要工具。它们不但能够自己无限繁殖，而且也可以通过克隆技术成倍增加。科学家们可以使用这种丰富的资源来开展研究，如果缺乏这些材料，很多研究都无法进行。通过对细胞系进行疗法测试，研究人员可以避免拿活人的生命来冒险，因为任何实验类的药物都可能伴有一定的毒理副作用。当然，药物最终需要得到审批，然后用真人进行临床试验，但在初始阶段使用细胞系作为实验对象，可以有效地把不太好的治疗方案和有希望的治疗方案区别开来，而在这个过程中却不会伤及任何人。但问题是谁拥有这些细胞？谁拥有从个人身体中提取的基因信息？谁来决定处理它们的办法？如果发现了成功的治疗方案，谁应该拥有它所带来的利益？

179 2013 年 8 月，国家卫生研究院的院长弗朗西斯 · 柯林斯（Francis Collins）和负责科学、外联和政策的副院长凯西 · 哈德森（Kathy Hudson），两个人一起解决了一个特殊案件中出现的几个基本问题。在《自然》杂志的评论中，哈德森和柯林斯讲述了国家卫生研究院和一个不寻常的非裔美国家庭的协议，这里涉及的是一位五个孩子的母亲，1951 年她死于恶性子宫颈癌，享年 31 岁。① 这位美国女性叫海莉耶塔 · 拉克斯（Henrietta Lacks），在双方签订的协议中允许研究人员获取她的基因组信

① Kathy L. Hudson and Francis S. Collins, "Biospecimen Policy: Family Matters," *Nature* 500 (August 8, 2013): 141–42.

* 传说常叫过路行人猜谜，猜不出者即遭噬食。——译者注

息，这是一种生物医学研究人员长期以来称为 HeLa（宫颈癌）的细胞系。根据这项协议的相关规定，未来的研究人员需要经过她的家人审查之后（签订协议之前并非如此），才能获取拉克斯的基因组数据。HeLa（宫颈癌）细胞系，作为一个无生命的科学工具，以这种方式获得一个经典的人格标记——在未来研究中，使用细胞系中所包含的基因信息时，通过征求在世亲属代表的意见，使细胞系的使用也获得了一项知情同意的权利。

这项协议后面的故事，在医学研究史上具有独特的历史意义。正是下面的这个故事，才促成了这项协议。在戴维 · 莱昂 · 莱利的事件（见第 6 章）中，如果不是斯坦福大学的法律实习小组把他挖出来提到宪法议程中，他可能会完全被人们忽略。而在海莉耶塔 · 拉克斯的事件中，拉克斯也很可能会悄无声息地成为医学史的脚注，不过 21 世纪的一名科学作家，瑞贝卡 · 斯克鲁（Rebecca Skloot）挖掘出了她的事件，并让她的名字重新响亮起来。[①] 斯克鲁第一次听到海莉耶塔这个名字是在 16 岁的时候，她在社区学院的生物课堂上学习细胞分裂时，听到了 HeLa 细胞系。她在攻读本科学位期间，一直对这个女人很好奇，从发表的科学论文上，甚至是她自己的实验室中，到处都在用 HeLa 细胞系。她用十年的时间进行了专注的研究，于 2010 年成功出版的《海莉耶塔 · 拉克斯的一生》一书让她一举成名，这里面描述了一个贫穷的、未受过教育的却异常坚强的黑人女性，她虽然因为癌症而无法治愈，但她的 180
细胞在没有征得她本人或家人的同意下，成为蓬勃发展的生物医学研究领域最有用的工具。据估计，在 60 年的时间里，HeLa 细胞系已经产生了几十亿美元的经济效益，促生了 6 万多篇科学研究论文。[②]

海莉耶塔 · 拉克斯的故事触动了全国人的神经，里面掺杂了种族问题、生命伦理问题、经济不平等、社会不平等，以及一个母亲的不幸早逝。许多人根本不知道一个人死后从身体内提取出的组织可以永生，为科学研究提供服务；也不知道这种使用可能根本不需要征求捐献者的同意或审批。就像斯克鲁指出的那样，人们呼吁这个案件应该解决长久以来的不公正做法，甚至也应该作出一些相关赔偿。毕竟从

① Rebecca Skloot, *The Immortal Life of Henrietta Lacks* (New York: Crown, 2010).

② Arthur Caplan, "NIH Finally Makes Good with Henrietta Lacks' Family—And It's About Time, Ethicist Says," NBC News, August 7, 2013, http://www.nbcnews.com/health/health-news/nih-finally-makes-good-henrietta-lacks-family-its-about-time-f6C10867941.

HeLa 细胞系的研究中，许多人获得大量财富，而海莉耶塔的家人却依然生活贫困，就连基本的医疗服务费用都支付不起。这就引起了故事的另一个转向，由于海莉耶塔的细胞系作为一个完整的基因组，要求对生命作出第三次契约，这让国家卫生研究院不得不采取预防措施。

细胞是一种物质实体。它们可以在器皿中培养，供给以营养；可以暴露到毒素中，让它发光；也可以用现代科学中的高级实验仪器进行拍照或者计数。但是正如我们已知的那样，在基因组医学细胞系的时代，更重要的是获取其中存储的基因信息。每个细胞自然会含有基因组，或者说是完整的基因编码。它包含了所有来自于那个生命实体的基因信息，无论生命实体是一个人、一个细菌或者是一株植物，情况都一样。这种信息可以服务于诊断学，研究基因与机体表现症状的关系。比如，
181 对人类来说，基因组信息不但可以提供一些身体标志或者精神特点，如眼睛的颜色或数学运算的能力，还能够用来预测一个人是不是容易患上某种遗传性疾病。因为基因是从一代传给下一代，因此一个人基因组中包含的基因信息不但是他个人的信息，同时也包含他家人的相关信息。一个女性被诊断出携带 BRCA（乳腺癌易感基因）变异基因，这种基因会导致人们容易患上乳腺癌和卵巢癌，那么她的姐妹、母亲、姨妈都可能携带同样的变异基因，同样容易罹患这些疾病。从这种意义上来说，基因信息从来不是个人单独的事情，它也是整个家庭、亲族、部落甚至整个种族的基因。

2013 年 3 月，欧洲分子生物学实验室（EMBL）的拉尔斯·斯坦梅茨（Lars Steinmetz）科学家团队为 HeLa 细胞系的基因组进行了测序。这个实验室位于海德堡——德国著名的生物医学中心。鉴于 2010 年斯克鲁的书已经提出了财产权和同意权的问题，美国研究人员不太可能再无视围绕 HeLa 细胞系进行的热烈的生命伦理辩论。然而欧洲的斯坦梅茨团队依然对这个问题置若罔闻。他们似乎没有意识到，他们的研究可能会引起争议，仍然在一个网络医学期刊上发表了 HeLa 细胞系的基因测序文章《G3：基因、基因组和遗传学》（G3: Genes，Genomes and Genetics）。拉克斯家族感到很愤怒、很失望，研究者事先并没有咨询过该家族的意见，在斯克鲁的强大支持下，该家族要求马上撤回文章。欧洲分子生物学实验室研究人员很快就遵守了他们的要求，然而华盛顿大学的一个美国团队此时也正准备发表关于 HeLa 基因

组的详细数据。[1]国家卫生研究院院长弗朗西斯·柯林斯发现科学研究受到了严重的威胁，作为研究领域的领导，是时候寻求一个综合的解决方案了。不出所料，他再次援引了那个老掉牙的说法，认为科学比法律和政策走得快："最近这种 HeLa 细胞系的情况，真正地向我们展示出我们的政策落后于科学很多年，也可能是落后几十 182
年，现在是时候追赶了。"[2]当然在实践中，科学家也一直在运用非官方的伦理标准来判断使用人类生命物质时，某些行为方式是否合适，而国家卫生研究院也继续沿用了这种传统做法，只不过这一次更加公开。

海莉耶塔·拉克斯的悲惨生活境况与死亡和 HeLa 细胞系的繁荣繁殖形成了独一无二的鲜明对比。这个事件让人们再一次担忧拥有权和控制的问题，这是由于科学和技术进军到新的利润生产领域所引起的问题。首先，财产权和人权之间的界限应该怎样划分？其次，社会应该奖励哪种发明和发现？如何奖励？什么时候奖励？若有奖励的话，奖励是不是应该在发明者和那些参与新知识生产的人之间进行分配？部分答案属于知识产权的领域——这个法律领域目前是模糊的、技术性的、路线不确定的，和它意欲管辖的技术发明的特征一样。部分答案需要从"财产"的概念演变中去寻找，因为科学和技术现在创造出的实体已经模糊了生物和非生物的界限，模糊了人和非人的界限。

7.2　发明的奖赏

尽管从人类历史之初，各国王和政府都鼓励和奖赏发明者，但现代知识产权的出现一般只能追溯到 15 世纪。在近代历史的早期，就已经出现了一个原则：那些 183
为国家作出有价值发明（后来还包括具有公共价值的发明）的人应该被授予相关成果的专有权——尽管并不是每一次都能得到应有的权利。美利坚合众国的创立者牢牢铭记这个原则，在建国之初就把它写进了《美利坚合众国宪法》。第一条第八款就规定，"国会有权力……保障著作家和发明家对各自著作和发明在限定期限内的专有

① Ewen Callaway, "Deal Done over HeLa Cell Line," *Nature* 500 (August 7, 2013): 132–33, http://www.nature.com/news/deal-done-over-hela-cellline-1.13511, accessed August 2014.

② Quoted in Rebecca Skloot, "The Immortal Life of Henrietta Lacks, the Sequel," *New York Times*, March 23, 2013.

权利，以促进科学和工艺的进步。”为实施这项权力，国会于 1790 年颁发了国家的第一个专利法，但是这项法规实施起来行政手续过于烦琐，随后不久，1793 年就颁布了一个新版本，取代了原来的专利法。

托马斯·杰斐逊（Thomas Jefferson）作为当时的国务卿，还充当了国家第一个专利审查员的角色，他认为对知识产权的垄断是一种令人讨厌的观念。对观念和发明进行独占性控制，不符合他的启蒙运动的意象，他认为知识和思想的自由交流是自由民主的基石。1813 年，在给波士顿磨坊主艾萨克·麦克弗森（Isaac McPherson）的信中，杰斐逊把思想比喻为火焰，可以把光明从一个人传递到另一个人，却不会损失自身的照明：“它的特殊性也在于，不会因为有人拥有了它，而导致其他任何人有些许损失。我把我的观念灌输给他，他从我这里受到了启发，但并没有让我的观念得以减损。就像那些用我的蜡烛点燃自己蜡烛的人，他们自己的光明增加了，但我的也没有减少。”① 用当代的经济术语来说，观念是一种非竞争性的善。多一个人来使用并不会限制或者减少它对其他人的用处。杰斐逊在这封信中还提到，“社会给予他们所获利润的专有权，以鼓励人们追求一些理念”，以期能够对社会有用，然而，一般说来，不加限制的“垄断对社会产生的不是有利影响，而是造成一些尴尬的处境”。

184 除了对垄断的时间进行限制外，本杰明·富兰克林（Benjamin Franklin）几个人还进一步制定了知识产权的相关条款，保证专利带来的收益大于成本。更重要的是，他们还对可以申请专利的东西进行了限制。在 1793 年的《专利法》中，被专门称为“可获专利的物质对象”包括，“任何新的有用的工艺、机器、制造品或物质成分，以及对已知的上述项目的有用的新改进。”② 杰斐逊亲自添加了“物质成分”这个词语，它在之前的美国专利法中是没有出现过的。③ 从定义上说，这个定义排除了自然中存在的物质，因为它们不是人类智慧的产物；也排除了那些已知的事物，因为

① “Thomas Jefferson to Isaac McPherson, 13 August 1813,” Founders Online, National Archives, http://founders.archives.gov/documents/Jefferson/03-06-02-0322.

② 1790 年的法案提供的版本稍长：“任何有用的工艺、产品、引擎、机器或设备，以及任何之前不曾知道或使用过的改进。”

③ Edward C. Walterscheid, “Patents and the Jeffersonian Mythology,” *John Marshall Law Review* 29, no. 1 (1995): 293.

不是新的也没有用处。在他写给麦克弗森的信中，杰斐逊详细解释了不能够取得专利的一些发明，因为它们仅仅是对已经获得专利的东西在应用、材料和形式上稍有改动而已。这种小修改，达不到法律的主要目的，即鼓励和奖赏那些对社会真正具有价值的发明。

目前的专利授予程序和专利竞争程序已经和杰斐逊的时代完全不同。1982 年实施了一项重要的机构改革，成立了联邦巡回上诉法院（CAFC），它是一个专门的机构，由十二位法官来审理所有的专利申请。但是关于申请的可作为专利主题的条款，仍然非常接近 18 世纪的原文，只是用“工序”这个词语替代了原来的“工艺”一词。

> 任何发明或发现新的和有用的工序、机器、制造品或物质成分，或对已知项目的有用新改造，都可以因此而获得专利，但须符合本授权的条件和要求。①

另外，法律还特别要求，发明应该是一种非直接的发明，即发明人不能从自己 185
所熟悉的已有发明中直接推衍出另一个相关领域的新发明。这三个法律关键词——“新的”“有用的”“非直接的”，和那些定义为可作为专利主题的关键词，一直在不断地被重新解读，以适应科学和工业领域的新情况。从民主价值观的视角来看，与生物科技相关的新发展尤其重要。正如海莉耶塔 · 拉克斯的案件所显示的那样，对生命某些方面的专利权，会引发一些伦理问题，如应该如何实现自由科学探索、技术发明的要求，以及与人类生命神圣性、完整性的平衡。

7.3　身体、细胞和自我

美国国家卫生研究院与拉克斯家族的妥协协议，让 HeLa 细胞系既能够在实验室中流通，又能够控制谁可以获取这些细胞的信息内容，这种协议是在独特的环境下达成的。它再一次显示出生物医学领域中的统治模式和歧视模式，这是国家顶尖科学家希望能够一劳永逸、抛诸脑后的问题。美国国家卫生研究院下定决心要把这个案件的解决作为对伦理学的回应，而不是商业性的回应。尽管有些家族成员提出了

① 35 U.S. Code § 101 – Inventions patentable.

赔偿的解决方法，但是金钱并不能改变国家卫生研究院对拉克斯案件的立场。不过所有人都同意拉克斯案件应该作为特殊情况，它本身不具有普遍性。确实，正如国家卫生研究院的副院长哈德森强调的一样，“后面不会有类似案件了”。①

因此，HeLa 细胞系的解决方案并不能对第 5 章中广泛的问题提供一个可供参考
186 的答案。我们仍然不清楚，谁应该拥有提取出来的生物物质？使用这些生物物质衍生出的医疗药品，谁应该享有它的收益？各种各样的医疗程序能够从病人的身体中，如血液、尿液、唾液或手术切除的组织中提取到细胞和组织。美国的生物信息库中储藏着千百万个这样的生物标本，它们有些是早在基因分析出现之前就已经收集的，那时的生物学与数据、信息的边界尚未消失。关于所有权也有一些早期的边界探测问题，但这些零碎的个案都一一在州法院解决了，也没有形成统一的相关公共政策。因此，直到现在，我们仍然不清楚法律应该如何监管那些从人类生物样本中提取出的信息，以及产权应该如何处理。

20 世纪 70 年代，在加利福尼亚就出现了这样一个早期检测案例。1976 年，约翰 · 摩尔（John Moore），一个西雅图的商人，时年 31 岁，当时他前往加利福尼亚大学洛杉矶分校（UCLA）去治疗毛细胞白血病。这是一种罕见的癌症，导致他的脾脏肿大，几乎要了他的命。当时戴维 · 戈尔德（David Golde）博士领导的洛杉矶分校的医疗团队对他实施了脾脏摘除手术，挽救了他的生命。但摩尔不知道的是，医生们对从他身体上摘除的组织继续进行研究，最终研究出了 Mo 细胞系，并申请了专利。在接下来的 7 年里，摩尔经常回到洛杉矶分校，以进行定期检查。当有一次洛杉矶分校的研究员们突然要求他签署一项协议，表明自愿放弃从他的病理组织中所提取出的所有物质时，这引起了他的怀疑。直到这时他才明白洛杉矶分校研究员基于 Mo 细胞系和其他一些专利获得了商业利益。②摩尔最后起诉了这个大学和这些医生们，理由也是前所未有的，指控它们移除自己病变的脾脏并进行研究，指控它们偷取了自己的财产。

187 没有人要求加利福尼亚法院去思考“摩尔起诉案”背后的那些深层道德意义。我们的身体和自我之间，到底是什么关系？我们的身体是不是我们的物质财产？我

① Callaway, “Deal Done over HeLa Cell Line.”

② Rebecca Skloot, “Taking the Least of You,” *New York Times*, April 16, 2006.

们是不是可以完全控制身体组织的所有变迁？或者，我们就是一种自动的媒介，只有权利同意一些身体的侵犯，如医疗手术等，而无权指示如何处理那些切除了的组织或残余的组织？1990 年加利福尼亚最高法院判定表明，从通常意义上来说，约翰·摩尔并不拥有他的那些癌变细胞，医生们切除之后，在生物医学研究中的使用并没有违反法律。[①]戈尔德医生和大学犯的错误在于，没有提前明示他们的商业意图，也未提前争取摩尔的同意，就把他作为了事实上的研究对象。经过长达 7 年的诉讼，摩尔最终获得了象征性的补偿，这是为惩罚学校和医生的疏忽。在接下来的 20 年里，他一直积极致力于维护病患的权利，一直工作到 2001 年，因为癌症病发而去世，享年 56 岁。

华盛顿大学位于密苏里州的圣路易斯，在这里发生了另一个类似个案。事件发生在 20 世纪 80 年代，它模糊了几个概念的界限，如个人自主性、身体完整性、医患关系以及有商业收益的发明。[②]威廉·加泰罗纳（William Catalona）博士是一名著名的前列腺外科医生，也是华盛顿大学的一名老员工，多年来他已经治疗了成千上万的病人。病人们也都同意参与他所承担的一项研究，允许他出于研究目的，储存他们的组织样本。2001 年，加泰罗纳向一家生物技术公司提供了一些样品，并让它们帮助评估前列腺癌的基因检测。华盛顿大学的技术管理办公室听到这个计划，嗅到了里面的财富气息，试图与他达成协议，从而为大学带来更多的经济利益。加泰罗纳可能是不满大学对自己的干预，2003 年他决定离开华盛顿大学，准备跳槽到西 188
北大学（Northwestern University），并着手筹划带走一部分他收集的病理组织。他写了一封信，发送给了大约 6 万名的研究参与者，要求他们签署一项授权协议书，其中的内容如下：

> 我自愿把组织和 / 或血液样本捐赠给威廉·加泰罗纳博士，供他研究使用。请将我的所有样本全部转移给西北大学的加泰罗纳博士。我已将这些样品委托给加泰罗纳博士，仅供他授权同意或指导的研究项目使用。

① *Moore v. Regents of the University of California*, 51 Cal. 3d 120 (1990).

② "Who Owns Your Body? The Catalona Case: Patients Lose Lawsuit to Claim Their Tissues," http://www.whoownsyourbody.org/catalona.html.

加泰罗纳收到了6万份授权书，但这一次大学又介入了，用起诉的方式来阻止他移走这些储存的样本，阻止他把样本占为己有。

经过约5年的法律争战，联邦第八巡回法院（Federal Court of Appeals for the Eighth Circuit）最终裁决，华盛顿大学胜诉。[①]在法院看来，这里面的主要问题涉及的是那些已经把他们的生物样品捐赠给研究机构的人，是不是还有权利将所有权转让给第三方。法院认为，他们没有这个权利。在他们参与研究之初，他们已经签署了同意书，法院认为这意味着参与者已经自愿捐给了华盛顿大学。他们现在仅存的权利就是撤销之前的同意书，禁止进一步的研究，或者是销毁样本。将样本重新捐赠给加泰罗纳博士，不在他们的权限范围之内。

和其他国家不同的是，美国并没有针对生物样本专门颁布综合性的全国法律。[②]然而，一系列法院裁决显示出，对于组织的拥有权问题，美国普遍倾向优先发展那
189 些能够发现新药物和具有商业利益的研究，把它们的价值置于保护生物样本的个体利益之上。尽管在美国一个州的法律决策对另一个州的人并没有形式上的法律约束作用，但是摩尔案件实际上影响了联邦第八巡回法院对加泰罗纳案件的裁决。摩尔案件、加泰罗纳案件和其他一些相关的个案都显示出，研究的参与者对自己的生物样本根本没有什么权利，更不用说享有衍生的生物信息和产品利益了。从患病机体中得到的组织材料，就仅仅是一种物质，而且是一种不受个体病患控制的物质。下面我们会看到，这种划界方式实质上来源于那种唯恐阻止技术进步的担忧——这种担忧也隐藏在对生物学和知识产权的司法裁决之中，尽管法院在把人类自我转化为有价商品时试图压制一些太过分的做法。

7.4 为专利而重新发明生命

专利法的早期制定者们，在将可作为专利主题的事物定义为“任何新的有用的工艺、机器、制造品或物质成分”的时候，他们心中到底想的是什么物质？他们列

---

① *Washington University v. Catalona*, 490 F.3d 667 (8th Cir. 2007).

② Lisa C. Edwards, “Tissue Tug-of-War: A Comparison of International and U.S. Perspectives on the Regulation of Human Tissue Banks,” *Vanderbilt Journal of Transnational Law* 41 (2008): 639–75.

举的例子，可以让我们管窥一斑。在写给麦克弗森的信中，托马斯·杰斐逊用一些最常见的事物——帽子、鞋子、梳子、水桶、铣削和农业用具——说明了他的论点，这些都是实用性工具，也都是完全无生命的东西。法律颁布后的头几年所授予的专利项目也可以参考着来理解什么才算是合适的可作为专利主题的事物。美国的第一项专利于 1790 年 7 月 31 日发给塞缪尔·霍普金斯（Samuel Hopkins），因为他发明了一个用来制造钾工业化合物——碳酸钾和珍珠灰的新装置和方法。实施专利法的 190
第一年，还授予了另两项发明。一项授予了制造蜡烛的新方法；另一项则授予了奥利弗·伊文思（Oliver Evans），他是一个多产的发明家，和艾萨克·麦克弗森曾经竞争过自动面粉研磨机的发明。毫无疑问，这些对象和过程都是可以授予专利的；它们的效用也是无可置疑的。需要评估的是它们是否具有创新性。因此，可以推知，早期的专利系统主要关注在评估这些专利申请是否具有创新性时所产生的成本和延误，这可能会让发明者感到不堪重负，无法忍受。

到 1975 年时，工业生产就已经超越了传统机械、化工、钢铁等日用物件，开始囊括有生命的生物实体。对自然的设计成为许多人眼中第二次工业革命的核心，最终迎来了纳米技术、认知科学和信息技术的进步。各种有价值的新商品诞生了，也再一次延伸了旧有的专利概念：什么物质可以当作一般财产，可以作为专利的主题。法律也出面判决了一些有争议的问题，但是新的问题仍层出不穷，因为发明人的专利申请不断与深层次的文化期望相抵触，人们认为生命中的某些方面不应该成为私人可拥有的财产。

7.4.1　生命的专利

20 世纪 70 年代初，美国生物化学家阿南达·查克拉巴蒂（Ananda M. Chakrabarty），出生在印度西孟加拉邦并在印度接受教育，后来来到纽约的斯克内克塔迪，就职于通用电气（GE）研究中心。在那里他开始致力于设计一种细菌，使它能够分解石油中的烃混合物。查克拉巴蒂发现能够降解石油的基因并不存在于细菌的染色体中，而是存在于一种叫作质粒的 DNA 环中，它可以在生物体之间转移。191
通过对细菌质粒的修补，他最终取得了进展。后来，查克拉巴蒂制造出了一种能够降解石油的假单胞菌新品种，它含有四种现有细菌菌株的质粒，通过 DNA 的融合，可将几个质粒转移到同一细胞。

当通用电气的领导们获悉了他的成就后，他们建议查克拉巴蒂去申请专利。这是工业研究实验室中很常见的事情，即便细菌并不在通用电气的常规生产线之内。查克拉巴蒂对历史学家丹尼尔·凯维勒斯（Daniel Kevles）说，通用电气如果是一家制药公司，可能会在申请活生物体专利时犹豫，它们会考虑自然产品的规避问题，即在大自然中发现的物质是不可以授予专利权的。但是通用电气的专利律师里奥·莫劳西（ELeo I. MaLossi）承担了这项申请任务，“过去通常申请的专利项目都是像冰箱、塑料制品、喷气发动机和核能发电厂之类的东西，但是我认为如果你发明了有用的新东西，你就应该获得专利，保护任何可以合法获取的权利。”① 莫劳西冲锋陷阵，他不得不说服美国专利和商标办公室（USPTO），最后还要说服法院，证明它符合专利法的目的，证明人造细菌与通用电气的其他所有发明项目没有实质差异，和通用的有用机器没有什么区别。

查克拉巴蒂的专利申请宛如坐云霄飞车般起起伏伏，充满了不确定性，直到1980年案件转移到了最高法院。美国专利和商标办公室最初否决了他的申请，理由是根据现行法律，不可以赋予生物体专利权。该案件随即上诉到海关和专利申请法院（Court of Customs and Patent Appeals），它是现在联邦巡回法院的前身。在这里分别举行了两次听证会，一次是在最高法院作出决定之前；一次是在之后。在这两次
192 听证会中，上诉法院都同意撤销美国专利和商标办公室的裁决，应该授予查克拉巴蒂专利权。随后，美国专利和商标办公室不服，上诉到最高法院，最终最高法院的法官以 5 ∶ 4 的票数决定授予查克拉巴蒂专利权，认为法律中没有任何禁止授予他专利的规定。法院的大多数人都认为，生物与非生物的区别不影响“戴蒙德诉查克拉巴蒂”（Diamond v. Chakrabarty）② 案中发明者对自己产品的专利申请。法院引用了1952年的国会报告，这基本是对专利申请对象的条款进行了无限的延伸：专利可以授予“世界上人类发明的任何东西”。

大多数人不愿意把“可作为专利的主题”限制在非生物的范畴，也因为“法院

① Daniel J. Kevles, “Ananda Chakrabarty Wins a Patent: Biotechnology, Law, and Society,” *Historical Studies in the Physical and Biological Sciences* 25, pt. 1 (1994): 111–35.

② *Diamond v. Chakrabarty*, 447 U.S. 303 (1980).

之友”(amici curiae)* 简报中的论证强烈支持这种观点。其中特别有影响力的一份“法院之友”简报是由基因泰克（Genentech）公司提供的，该公司是由赫伯特·博耶（Herbert Boyer）创办的新兴生物科技公司，博耶是基因剪接技术或DNA重组技术的发明者之一。基因泰克公司投资的科研项目在1978年生产了第一批实验室制造出的人胰岛素。科学家使用rDNA技术，把生产胰岛素的基因合成并插入到大肠杆菌中，成为制造胰岛素的“活工厂”。这种方法可以取代之前从牛和猪的胰腺中提取胰岛素的传统方法。转换后的方法有望降低胰岛素的价格，并提高胰岛素的供应量。

基因泰克公司提供给最高法院的简报，试图淡化查克拉巴蒂研制的细菌与其他神圣生命之间的相似性，它们认为那些生命才是法律应依法保护的。该公司论证说，申请专利的细菌实际上并不是一个生物实体，而是细菌体内的一些质粒，是无生命的DNA环。质粒是一些“无生命的化学物质”，而这恰恰涵盖在专利申请定义“物质成分”一词中。此外，基因泰克公司还指出美国专利和商标办公室似乎非常愿意 193
批准质粒和稻草的混合物。而细菌内的质粒为何要区别对待呢？该简报非常巧妙地提出了这样一个问题：“难道这是说国会愿意批准‘无生命的稻草之内的生物体’的专利，而拒绝‘微生物体内无生命的化学物质’的专利？我们划分的这些‘可作为专利的主题’的界限是否有些荒谬？”[①]

这种诉诸常识的做法和当前的司法决策文化结合得很好。普通法（common law，也译作习惯法）法官习惯于听取多数人的意见，他们不喜欢用自己的司法权威去预料或干涉那遥远的猜测性未来。[②] 在法院看来，立法者更加适合发挥那种远景预见性的决策功能。而法律则是参照先例，根据以往的经验来判断，并且主要防范的是未来那些可预见的即时伤害。因此，对于查克拉巴蒂案件，大多数人认为基因泰克公

① Brief on Behalf of Genentech, Inc., *Amicus Curiae*, Supreme Court of the United States, October Term, 1979, No. 79-136, p. 16. Sheila Jasanoff, “Taking Life: Private Rights in Public Nature,” in Kaushik Sunder Rajan, ed., *Lively Capital: Biotechnologies, Ethics, and Governance in Global Markets* (Durham, NC: Duke University Press, 2012), pp. 155–83.

② Sheila Jasanoff, *Science at the Bar: Law, Science, and Technology in America* (Cambridge, MA: Harvard University Press, 1995), pp. 36–39.

* “法院之友”是中立的第三方，自愿或应诉讼双方任何一方的请求，提供相关资讯与法律解释的法律文书给法院，以协助诉讼。——译者注

司的论证更加具有说服力，远胜于那些遥远的、反乌托邦的忧虑。并且在他们看来，这是杰里米·里夫金（Jeremy Rifkin）煽动之下的政治运动，里夫金是20世纪最直言不讳的批评家，他反对基因工程不加限制的发展。里夫金的组织——人民商业委员会（PBC）在它的“法院之友”简报中警告说，对任何生命形式批准专利，都将会不可避免地导致更广泛的生命商业化：“如果专利可以授予微生物，那就意味着在科学或法律上，现在所有关于‘生命’的定义都是不可行的，这将无法阻止专利申请进一步延伸到更高级的生命形式上。”[①]法院拒绝接受这种滑坡理论*，坚持认为法院的首要职责是出于狭隘的单一的目的，即“一个活的、人造的微生物是否可以根据《美国法典》第35编第101节的专利法，成为一个可获专利的物质对象。”

现在随着事件的逐步清晰，我们可以看出里夫金的立场在很多方面都有先见之明。正如人民商业委员会预测的那样，查克拉巴蒂案打开了为更高级生命形式授予
194 专利的大门。一旦生命和非生命之间的界限变得无关紧要，我们就没有理由拒绝对牡蛎、小鼠或更大的哺乳动物的专利申请。当然，美国专利商标局向前推进时是非常谨慎的。直到1988年，才授予一个肿瘤鼠（Oncomouse）专利，它是哈佛大学研究人员用基因工程研发的实验室老鼠，具有易发癌症的特点，因此对于测试癌症类药物具有巨大的潜在价值。为了回应公众的抗议，以及害怕国会的不利措施，政府自愿采取了一项五年动物专利申请禁令，直到1993年才恢复。[②]从那时起，美国就不断地批准了数以百计的转基因动物专利，然而并不是所有国家都跟风美国，也没有任何国家像美国这样毫无节制地热衷于此。

欧洲专利局（EPO）也允许授予动物专利，但受到欧洲法律中的专利限制，即专利不应该违背“ordre public”，这是一个法国术语，字面意思是“公共秩序”，但在专利语境中通常翻译为“道德”[③]。道德条款要求欧洲专利局来评价申请专利的发明

① Brief on Behalf of the Peoples Business Commission, Amicus Curiae, Supreme Court of the United States, October Term, 1979, No. 79-136, p. 5.

② Edmund L. Andrews, “U.S. Resumes Granting Patents on Genetically Altered Animals,” *New York Times*, February 3, 1993.

③ 欧洲议会和欧盟理事会于1998年6月6日颁布的98/44/EC号法令，对生物技术发明的法律保护作出了规定。条款6.1规定，“对一些发明不可以授予专利，因为对它们的商业开发可能会侵犯‘ordre public’或公共美德。”

* 指一旦开始便难以阻止或驾驭一系列更糟的结果。——译者注

所带来的好处是否能够抵消它所带来的负面影响，如动物遭受的痛苦、对环境的不利影响或导致的公众道德焦虑。这种道德的权衡体现在欧洲专利局曾经处理过的两项申请，一个申请获得批准，一个申请被拒绝。欧洲专利局批准的申请是哈佛大学的肿瘤鼠，经过反复的评估，在 2004 年给予批准，但同时也限制这项专利只应用在老鼠身上，不能用于其他任何动物身上。另一个申请是普强公司（Upjohn Company）生产的无毛老鼠，它可以用来测试头发修复类药物和促羊毛生长药物。相对而言，欧洲专利局认为肿瘤鼠具有潜在的医疗价值，而无毛老鼠并没有很大的好处，其好处也无法抵消老鼠的痛苦，因此它们拒绝授予无毛老鼠专利。

2002 年，加拿大最高法院采取了另一种路径，拒绝授予哈佛大学肿瘤鼠专利， 195
并同时裁定对所有高等生命形式都拒绝授予专利。这项裁决相当有趣，因为加拿大和美国在定义“可作为专利的主题”时，基本上用的是一样的语句（加拿大的定义中只是多保留了“工艺”一词，其他如“工序、机器、制造品或物质成分”都一样）。然而，加拿大最高法院的大多数人却拒绝美国人的观点，认为不应该把动物简单看作是另一种形态的“物质成分”。法院总结说，一只老鼠，即便是一只肿瘤鼠，也是具有自己的品质和特征的，这让它超越了它的基因组分。根据这种观点，动物并不仅仅是简单的基因工程的脚本，并不是基因泰克公司定义的“无生命的化学物质”。相反，“肿瘤鼠易患癌症，对人类有用的这个事实，并不意味着这个老鼠以及其他的动物，可以被看作是只具有基因组分的特征。”①

加拿大最高法院并没有区分什么是可以授予专利的低等生物，什么是不可以授予专利的高等动物。它们没有这样的分界标准。我们仅仅知道，在加拿大，细菌是可以获得专利的，而老鼠则是不可以的。即便是在美国的宽松政策之下，人类也是绝对被排除在专利授予的范畴之外，但排除的程度如何还是一个未知数。随着生物研究制造出新的人与动物的杂合体或嵌合体（chimeras），把人类的部分干细胞插入到动物体内，如啮齿动物，这个问题可能会变得更加严重。1997 年，杰里米 · 里夫金与纽约医学院的发育生物学家斯图尔特 · 纽曼（Stuart Newman）一起合作，敦促美国专利商标局制定嵌合体可申请专利的明确界限。他们为一个假设中的杂交体申请专利，这是一个基于多种方法创造出的人和猩猩的杂交体——简称猩猩人（humanzee）。② 美国专利商标 196

① *President and Fellows of Harvard College v. Canada (Commissioner of Patents)* 2002 SCC 76, para. 163.

② William Safire, “Language: Centaurs, Chimeras, and Humanzees,” *New York Times*, May 23, 2005.

局在 1999 年拒绝了这项申请，2005 年再次拒绝，但这一次有了法律依据。2004 年，国会增加了一项拨款法案的修正案，禁止用联邦资金“为指向或包含人类有机体的申请颁发专利”。尽管“指向或包含”（directed to or encompassing）一词的确切含义仍不清楚，但美国专利商标局说，纽曼描述的猩猩人和人足够接近，因此属于国会的禁止范围。[①]

7.4.2 基因回溯

我们已经知道，专利法中的固有原则是，自然中存在的事物不可以申请专利。这个逻辑认为，发现自然中本来就有的事物算不上发明，也不应该让发现者获得拥有它的特殊权利。另外，发现一棵之前没有记载过的树木或一种新型的宝石，并不意味着应该授予发现者拥有所有这类树木或宝石的权利。然而，生物技术却一再挑战这一原则的底线，因为随着技术的发展，人们可以对自然中的混合物体的杂合形式进行提炼或者净化，也可以将很基本的材料合成为复杂的实体。毫无疑问，这种合成或者纯化过程是具有专利价值的。发明者和新兴公司也认为，分离出的 DNA 环，能够生产珍贵的蛋白质，因此不是“自然的产品”，也应该授以专利。为支持这一观点，法院和公司援引了 1911 年的一项裁决，它是德高望重的勒恩德 · 汉德（Learned Hand）法官作出的，他授予了一项从动物腺体中纯化出肾上腺素的专利。[②] 20 世纪 90 年代初，美国专利商标局已经常规化地为 DNA 序列（包括人类基因）的
197 分离和合成颁发专利。生物技术公司从这些专利中获得了巨大的利益，它们基于分离出的基因，拥有独家测试诊断类药物和其他产品的优势。基本没有人去试想过让政策的时钟倒流。

美国公民自由联盟（ACLU）的塔尼亚 · 西蒙切利（Tania Simoncelli）却有不同的看法。就像通用电气的专利律师莫劳西一样，在制药公司所害怕涉猎的专利领域中勇往直前，西蒙切利也是这样。她并没有接受过正规的法律培训，但这也让她不受法律固化的观念所束缚。她是 2003 年在纽约加入的美国公民自由联盟，是该组织的第一位科学顾问。西蒙切利对于自己出任的这个新职位（尽管这个职位的界定并

---

① Stephen R. Munzer, “Human-Nonhuman Chimeras in Embryonic Stem Cell Research,” *Harvard Journal of Law and Technology* 21 (2007): 123.

② *Parke-Davis & Co. v. H. K. Mulford Co.*, 189 F. 95 (2011).

不清楚）十分胜任，她多年来一直沉浸在公共利益活动中，从在康奈尔大学读本科时就开始了，她还对生物技术领域的相关政策很感兴趣，也相当有能力。她在攻读生物学与社会专业学位时，曾经在我讲授的“科学与法律”这门课上读到过“戴蒙德诉查克拉巴蒂”案，自此以后，她一直对于生物专利化和商业化感到沮丧。她深信授予人类基因专利是错误的，并且只要不受专利法的错综影响，大部分有理智的人都会同意她的观点。在美国公民自由联盟中，她开始检测这种直觉，并组建起强大的联盟，一起对抗那个似乎不可动摇的法律原则。

当时克里斯 · 汉森（Chris Hansen）任美国公民自由联盟的高级法律顾问，当西蒙切利第一次告诉他公司可以对人类基因申请专利时，他几乎不敢相信。他记得自己当时说“这太荒谬了！”“我们应该起诉谁？”[①]然而，答案并不简单。汉森是一名经验丰富的诉讼律师，却不是专利律师。他与西蒙切利合作的诉讼，花了 7 年的时间才到达了胜利的终点。汉森马上察觉的第一个挑战是，需要先确定一个有 198
价值的被告：找到自己要诉讼的那个人。但是要把原告联合起来，得到法院的承认和接纳也不容易，另外找到科学专家来帮助自己建立可信的技术论证也不容易。每一项任务都需要多年的准备和努力，然而在每一个关键步骤上的结果却完全取决于运气。

美国公民自由联盟的团队最终把被告的目标锁定为利亚德基因公司（Myriad Genetics）。它位于犹他州，拥有乳腺癌易感基因（BRCA 基因）的专利权，并从一种商标名叫“BRCA 分析©”（BRCAnalysis©）的癌症基因测试中获得丰厚利润。和其他持有专利的成功者们相比较而言，利亚德基因公司更加冷酷地保护自己的市场。该公司曾经对科学家和诊所采取坚决的抵制行动，因为公司害怕它们建立自己独立的 BRCA 基因测试，侵害公司的市场领地。哈里 · 奥斯特勒（Harry Ostrer）博士就是该公司曾经抵制的一个对象。他是纽约州阿尔伯特 · 爱因斯坦医学院（Albert Einstein College of Medicine）的医学遗传学家。早在 1998 年，利亚德基因公司就向奥斯特勒博士发送了一份它们的专利权收费声明，如果他想在诊所为患者提供乳腺癌诊断测试的话，需要先向该公司缴费。奥斯特勒一直保留着这份声明，数年后，

① Heidi Ledford, “Tania Simoncelli: Gene Patent Foe,” in “365 Days: *Nature's* 10,” *Nature*, December 18, 2013, http://www.nature.comnews/365-days-nature-s-10-1.14367#/Tania.

这就成了一个证据性文件，用于指控利亚德基因公司的专利权阻止了自己对患者实施乳腺癌测试。因为有了这项实质性伤害，奥斯特勒博士也在诸般审查排除之下，真正成为无可置疑的原告。西蒙切利和汉森也组织了来自学术界的重量级的科学支持，最有名的是埃里克·兰德（Eric S. Lander），他是哈佛大学—麻省理工学院联合建立的博德研究所（Broad Institute）的创始主任，也是巴拉克·奥巴马总统科学顾问委员会的联合主席。

尽管许多因素联合起来对美国公民自由联盟很有利，但要想据此推翻长期以来美国专利商标局根深蒂固的政策，在许多人看来是天方夜谭，也是小题大做。因为
199 政策的变动会影响几千件专利产品，严重影响美国蓬勃发展的制药行业。诉讼的结果也一直是一个未知数，它也像查克拉巴蒂案件一样，充满了各种波折起伏。当这个案子后来分给美国纽约南区联邦地区法院的罗伯特·斯威特（Robert W. Sweet）法官时，美国公民自由联盟就迎来了好运气。斯威特法官出生于1922年，在吉米·卡特（Jimmy Carter）总统当政期间被任命为联邦法院的法官。斯威特法官于1991年退休，但仍积极参加听证会，具有高级地位。他当时的书记员是赫尔曼·岳（Herman H. Yue），该书记员曾经是在伯克利受过教育的遗传学家，他的专业知识极大地影响了斯威特法官对该案件的审议。

斯威特法官于2010年决定宣布利亚德基因公司的BRCA基因专利无效，这让所有人感到震惊——西蒙切利和汉森也一样，当时他们受到各种舆论的连续攻击，都认为他们的案件不可能赢了。然而，该决策所依赖的原则仍然是那一个反复验证的真正的“自然的产品”原则。法院说，要想具备获得专利的资格，产品必须符合“可作为专利的主题”的范围，而BRCA基因并不符合，因为它们没有显著地不同于人体中的基因，这也是查克拉巴蒂案件裁决中所要求的条件。相对来说，分离出的DNA与人体内的天然DNA在其生物学功能和它编码的信息方面是完全相同的。斯威特法官最后总结说，“本案件中涉及的专利是一种‘分离出的DNA’，包含的基因序列是完全可以在自然中发现的，因此该专利在法律上是站不住脚的，根据《美国法典》第35编第101节的专利法，它不可作为专利的主题。”[①]

① *Association of Molecular Pathology v. U.S. Patent & Trademark Office*, 702 F. Supp. 2d 181 (S.D.N.Y. 2010), at p.184.

第一回合出奇制胜地赢了，但是美国公民自由联盟要想真正取得这场胜利，接下来还有两场联邦司法的仗要打。利亚德基因公司对地方法院的决定不服，进行上诉，接下来挑战者们——美国公民自由联盟的法院进展就没那么顺利了。美国联邦巡回上诉法院（CAFC）在批评家们看来，一贯是企业和专利的支持者*，它们的三 200
人法官小组两次均以 2 ∶ 1 的票数判决利亚德基因公司胜诉，一次是在最高法院要求重新评估之前，一次是在之后。在这两次判决中，大多数人的意见是分离出的基因也符合专利授予的标准。大多数人还同时表达了一种严重的担忧，认为废除医药行业最信赖的建筑基础，会给这个繁荣的行业带来沉重打击。

事情又令人惊讶地发生了转折，司法部提交了一份“法院之友”简报，支持美国公民自由联盟的诉讼，认为利亚德基因公司的专利无效。政府在抵抗美国专利商标局时，采取的是一个中间道路的原则，给予利亚德基因公司想要的发展，却不给予它拥有 BRCA1 和 BRCA2 基因的专利权。该简报对 DNA 片段（isolated DNA）和互补 DNA（cDNA）作了区别，后者是使用信使 RNA（mRNA）和逆转录酶合成得到的。为了支持这种差异，政府的简报进一步指出，单独分离出的基因不应该被授予专利，因为它通不过“魔法显微镜”的检测：“如果有一台假想的‘魔法显微镜’能够观察到人体中存在的 DNA 分子，那么本案件中的癌症基因明显是自然存在的，不属于可作为专利的主题”①。但人造的 cDNA 分子通过这样一个“魔法显微镜”在人体中是找不到的。与自然的 DNA 序列不同，cDNA 仅仅包括基因的编码部分（外显 201
子），而不包括中间的不编码部分（内含子），它和自然中完整链的序列不同。因此，尽管 cDNA 在功能上和相应的 DNA 序列相似能够表达蛋白质，但是如果用显微镜观察人体，却找不到和 cDNA 一样的互补序列。

政府的创意类推并没有说服美国联邦巡回上诉法院。该法院认为通过显微镜

---

① *Association of Molecular Pathology v. U.S. Patent & Trademark Office*, 689 F. 3d 1303, 1326 (CAFC 2012).

* 之所以成立美国联邦巡回上诉法院，部分是因为专利诉讼需要有专门知识的专家，以及统贯执行的专利政策。但是自其成立之初，许多人都感觉到 CAFC 的裁决缺乏批判性深度，甚至成了专利代理的俘虏。见 David Pekarek-Krohn and Emerson H. Tiller, “Federal Circuit Patent Precedent: An Empirical Study of Institutional Authority and IP Ideology,” Northwestern University School of Law Scholarly Commons, Faculty Working Papers, 2010。——译者注

观察一个分子，“实际上完全不同于获得 DNA 片段，使它能够付诸应用”。观察到 DNA 只是一种发现，它是科学的责任，是为了满足人们的好奇心。而分离出基因则是对物质的操控，产生了有用的东西，产生了大自然中之前不存在的东西，因此 DNA 片段正是《专利法》中鼓励和保护的那种技术发明。但是埃里克·兰德提交给最高法院的简报对美国联邦巡回上诉法院的观点产生了重大打击。兰德具有最高的科学家权威地位，同时也具有政策权威地位，他向最高法院指出，美国联邦巡回上诉法院认为 DNA 片段在正常人的体内找不到，这在科学上犯了错误。事实上，“近三十年来，我们已经很清楚人类染色体的 DNA 片段会定期在人体内出现。这些 DNA 片段在整个人类染色组中都会出现，包括 BRCA1 和 BRCA2 基因。”①

之后就是等待最高法院的最终裁决了。呈现给法院的问题简明扼要：人类基因到底可不可以被授予专利？最终，法院全体一致批准了司法部门的中间主义路线。一方面基因片段和人体内的 DNA 序列相同，因此，它是自然的产品，不可以被授予专利。
202 另一方面，cDNA 只包含自然基因中的外显子，不是自然的产品，可以被授予专利。经过数年的诉讼，经过几次胜诉和败诉以及各种不确定性之后，事情竟然突然变得如此简单。就连安东宁·斯卡利亚（Antonin Scalia）法官也不得不遏制自己想要大肆赞扬一番的喜悦，竭力将自己和同事们的一致裁决限制在一段话之内。

7.5 跨国权利

今天的生物信息以及把它转化为医疗和商业利益的能力是在一系列行动者之间分散拥有的。每一个行动者都控制着平台中的一个关键因素，这也是新发明最终必须依赖的基础。个人负责提供生物材料和家庭病史；诊所收集样本，才能建成生物信息库；生物技术公司通过操纵细胞和基因，以产生纯化的、分离的、再合成的产品；而制药公司则进行研究和开发，把自己的观念进行反复试验和药物测试，才能最终让产品上市。即便是个人作出的一项突破性发现，就像美国的生物化学家凯利·穆利斯（Kary Mullis）一样。穆利斯因对聚合酶链式反应（简称 PCR）的改进，在 1993

① Brief for *Amicus Curiae* Eric S. Lander in Support of Neither Party, *Association of Molecular Pathology v. U.S. Patent & Trademark Office*, No. 12-398 (2013).

年获得诺贝尔化学奖。这种成果的取得是基于经济、社会和法律的基础设施之上的，没有这些保障，他的那项获奖发现将不会对社会产生任何有价值的用处。[①]

18 世纪西方知识产权法律中，那种活跃的单个天才发明家形象在 21 世纪已经似乎是过时了。他们无法应对目前这种所有权的复杂情况，这是 21 世纪高度分散的知识系统中独有的新情况。当知识产权涉及跨国的权限时，这种不适应性更加明显。我们已经几次通过国际条约和协议来试图调节这种跨国权限，但目前仍然是一种缺乏管控的状态，盗版和不正当得利（unjust enrichment）构成了严重问题。 203

7.5.1　本土知识

其中一系列困难涉及的就是本土知识与现代生物医学的发明和产品之间的关系。在殖民主义时代，军事征服者和传教士能够自由地盗取当地人民的地方知识和实践，他们使用一些传统的草药来治疗各种疾病。这种知识被传播到帝国主义的中心城市，成为当时新兴制药行业的基础。例如，在 17 世纪 30 年代，耶稣会传教士从厄瓜多尔和秘鲁把金鸡纳树皮带回了欧洲，在那里它被用来治疗疟疾发烧引起的寒战。随着时间的推移，人们从金鸡纳中提取出了能够拯救生命的药物——奎宁。从实际获益和事务本质上，人们都从本土知识和资源中提取到了价值，却毫不付费。

在许多观察家看来，今天的许多问题似乎是在继续这样一种臣属和不正当得利（unjust enrichment）的历史模式。尽管本土医疗拥有的资源对人道主义具有巨大价值，但西方知识产权法所定义的那种新颖、有用以及非一目了然的性质，很难保护前工业时代的集体知识——那时候知识是集体拥有的，健康收益也是整个人口一起享有的。1992 年的《生物多样性公约》（CBD）试图纠正这种不平衡，它要求使用和开发本土知识和资源时，应该对当地人民给予充分的回报。利益分享是 CBD 的主要目标之一，它还负责保护生物多样性和可持续发展。《生物多样性公约》第八条指导 204
各签约国应“尊重、保存和维护当地和本土社区的知识、创新和惯例”，也应“鼓励公平分享运用这些知识、创新和惯例所产生的利益”。

这些法律条款致力于鼓励生物勘探（bioprospecting）或开发植物和微生物遗传资源来产生收入，以鼓励保护生物多样性。换言之，“销售生物多样性以拯救它”。

① Paul Rabinow, *Making PCR: A Story of Biotechnology* (Chicago: University of Chicago Press, 1996).

《生物多样性公约》还为技术转移奠定了基础，鼓励北半球富有的研究中心在南半球中寻找缺乏资金的合作者，这些合作者愿意分享本地知识，以交换高级的技术和专门知识（know-how）。但这种协议通常会对当地合作者的能力判断错误，导致协议的约束力失效，引起喧闹的争端，争论谁才是这类团体中的自然代言人。[1]经常有人指责《生物多样性公约》实际上是打开了生物剽窃（biopiracy）的大门。不管怎样，有些分析家认为《生物多样性公约》实行的20多年间，机构管理知识在几个方面都有了可喜的进步。[2]

7.5.2 仿制药

另一系列问题是来自当代社会经济的不平等，这也是知识产权政策倾向于加固的一种不平等。富裕国家可以比贫穷国家更容易生产、获得和购买新的科技产品和服务。因此，较贫穷的国家总是倾向于规避西方专利制度带来的垄断，它们要么进行盗版，要么侵犯专利权。对全球公共健康产生重大影响的一个做法就是生产专利
205 药品对应版本的仿制药（generic drugs），其市场价格比原产品便宜许多。1994年之前，许多发展中国家规定医药制品不属于专利保护的范围，因为药物是保护生命和健康的必需品。这种专利豁免权让印度、巴西和阿根廷得以生产大量的仿制药，它与北半球受专利保护的药品的化学成分完全相同或者相似，但价格更加便宜。按照北半球制造商的说法，仿制药让它们承担了发明的艰苦工作，承担了失败的风险，而把利润分给了那些不进行创新，只简单模仿的公司。

1994年，这些论点进入了一项国际贸易议程之中，简称乌拉圭回合（Uruguay Round），导致了对贸易法的修改。为了享受《关税与贸易总协定》（GATT）中降低关税的好处，各签约成员应按照《与贸易有关的知识产权协定》（TRIPS）的要求采取知识产权法，对版权和专利提供与发达国家相似的保护。法律发生了变化，但这并没能让批评家们平息下来，他们认为TRIPS的做法实际是一种将贫穷经济体的财富转移到富裕经济体的措施。在总体贸易系统改革的压力下，世界贸易组织的成员

① Cory Hayden, *When Nature Goes Public: The Making and Unmaking of Bioprospecting in Mexico* (Princeton, NJ: Princeton University Press, 2003).

② Bernd Siebenhüner and Jessica Supplie, "Implementing the Access and Benefit-Sharing Provisions of the CBD: A Case for Institutional Learning," *Ecological Economics* 53 (2005): 507–22.

在 2001 年的多哈会议中，同意减轻某些欠发达经济体的压力。针对 TRIPS 的一项特别声明，它们承认那些面对公共健康危机（如艾滋病、疟疾或结核病）的经济体需要打破 TRIPS 的规定，以实现对其市民的基本医疗保障。这些经济体在这些情况下可以规避专利保护，通过强制许可来降低所需药物的价格。讽刺的是，最早测试应用修订条款的竟是北半球的发达经济体，而不是南半球的发展中经济体。在“9 · 11 事件” 206
和“炭疽攻击事件”之后，德国的拜耳药厂（Bayer）在美国强制许可的威胁之下，被迫大幅度降低西普罗（Cipro）的价格，这是一种治疗炭疽的抗生素类专利药品。

目前全球仿制药专利系统的不稳定性，还体现在另一件诉讼事件上，它涉及的是印度的抗癌药物格列卫（Gleevec），这是由瑞士制药巨头诺华公司（Novartis）生产的。在 TRIPS 颁布之前，那时候印度还不允许对药品授予专利，印度公司就开始制造并销售格列卫的仿制药，采用伊马替尼（Imatinib）的结晶体形式。后来，印度为执行 TRIPS 的规定，颁布了全国性的法律，诺华公司为自己的药品格列卫申请专利，这样就可以提高价格，能比仿制药的价格高出 10 倍，超出大部分印度消费者的承担能力。2013 年，印度最高法院认为格列卫不符合新《专利法》的第三条，该条款认为若在原有药品上稍微改动，但没有增加额外的治疗收益，则禁止对专利更新——这也通常被称为“常绿化”(evergreening) *。[①] 在法院看来，诺华公司申请专利的格列卫的药物形式并没有比市场上便宜的非专利药更加有效。[②] 该公司只是在“常绿化”其旧产品。

在印度政府调整过去的专利保护以适应 TRIPS 的要求时，格列卫案件已经基本定型。诺华公司曾经为格列卫申请过两次专利，两次对药品的基本描述稍微有些不同，两次申请分别是在法律变动之初和变动之后。对于许多药品来说，格列卫的这种情况是独一无二的。然而，印度最高法院却尽其所能地强调专利法的非中立性(nonneutrality)，强调政治价值和知识产权保护的密切关系，并随之强调在知识产权 207
方面，发达国家和发展中国家的伦理要求是不同的。法院还非常赞同地引用了 1957 年另一名法官所著的专利改革报告：

① 根据第三条，“仅仅是发现已知物质的新形式，并不能增强该物质的已知效果”，不能基于此对生产商授予专利。

② *Novartis v. Union of India*, Supreme Court of India, April 1, 2013.

* 延长旧技术的专利期。——译者注

> 阿杨戈尔（Ayyangar）法官认为《专利法》的条款需要考虑如下内容设计，应该照顾到本国的经济状况、科学和技术的进步情况、未来的需求以及其他相关因素，以实现减少——如果不能消除的话，专利垄断系统的滥用。[①]

诺华公司在印度申请格列卫专利的事件，虽然已经尘埃落定，却留下了巨大的伦理问题。如果我们认同阿杨戈尔法官的主张，认为《专利法》是非价值中立的，而是用于表达某个国家或地区的政治取向和经济取向，那么专利系统何等程度上的差异是可以接受的？2014 年 9 月，又出现了一个新的做法，吉利德科学公司（Gilead Sciences）是加利福尼亚的一家制药厂，它生产一种昂贵的治疗丙型肝炎的药物，该公司与印度的七个仿制药生产商签署了一个授权许可，实现了该药物全球价格系统的差异化。[②]在该协议下，吉利德科学公司在印度出售的药物价格是每片 10 美元，是该公司在美国收取价格的百分之一。作为回报，印度生产商会支付给吉利德科学公司授权许可费，这样它们就可以在病人支付不起高昂费用的贫穷国家中生产这个药物的仿制药。然而，这种做法是非常独特的，这是两个国家药厂之间的私人协议，因此对其他药物、公司或病人群体不会产生其他法律价值或判例价值。

7.6 结论

208 科学持续书写生命的篇章，把许多新事实和发明机会引入人们的视野之中。法律的功能就是为了保证社会能够正确解读和使用这些新篇章的内容，能够符合人类的基本价值观，比如，尊重生命，保护生命的多样性和蓬勃发展。知识产权法也毫不例外，尽管其主要目标是为了鼓励发明。人们并不要求它来奖赏世界上所有的发现和发明。事实上，如果科学和技术发展得过快，或者前进时忽视了广泛认同的价值观（这在现代这个资源分布极其不平等的世界中很有可能发生），法律甚至可以回过头来改写这些进展。在这些情况中，我们可以不断地回顾、批判并质疑我们的假定，即发明总是与国家或者全球的“公共的善”密切相连的，并作出相关的政策改

① *Novartis v. Union of India*, Supreme Court of India, April 1, 2013, para. 36.

② Gardiner Harris, “Maker of Costly Hepatitis C Drug Sovaldi Strikes Deal on Generics for Poor Countries,” *New York Times*, September 14, 2014.

革和法律改革。

欧洲专利法中的 ordre public（道德）条款提醒我们，对于专利我们可以用道德来评价。加拿大拒绝对肿瘤鼠授予专利，也是对生命商品化设置的一个上限。即便是在自由的美国，“戴蒙德诉查克拉巴蒂”案对美国专利法的解读，认为专利法是授予世界上任何人类发明的东西，这种观点随着时间的流逝，在美国伦理、法律甚至科学的标准中，也越来越显得过于宽泛。美国国家卫生研究院与拉克斯家族达成的协议，以及利亚德基因公司的专利案件都向我们说明法律有能力进行非线性（nonlinearity）创造，甚至当社会价值认为“它太过分时”，则能够逆转固有的原则。

专利的争议还说明个人的行动能力也能改变一些自以为是的原则。查克拉巴蒂 209
的律师成功地规避了“自然的产品”这个原则，让最高法院同意对生命授予专利。美国国家卫生研究院通过允许拉克斯家族参与控制 HeLa 基因组的信息使用，是向瑞贝卡 · 斯克鲁一心一意的游说致敬，也是对女家长海莉耶塔 · 拉克斯的纪念。美国国家卫生研究院给这位已去世的女性以死后发言权，之前她的身体在未得到她认可或获悉的情况下被用来研究。在人类基因申请专利的案件中，美国的行政机构——美国专利商标局曾经把法律解读为可以授予基因片段以专利。而广大公众和社会如何看待这个问题却一直被忽略，直到塔尼亚 · 西蒙切利和克里斯 · 汉森发起了一场抗争，推翻了这个许多专家认为是稳如磐石的政策。当涉及的物质是生命自身时，个人发出声音来拷问里面的深层问题，并在特殊情况下，在外行价值和深奥的法律之间作出了重新调整，这很让人欣慰。

当专利权跨经济体运行产生差异时，最能深刻地体现出知识产权法的正义含义。因为一个经济体的长期文化知识为畅销类药品（blockbuster drugs）提供了基础，但另一个经济体是为了利润，或者利用垄断性价格使一些基本的必需药品超出患者的购买能力之外。尽管通过 TRIPS，人们试图把知识产权保护全球化，但这一举措带来了相关的伦理问题。对于这些问题，后来在多哈会议中签署的强制许可规定也未
能全部解决。正如美国专利法在面对生命的过度商品化时，必须作出调整；全球市 210
场也应该作出这样的深度思考，通过必需药品的严格专利制度，对掌控生命和死亡的制药行业的权力进行限制。幸运的是，医药公司、病人团体、积极的医生们、律师们以及世界的贸易体制已经参与了这场意义重大的全球生物医学的伦理对话。

第 8 章

重掌未来

211 正如我们看到的那样，作为实现预先注定的目的的一种方式，技术通常是用工具性的术语来定义的。但这种想法已经太狭隘，难以包含现代人类社会用全能工具和仪器打造的动态关系和多方位关系。对技术工具性的理解意味着人类的目的是清楚的、静态的。我们使用工具，因为我们需要满足某些需求，比如寻找食物或抵御恶劣天气。然而为了日常的生活目的使用工具并不单单是人类独有的行为，鸟类也会使用工具。新喀里多尼亚的乌鸦可以很聪明地使用长棍，挖出树干内的蛀虫或动物尸体内的虫子。在实验中，这些乌鸦除了能够学会连续使用多种工具，还会把金属丝弄弯，做成便于钩取的工具。

珍·古德（Jane Goodall）在坦桑尼亚的冈贝河国家公园（Gombe Stream National Park）做的田野调查令她和研究对象都很出名。她观察的猩猩能够出于各种目的制造和使用工具。叶子和青苔可以当作原始海绵用来取水饮用。大树枝、小树枝和石头都可以用来捣毁并挖开白蚁的巢穴，或者敲碎动物的骨骼和坚果并舀出坚
212 果的内部果肉，有时候纯粹是用来显摆。大象也是出色的工具使用者。它们能够处

理树枝，把它当苍蝇拍或者用来挖水，并且用石头打烂那些挡路的东西。被囚禁时，大象也能够用鼻子卷起一个立方体，将其放到适当的位置并爬上去，取一个放在高处的水果。[①]经过训练之后，大象还能够挥舞一支画笔，能够一个接一个地用鼻子准确地画出标准图案。[②]所有这些令人印象深刻的例子所缺乏的是一种反思的能力，对自己执行任务的性质和结果变化的反思：工具使用者所努力的目标，是不是值得他开始这项任务。

实用性和可预测性都不能准确地描绘人类和技术之间的演化关系。人类的技术魔法远远超越了完成重复性任务的目的，不是完成简单的、预先设定的目的。长期以来，制造技术和使用技术都受到了来自艺术性、想象力和探索未知的愿望的主导。时钟拨回到大约公元前 35 000 年，在 2010 年拍摄的纪录片《被遗忘的梦的洞穴》（*Cave of Forgotten Dreams*）之中，德国著名导演沃纳 · 赫尔佐格（Werner Herzog）展现了人们手工创造的最早的图形艺术。在阿尔代什河（Ardèche River）弯曲绕道壮观的天然桥（Pont d’Arc）之前，在其旧航道上的一处峭壁面的深处，坐落着法国的肖维岩洞（Chauvet cave）。在这里，墙面上是“冰河时代”艺术家们创作的惊人的动物阵列，有些涂抹得如此巧妙，就像纸上作画一样；有些则保留了比较清晰的凿子轮廓。肖维岩洞的艺术是非常独特的，作品丰富多样，技术娴熟，不过这一时期的艺术确实是百花绽放，因为古代人民开始把石头、牛角和象牙转变为没有实用价值的象征性物品。制造者想象的都是从来不曾存在过的事物，比如一个长着狮子头
的人和各种形象的女性，其中一个曾经还启发了毕加索。通过研究所有这些抽象艺 213
术、极简主义，以及史前时代优美的象征主义，一个英国博物馆在 2013 年的“冰河时代”艺术展览上宣布，这个时代标志着“现代思想的形成”。

如果说“冰河时代”的洞穴人（可能也包括女人）能够使用工具绘画和雕刻来表达自己脑海中想象的事物，那么我们这些现代人会如何运用技术重新勾画我们存在的基本目的呢？我们是谁？生命是什么？我们应该如何生活？未来会是什么

---

① Ferris Jabr, “The Science Is In: Elephants Are Even Smarter Than We Realized,” *Scientific American*, February 26, 2014.

② Desmond Morris, “Can Jumbo Elephants Really Paint?”, *Mail Online*, February 21, 2009, http://www.dailymail.co.uk/sciencetech/article-1151283 /Can-jumbo-elephants-really-paint--Intrigued-stories-naturalist-Desmond-Morris-set-truth.html.

样？当技术不仅仅是服务于个人目标，而是服务于集体目标时，那些美和象征的萌芽会向前迈进一大步。一个人独自对着岩洞的墙壁画着熊、野牛或野山羊，当然其他人能看见，对他也是有一定影响的。而今天的科技意象能够更深刻地改变这个世界，对于许多人来说，甚至是骑虎难下的。如果合成生物学家能够成功地创造出新的微生物，或者计算机科学家能够搞清楚如何在人脑之间进行思维连接，这些发明会改变我们现在的一些共识：生命起止于何处，认知意味着什么，以及人类自身是什么？如果神经工程师能够发现如何通过在人脑中植入纳米材料来激活或抑制人类记忆的话，那么这种可能性会改变我们今天对遗忘或原谅的期望值。如果地理工程师能够控制太阳的热辐射，使地球不至于过暖，那么他们就可以在空气中放入溶胶，从而让天空更加白净明亮，改变地球上每一个人之前的感官体验。

总之，技术不仅仅会实现我们预想中的目标，而且是一个开放的门户，通向未
214 经规划的、不确定的未来，我们目前对社会的理解和社会实践都会从根本上发生变化。然而，不确定性带来诱惑的同时，也带来了同样多的障碍。促使人类社会对技术投资的光明前景也如影随形地产生了许多阴暗的忧虑，如果计划失败或者某个环节意外出错，事情会怎样发展？科幻小说充满了这类吓人的猜测。已过世的迈克尔·克莱顿（Michael Crichton）虚构了《侏罗纪公园》（*Jurassic Park*）的世界，在那里科学家拥有足够的知识和技能，却缺乏预见性。他们让恐龙得以复生，却无法控制这些野生生物的不断繁殖。在后来的一篇小说《猎物》（*Prey*）中，克莱顿想象了一群能够自我复制的纳米机器人，不断地杀戮和奴役人类，直到找到对抗该科技的方法之后，才将它们消灭掉。

小说中通常会把技术未来推向不现实的极端，甚至是荒谬的极端。然而，正如我们在第 2 章中所展示的那样，谨慎的社会也一直在投资以保护未来的安全。保险和风险评估的出现，就是为了保证那些糟糕的事件——包括与技术进步相关的风险，不会毫无预警地降临，置人们于悲惨绝望的境地。可以肯定的是，那些可以用数字预测的灾害更加容易测量和抵抗，比如农民受到的旱灾，商人受到的暴风灾害以及房主受到的来自地震、火灾或水灾的破坏。我们很难去量化许多新兴技术带来的相关灾难，比如，合成病原体的逃逸会攻击整个人类的免疫系统，导致数百万人死亡；纳米机器人不受控制地自我复制，杀害它们的制造者；气候变化会损害全球的农业

生产，造成前所未有的伤害。即便这些可能性相对来说是很遥远的，我们也已经开始努力预见并预防它们的发生，但从定义上我们就知道，不能用现在的眼光和思维去预见。

在本章中，我将回顾一下现代社会运用的主要程序性机制，通过该机制试图把 215
未来的技术控制在可管理的范围，创造出一种可以安全居住的空间，以使它符合社会对善的定义，并且在可控的范围内。然而，每一个机制都有其自身的权力和审议的两难困境。最重要的问题是包含的范围。谁能够参与构想未来，构想那些热切的技术生产者希望改变的世界？与这一最基本的民主问题并行的是，关于机构设计的具体谜团，他们是否能够真切地反映对技术潜能的集体反思？近几十年来，有几种方法特别吸引决策者，但每一种都需要更仔细的审查：技术评估，或者替代性技术路径的系统规划和其分支建构性技术评估；伦理分析；致力于复苏协商性民主的公共参与方法。

8.1　技术评估

回首往事，1972 年是世界政治事件频变的一年，例如，越南战争的结束和孟加拉国的成立。对人类来说重要的是，1972 年也是技术年鉴中的里程碑：在瑞典的斯德哥尔摩召开了关于人类环境的联合国会议；成功出现了第一例实验室重组 DNA；“阿波罗 17 号”的成功发射，这是“阿波罗计划”中载人飞船飞往月球的最后一次任务。在诸多重大事件中，人们几乎没有注意到美国国会在同年 11 月颁布了一项法律《技术评估法》。技术评估办公室[①]是由影响力颇高的学术科学顾问组成的，领军
人物是哈佛大学的物理学家和工程学院院长哈维 · 布鲁克斯（Harvey Brooks）。这些 216
人决心帮助联邦立法者在快速变化的技术面前，拥有理性决策的能力。该法案在目的陈述中宣布，“我们有必要尽我们最大的可能程度，去预料、理解并考虑技术的应用后果，对现有的和即将出现的国家问题制定出公共政策。”

为了给国会提供相关政策建议，法律还创建了一个新的行政机构——技术评估

① Office of Technology Assessment Act, Public Law 92-484, 92nd Congress, H.R. 10243, October 13, 1972.

办公室（OTA）。但是，立法者同时又担心，如果给专家或者失控的政治派系赋予的权力太多，可能会促使OTA利用专业知识服务于自己的特定目的。[①]新机构成立之前的不断让步损害了它的前行。国会最终定下了这个机构的设计，这是一个规模小、政治上平衡、组织上扁平并严重依赖外部顾问的机构。管辖OTA的技术评估委员会由12人组成，其中来自参议院和众议院的成员各6名，并且代表两个政党的人数也相同。该委员会负责任命OTA的主管，并负责审核批准该机构所进行的每一项研究。OTA的内部人员只有不到200人属于终身雇员，其中约四分之三是初级研究员。有时候，有些研究就只能利用具有相关知识的临时顾问人员，他们可能来自企业或者大学。这个机构的唯一目的就是为了把理性带入政治中，但是在这样一种粗糙和波折的立法程序中，它如何运作呢？OTA在运行的22年中为这种不稳定的平衡做法提供了一些洞见，更普遍地揭示了在政治决策中加入技术知识的局限性。

217 机构成立不久，紧张的局势就迅速呈现。尼克松政府的最后几年充满了尖锐的政治两极分化，自由党和保守党在许多与技术有关的问题上都有分歧，如军备控制、药物安全和环境保护。党派性的成见损害了平衡，从OTA任命的第一任主任起，就受到政党的制约。埃米利奥·达达里奥（Emilio Q. Daddario）是第一任主任，他是康涅狄格州的前民主党议员，是提议立法创办这个机构的主要倡议者。达达里奥被认为过于尊重民主派的政治家们，这些政治家们也控制着技术评估委员会最有权力的第一把交椅，当时是马萨诸塞州的参议员爱德华·肯尼迪（Edward M. Kennedy）担任委员会的领导。当达达里奥向董事会辞职时，该机构就陷入了敌意的深渊，共和党的TAB成员指责肯尼迪试图接管该机构，并在其中扩展自己的人员和政治议程。[②]

之后OTA的领导们使该机构从政党斗争中脱离出来，保持政治中立，获得了国会委员会的广泛支持。约翰·吉本斯（John H. Gibbons）是第三任主任，他在位的时间最长，他在掌舵的12年中对OTA的身份进行了重要的重塑。OTA抛弃了在20世纪70年代由委员会单独支持的运行模式，到20世纪90年代OTA就已经发展为每

① Bruce Bimber, *The Politics of Expertise in Congress: The Rise and Fall of the Office of Technology Assessment* (Albany: State University of New York Press, 1996).

② Colin Norman, "O.T.A. Caught in Partisan Crossfire," *Technology Review*, October/November 1977.

项研究有三个赞助方。这项策略至关重要，它有助于OTA保持中立性，能够避免直接作出政策建议。OTA只是提供几个备选方案，列举出每个方案的优缺点。例如，1991年OTA接到任务，负责提高汽车燃油的经济性，它不仅考虑了提高标准这个措施，还提供了其他方案，如经济激励和技术设计，这会让燃料能够更加有效地被使用。吉本斯在早期还取得一项政治上的成功，在1980年的选举中，罗纳德·里根 218
入主白宫，在这股放松管制的热潮中，吉本斯成功地阻止了那些试图削减OTA的企图。接下来的14年是相对比较平静的时期，但在第二次重大变革中，即1994年所谓的“共和革命”中，该机构未能幸存下来。

众议院议长纽特·金里奇（Newt Gingrich）领导的美国1994年中期选举，让共和党40年来首次控制了国会的两个议院。金里奇鼓舞人心的竞选承诺是“与美国有约”（Contract with America），这是一个完美的系列计划，包括减税、减少联邦预算以及取消民主党前几十年执行的一系列社会福利计划。在胜利的冲击下，国会的大多数新成员也认为自己应该象征性地缩减开支，当OTA再一次处于削减行列时，没有人对它有太大的热情，更没有人愿意挽救它。从某种意义上说，它之前的成功害了它，它不够大也不够重要，更不具有充分的政治性，无法获得政党的激情辩护。一位分析家说：

> 最后，OTA的资金被取消了，不是因为它太臃肿，恰恰是因为它太精小。终结这个机构，国会不需要惋惜一个大型或机构完备的部门的消失。它确实为削减预算带来了一些好处，但更多的是象征性地兑现了国会精简政府部门的承诺。①

OTA在美国的政策变换中被活生生地取缔，然而政府终结的只是它的资金，它的权威影响仍然存在。因此，虽然该机构的黄金时代已成过往，但在美国科学和工程领导人的心目中，它仍存在，甚至在处理紧急状况如气候变化时，能够理直气壮 219
地通过立法重新召回这个机构。因此，2014年前国家科学基金会主任尼尔（Neal）率领的美国艺术与科学学院（American Academy of Arts and Sciences）权威委员会，在一份《恢复基金会》（*Restoring the Foundations*）的报告中指出，“国会缺乏一种机

① Bimber, *The Politics of Expertise in Congress*, p. 77.

制，无法处理国家的科学技术问题，也无法和总统协调政策，这是一个大问题。”该报告还评论道，“OTA 的权威分析对与科学技术相关的立法决策至关重要。”[1]

然而 20 年后，回过头来看，我们仍然不清楚 OTA 是如何完成向国会提供“权威分析”的任务的，更加不清楚的是，它的政策报告在何种程度上影响了立法。有三个案例可以用来说明 OTA 对技术政策的贡献及其总体目标，即技术决策民主化和为国家的技术未来提供坚实基础。这三个案例分别是军备控制、生物技术和技术评估方法。

8.1.1 星球大战之争论

第一个关于军备控制的案例出自国防政策，确切地说，是 1983 年 OTA 对里根总统所提出的“战略防御计划”（也称“星球大战计划”）的评估。一年后，OTA 与反核的忧思科学家联盟（Union of Concerned Scientists）联手合作，发表了一篇背景文章，指出总统和他的顾问所倡导的防御在技术上是不可行的——著名的《纽约时报》专栏作家汤姆·威克（Tom Wicker）也不屑地称其为一场“白日梦”。[2]这篇文章主要是借
220 鉴了麻省理工学院物理学家阿什顿·卡特（Ashton Carter）的成果，卡特曾经是 OTA 的雇员，也是领头的核分析师，他参与的项目帮助他成为哈佛大学肯尼迪政府学院的教授，后来在奥巴马总统的国防部门任最高职位。虽然自由党高度赞扬 OTA 的判决，认为这是科学战胜政治的一个好例子，但这篇文章也引发了里根支持者们的愤怒声浪，美国传统基金会（Heritage Foundation）和《华尔街日报》（*Wall Street Journal*）等都认为这是政治驱动下的坏科学，是对国家安全不负责任的漠视。[3]反对者们控诉，负责该报告的 OTA 委员会实际上是由肯尼迪和约翰逊政府的政论家们所构成，比如麦克乔治·邦迪（McGeorge Bundy）。而卡特作为文章的主要架构人，也引起了许多人的愤怒，因为他把在特别安全许可之下获得的一些数据公之于众。

OTA 分析结果的支持者们反驳说，拟议的导弹防御计划不但技术上不可行，而

---

① American Academy of Arts and Sciences, *Restoring the Foundation: The Vital Role of Research in Preserving the American Dream* (Cambridge, MA: AAAS, 2014), p. 65.

② Tom Wicker, “In the Nation: Two Spacey Schemes,” *New York Times*, May 11, 1984.

③ Frank von Hippel, “Attacks on Star Wars Critics a Diversion,” *Bulletin of the Atomic Scientists*, April 1985, pp. 8–10.

且它会引发苏联的猜疑，破坏来之不易的"威胁平衡"(balance of terror) *，这种平衡能够让两个世界级对手的庞大核武器库处于受控的状态。后来，随着柏林墙的倒塌及苏联的解体，一些保守的分析家认为，威胁动力学实际上有利于美国——参与军备竞赛已经耗尽了苏联的财政经费，导致了苏联政府的垮台。这些争论很有可能数十年也无定论，它可能要经过很长一段时间，才能够获取足够多的机密文件，令人们去进行更细致的历史研究。然而，无论如何我们可以公正地得出这样的结论，OTA 对该案件的干预并没有成功开拓出中立知识的空间，没有实现设计者们最初的愿望。关于"星球大战计划"的背景文章在持续论战的冷战防御政策中成了一个更响亮、更刺耳的音符。自由党信任并拥护 221
它，保守党却认为它是一个政治策略，我们很难断定，OTA 的分析是否推进了知情、协商民主的进程。

8.1.2　OTA 和生物技术政策

在 OTA 档案网站"生物研究与技术"的标题下，共列出了 28 份报告，包含了从 1981 年的"应用遗传学的影响"研究，到 1995 年 9 月发布的一项由已倒闭的机构作出的"联邦技术转让和人类基因组计划"报告。在这期间，OTA 还针对一系列广泛的政策相关的主题作了报告，比如遗传筛查的地点影响、法医 DNA 测试以及美国生物技术产业与其他国家相比的地位。在 1987—1989 年间，共发布了 5 份报告，涵盖了生物技术的"新发展"，从相关专利到公众看法都包含在内。生物技术是美国近代史中最有利可图，也最有争议的话题之一，但是这种大约每年一份的报告对新兴技术的伦理、政治和政策会产生什么影响呢？

里根年代出台的最重要的监管决策就是放松对生物技术的管制。正如 1980 年美国最高法院认为对生命形式授予专利，和对其他"世界上人造"的东西授予专利没有什么不同一样，总统的科学和技术政策办公室（Office of Science and Technology Policy）在 1986 年 6 月也认同，基因工程没有什么新东西，不需要针对生物技术专门进行立法。生物技术监管协调框架（Coordinated Framework for Regulation of Biotechnology）总结道，在很大程度上，现有法律能够覆盖生物技术的产品，提供 222

* 指冷战时期美国和苏联建立在核武器军备竞赛基础上的平衡。——译者注

充分的司法裁决。[1]联邦政策可以通过各种措施来简化操作，比如指定每类产品的领导机构，对关键术语进行标准化定义，如“新（属间杂交）生物”和“病原体”，并在机构之间及时地提供信息交流。

这种相对自由放任的生物技术政策让美国在早期的（绿色）农业和（红色）制药生物技术的行业中处于领军位置。然而和我们在第5章中所展示的一样，美国的农业生物技术在试图将产品进行跨国界出口时，遭遇了以欧洲为首的各种抵制浪潮，因为欧洲的监管政策是基于一种“谨慎型”的方法，更倾向于有机农业。即便是美国的消费者也没有显示出他们对孟山都公司的市场帝国有多大的热情。消费者拒绝把转基因食物放在有机食物的标签下，一个州接一个州地进行游行，要求对含有转基因成分的食物进行明确标注，这一切行动都说明了人们对转基因的怀疑，有许多人对它甚至是直接拒绝的。

证据显示，OTA并没有预见到这个处于潜伏期的麻烦，它也没有有效地建议国会对协调框架制定替代性方案。在它1988年的一份“转基因（GM）生物田野测试”的报告中，这也是其“新发展”系列中的一项研究，OTA审查了许多技术问题，这后来成了公开争论的问题。例如，报告指出基因能够在相似生物之间进行跨生物流动，然而，它又设法表示这种流动是无害的，强调它们具有极低的灾难性事故概率。
223 尽管复杂的生命系统已经可以重建，技术也具有了新颖性，“未知的不知”（见第4章）却并不在OTA的预见范围内。防霜递减菌株在加利福尼亚引起很大的争议，并最终证明它在商业上是不可行的，但OTA总结认为它没有什么可担忧的：“然而，几个不同的研究表明，即使在最坏情况的长生物链的假设（其中许多假设与已知事实相矛盾）中，防霜递减菌株的大规模农业应用也不可能改变气候模式。然而，如果对这些假设进一步研究测试，则会更加有用。”[2]

总之，OTA一共向国会提供了三个方案，用来审查把转基因生物计划释放到环境中去的申请。第一个是惯行的方案，也就是说，即便报告承认可能存在问题，“生

① Sheila Jasanoff, *Designs on Nature: Science and Democracy in Europe and the United States* (Princeton, NJ: Princeton University Press, 2005).

② Office of Technology Assessment, *New Developments in Biotechnology: Field-Testing Engineered Organisms: Genetic and Ecological Issues* (Washington, DC: Government Printing Office, 1988), p. 20.

命有机体会通过发展、繁殖或传播将遗传物质传递给非目标物种"，对它的审查也与其他任何产品的上市前审查没有什么不同。[①]第二个是最详细的方案，显然也是 OTA 专家组最喜欢的一个方案，是对所有申请进行事先评估，并把每个申请都归到一个风险类别之下进行不同范围和不同强度的审查。第三个也是最不受欢迎的一个方案，它会对所有的申请都进行最大程度的审查。

如果说 OTA 的功能之一就是针对一些价值负载的问题，将专家知识的车轮推向更加民主的国会论坛，那么，回过头来看，它的生物技术报告似乎并没有履行这个职责。OTA 政策提案的时间和内容都显示它对未来的困难缺乏预见，更不用说去动员国会独立思考生物技术问题了。到 1988 年时，白宫已经发布了协调框架，事实上强烈支持了 OTA 的第一个方案，即最不具有干涉性的方案。这项提案成为美国的 224
政策，现在也依然是。然而 OTA 提到的生物有机体特异性并没有消失。例如，转基因玉米对非目标物种产生大幅影响，尽管工业界竭力否认，黑脉金斑蝶却频繁在生态科学中重现。[②]同样，种间基因传播也周期性地困扰着生物技术领域，加州大学伯克利分校的伊格纳西奥 · 查佩拉（Ignacio Chapela）的一项研究就引起了争议，据说他的研究显示美国玉米的改良性状污染了墨西哥当地的珍稀物种。[③]

8.1.3　建设性技术评估

尽管在美国，OTA 这个机构更多的是作为一种启发思维的方式，而不是作为最佳实践的模式，但它对美国外部的影响可能超过了它对美国国内政策的影响。在 20 世纪 80 年代，许多欧洲国家采用了技术评估的原则，也采取了让专家机构协助议员来决策与科学或技术相关的事务。丹麦和荷兰两国在 20 世纪 80 年代中期首先建立了类似于 OTA 的机构。英国在 1989 年建立了议会科学和技术办公室（POST），负责为委员会和议会的个体成员提供信息和简报。将科学纳入 POST 的授权管理之下，

① Office of Technology Assessment, *New Developments in Biotechnology*, p. 26.

② Jim Robbins, "The Year the Monarch Didn't Appear," *New York Times*, November 22, 2013.

③ Kenneth A. Worthy, Richard C. Strohman, Paul R. Billings, et al., "Agricultural Biotechnology Science Compromised: The Case of Quist and Chapela," in Daniel L. Kleinman, Abby J. Kinchy, and Jo Handelsman, eds., *Controversies in Science and Technology: From Maize to Menopause* (Madison: University of Wisconsin Press, 2005), pp. 135–49.

代表了英国对研究和研究政策的高度重视，并且和其他类似机构不同的是，POST 的
225 定位更多的是提供信息，而不是提供技术预测或政策建议。欧洲的类似机构是欧洲议会技术评估网络（European Parliamentary Technology Assessment Network），它为各个国家组织之间提供了信息共享和项目联合的机会。

技术评估在不同的机构和政治文化下迅速风靡，它沿着几个不同的路线发展，根据各个国家的特定传统将技术分析和民主审议联系到了一起。1984 年，荷兰技术评估办公室（NOTA）首先发展出了这样的一个策略，通常称为建设性技术评估（CTA）。NOTA 的出发点是，公民的意见应该被纳入技术的设计过程中。这只能通过参与性过程来实现，如共识会议，该会议中普通公民积极地向决策者阐述，他们对某个特定技术进步的看法和希冀。在 CTA 的意象中，技术和社会需要不断地沟通，因此“行动者的历史经验、他们对未来的看法以及对积极影响和消极影响的感知”可以不断地反馈到技术进步中。[①] 荷兰通常是基于共识来制定政策，因此，CTA 的这种设想在具有强烈共识传统的荷兰引发了共鸣，荷兰的各种机构和贸易协会都制定程序让公民参与一些诸如保健政策等设计过程。

在 CTA 的设计中，它似乎与 OTA 的方法有本质的区别，因为 OTA 只是依赖一些专家，让专家来代表各种不同的观点，而没有保留公民或其他行动者直接参与的空间。然而，人们也可能会质疑 CTA，它是否真的开拓了一个平等的空间，是否真的容许各种行动者在技术的规划设计阶段进行参与？或者它是否只是一个实用性的
226 程序，是为了保证公众认同政府和行业提前计划好了的方案？CTA 作为技术评估的衍生物，它的集体意象和未来设想的模式中既有技术评估的缺点，也有技术评估的优点。

问题的核心在于，CTA 恰恰是站在政策的一方，而不是政治的一方。“建设性”这个术语表明了它对技术的积极承诺，它也会偶然地违背这个承诺，但并不影响它的总体积极性。CTA 具有进步的性质，但并不是革命性的。从它的程序方法中可以看出它具有理性和进步特征，但是它更多的是作为一种政策实施的方法，而不是提供一个论坛，能让人们辩论大规模的技术改进所带来的伦理学问题。尽管 CTA 致力

① Johan Schot and Arie Rip, “The Past and Future of Constructive Technology Assessment,” *Technological Forecasting and Social Change* 54 (1996):257.

于对话、包容和知情的辩论，它却似乎并不适用于广泛激烈的争论，诸如人们应该如何部署他们不断扩大的技术，如何实现政治方法通常无法实现的目标。例如，石油经济的脱碳，人类大脑的提高和互相联结，恢复灭绝物种的生命或对天空进行工程重建来冷却变暖了的地球等。下文中提到的两个绿色能源倡议，后来都失败了。这两个事件让我们很清晰地看到，技术政策的政治对公开对话的排斥，基本上完全消除了建设性公共参与的可能性。这两个事件也同时说明现代国家与其主要行业之间的合作，会完全将那些分散的、小规模的政治行动者排除在外。

第一个事件涉及的是零排放汽车（ZEV），在美国也叫电动汽车。1990 年，加州空气资源委员会（California Air Resources Board）要求包括通用汽车公司在内的主要汽车制造商，在 8 年内将其 2%的生产车辆改为零排放汽车才可以继续销售汽油驱动的汽车。理论上，CTA 的行动者们可以建立多层次对话，来协调这样一个指令，使
其转化为物质实体（material reality）。然而，在实践中，正如 2006 年的电影《谁消 227
灭了电动车？》（*Who Killed the Electric Car?*）一样，通用汽车破坏了消费者的需求，并很可能与联邦和州监管机构合谋，在世纪之交的时候，迫使加利福尼亚缩减了其零排放汽车的要求。在 2006 年的纪录片中，破碎的电动车象征着商业—政府关系中的强大力量，是潜在的公众诉求不可比拟的。

第二个事件是沙漠技术倡议项目（Desertec），这是一个雄心勃勃的计划，意图用太阳能电池板覆盖撒哈拉沙漠来为北非和欧洲生产电能，据估计需耗资约 5 500 亿美元。该项目制定于 21 世纪初，在最初证明技术上可行之后，这项计划让西门子（Siemens）和博世（Bosch）等德国大工业企业感到无比兴奋，但是它并没有赢得预期的财政支持；并且当西门子和其他主要参与者后来失去兴趣后，这个项目就彻底被放弃了。事后评价曾指出，该项目的倡议者在早期规划时，根本没有考虑在北非发电供给欧洲涉及的地方政治。这个地区的动荡日益加剧，部分是由于宗教激进主义的兴起，这显然让能源技术专家们大吃一惊。最终沙漠技术倡议项目被贬斥为“乌托邦”和“一维度”的项目，它说明了自上而下进行概念规划的局限性；更重要的是，它说明了该项目缺乏相关公众进行参与的切入点，无法让公众在技术政策的早期阶段运用社会智力。

8.2 发明的伦理困境

228 曾经只属于上帝的那种造物主力量，人们是无法企及的，但是如果可以的话，人们也非常乐于行使。我们的先辈认为，只有通过神圣知识，才可以消除历史悠久的疾病恶魔和不公正的恶疾，才能探讨人类心灵，并指导围绕地球和地球上一切事物的运作。科学和技术让我们能够达到一些超人类力量，这实际上是让凡人“扮演上帝”。然而人类的这种狂妄自大和无知的自不量力也带来了深深的忧虑。技术的迅速发展，似乎会将潜在的灾难性危害发动起来，在将自然转化为工匠技艺中，这种忧虑更是一览无遗。正如第 5 章中所述，这破坏了人性的基本特征，人们认为即使是善意重塑也应该进行抵御。

各国家作出的回应，是通过政策来规定某些领域应该避免技术的入侵。在整个 20 世纪，各国就一些协议达成一致，不去追求那些大多数人厌恶的发展。国际条约对一些技术和利用技术的一些社会行为进行了设限，因为它们可能会威胁人类的生存和地球的环境。这些协议包括裁减核武器和核不扩散协定；对化学武器、地雷阵和持久性有机污染物的禁止；对消耗臭氧的化学物质的淘汰；对濒危物种的保护；对生物多样性的保护以及反对在独特的自然景点进行工业化生产。这些行动关注的重点在于，防止对健康、安全或环境的物理损害，以及在极限情况下人类所面对的威胁。针对技术可能造成的不可逆转的道德伤害，这方面的禁令协议却比较罕见。事实上，全球对克隆人类和修改可遗传物质遗传特性的禁令正是基于这种广泛（虽然不是普遍）认同的直觉，即有些边界是生物技术不应该逾越的。

229 层出不穷的新技术引发了许多伦理问题，它深深困扰着人类，却不像核武器和人类克隆那样会威胁到人类的生存层面。社会如何确保在科学和技术盲目冲向新知识和新能力时，不会失去公共价值观，不会践踏人们难以言喻却真切的道德价值？在过去的半个世纪内，公共道德机构的数量激增，这可以看作是该问题的部分答案。许多国家已经将伦理审议作为一项政策行为，旨在实现技术进步与社会价值观同步。像各种形式的技术评估一样，这些审议程序在保证技术未来处于民主控制的方面，也是既有优点，也有不足。

许多西方社会开始对技术进行伦理思考，主要是围绕生物医学和生物技术的进步。德国医学界在第二次世界大战期间的恐怖虐待行为被披露出来之后，加速了这一举措的进程。军事法庭在审判了主要战争罪犯之后，还进行了对纽伦堡医生的审判（The Nuremberg Doctors' Trial），共有 23 名主要的医生和官员涉及非法进行医学实验和大规模杀害。审判后来达成的一个结果就是实施《纽伦堡法典》（Nuremberg Code），它是对人类受试者进行研究的一套监管原则，也是当代生物医学伦理的奠基石。它规定，在所有的实验情景下，"人类受试主体的自愿同意是绝对的必要条件"。[1] 世界各地的主要研究机构今天都设有常务委员会——在美国被称为伦理审查委员会（IRBs）——以确保研究人员在开始有潜在危害的研究之前，需要获得有效的"知情同意"（informed consent）。

知情同意原则及其相关保障措施主要是直接应用于个体研究员与实验受试主体 230
之间。然而，这种对《纽伦堡法典》的狭义解读是镶嵌在更广泛的共识之中的，它是在战后时期形成的，认为社会有责任保证技术和技术赞助者符合伦理道德，尤其是当技术进步会极大威胁并扰乱亲密的社会关系或影响风险与收益的分配时。这一原则尚未出现在正式的独立法规或宪法之中，但是过去半个世纪以来，许多个体机构的发展已经让伦理预测和伦理关怀成为基本要素，我们可以把它看作是一种事实性的超国家立宪主义。它主要致力于对伦理意义和伦理影响进行事先评估，补充常规技术评估主要侧重的健康、安全、经济和环境影响。

促使社会对技术创新的伦理问题进行反思的机构主要有两种形式：第一种是高度可见的、政治任命的机构，通常可以直接参与国家政策；第二种是几乎隐形的管理机构，关注的是日常的研究动态。国家级的委员会享有一些议程设置权，它们也可能会临时被政治家召集起来解决一些紧急的新问题。此外，这些委员会在各自的国家政府决策分支中采取非常不同的立场，它们的权利也分别被重新确定并受到限制。

在美国，国家伦理机构在 1974 年开始运作，当时国会要求美国卫生及公共服务部（Department of Health, Education, and Welfare）建立保护生物医学和行为研究中
人类受试者的国家委员会。该委员会最重要的贡献是制定了脑死亡的标准，以及建 231
立了伦理审查委员会来批准针对人类受试者的研究。国会在 20 世纪 80 年代授权创

① The Nuremberg Code, http://www.hhs.gov/ohrp/archive/nurcode.html.

建了几个生物伦理机构，但是随着昙花一现的生物医学伦理咨询委员会（Biomedical Ethical Advisory Committee）的失败，这项立法领导权也结束了。生物医学伦理咨询委员会在 1988—1990 年期间运作，它从国会立法两院 * 中寻求成员平衡，却在美国流产政治的苦涩僵局中无法运行。1996 年，从克林顿政府开始，国家生物伦理机构开始在明确的总统指令下运作。

无论是为了取悦总统还是国会，美国的国家伦理委员会都受到了明确的政治约束。白宫组建的委员会的负责人，通常倾向于同情和赞同总统的政治和政策偏好。因此，布什时代总统生物伦理委员会的主席是莱昂 · 卡斯（Leon Kass），在 2001—2005 年的任职期间，他对生物医学研究持明显的保守派态度。他曾经典地说到“恶心反应”（yuk reaction），正式的说法是“反悔的智慧”——被认为可以用来检测社会不应该追求的一些方向。[①] 相比之下，奥巴马总统转向了艾米 · 古德曼（Amy Gutmann）教授，让他来领导总统生物伦理委员会，他是无可挑剔的自由党派的政治哲学家。在古德曼的指令下，委员会推迟了对“优越新技术”的定义，并且只在明显有风险的领域要求谨慎对待。例如，当著名的科学家兼企业家克雷格 · 文特声称
232 他的公司创造了一种新的合成微生物时，委员会不仅得出结论认为没有必要监管，并且还建议成立一个公共监督部门，以确保媒体不会用言论制造出误导性恐惧，如使用诸如“扮演上帝”之类的煽动性语言。[②]

伦理委员会群体所发挥的作用远不那么突出，它们主要是监督美国领军大学的研究行为。主要包括负责人类受试者的伦理审查委员会（IRB），负责动物实验的动物保健和使用伦理委员会（IACUC），以及最近刚成立的胚胎干细胞研究监督委员会（ESCRO，有时也写作 SCRO），它回应了美国公众对人类干细胞衍生影响的担忧。国家伦理委员会的判断和保证通常出现在技术创新、改变游戏规则之后，应要求才出现的，如第一个试管婴儿路易斯 · 布朗的出生、多莉克隆绵羊的出现。与国家伦理委员会不同的是，IRB、IACUC 和 ESCRO 是作为“隐形的女仆”来服务于研究

---

① Leon R. Kass, “The Wisdom of Repugnance,” *New Republic*, June 2, 1997, pp. 17–26.

② Presidential Commission for the Study of Bioethical Issues, *New Directions: The Ethics of Synthetic Biology and Emerging Technologies* (Washington, DC: 2010).

* 参议院和众议院。——译者注

事业。它们被授权防止公然的道德侵犯，但同时也被期望不会阻碍科学家眼中的科学进步。它们通常是由大学管理者来任命，通常是大学内部的教师和工作人员，但（和国家伦理委员会不同的是）它们的成员选择通常是根据他们的专长，并不受明显的政治审查或意识形态平衡的要求。

这些委员会也是在各种限制下运作的，如对它们的伦理意象范围有所限制。它们的位置就是守门员，有权力封锁那些经委员会分析之后风险似乎过大的研究系列。伦理委员会强烈地意识到，如果公共资助机构发现有违法行为，势必会给该大学带来声誉损害，更甚者还会面对巨额的罚款或造成同事们的停职。尽管这种顾虑会让 233
它们在运用指导原则时非常谨慎，但是监督也经常简化为一个相当机械的过程，以确保所有的条条框框都达标。从另一方面来说，领军性研究型大学的伦理委员会对它们的杰出科学家所面临的压力也非常敏感。这个时代高水平的科学竞争是非常激烈的。声望高的出版物、拨款和奖励不仅与取得重大成果挂钩，而且必须是首先取得成果。伦理委员会根据其构成和指令，通常倾向于同情科学家同行们的抱负和研究重心，不愿意设置障碍，去阻碍在它们看来是科学快速进步中的合法社会诉求。反过来，这就意味着伦理委员会并不适合去质问科学创新或研究新系列的基本目标。在大多数情况下，它们认为这些目的是已知的，认为自己的角色是科学的助手，而不是监督者或对手。

虽然美国的技术开发计划多次为公共道德审议拨出资金，但对于如何最好地进行这种反思没有独立的模式。也许最出名的就是 1990 年发起的“人类基因组计划的伦理、法律和社会影响项目”（ELSI）。ELSI 最初是国家卫生研究院和能源部一起管理的集中资助项目。它的主要任务是“预测问题和提供可能的解决方案”，通常资助的是研究者所提出的议案。虽然 ELSI 研究在国家人类基因组研究所持续进行，但是项目资助资金在 20 世纪 90 年代后期开始被分散管理，并置于 ELSI 研究顾问组的监督之下。①

ELSI 的历史表明，科学团体和联邦资助者都不满国家卫生研究院初期资助的 234
伦理研究方法，因为议案和重点项目都主要来自追求自己个体利益的调查者们。后

① National Human Genome Research Institute, “ELSI Planning and Evaluation History,” http://www.genome.gov/10001754.

续措施，例如资助纳米技术和合成生物学的方案，在各自的伦理维度和社会维度下，倾向于对研究进行更加严格的控制。毫不奇怪，针对这些措施的建议都是强调科学家可以自己采取行动，可以在“负责任的创新”和“预防治理”这样的评估准则下行动。这里面假设的是，沉浸在研究过程中的科学家，最适合理解和解决与他们的工作相关的所有困境，可能有时候需要机构内部的一两名伦理顾问提供帮助。伦理分析被当作一种工具性的服务，而不是一种广泛的民主目的，它是为了满足政府的需要，向忧虑的相关公众保证伦理风险处于受控的范围之内，或者就特别棘手的问题，如遗传隐私等问题制定出相关政策。[①]

那些不能实现工具性目的的伦理分析通常会被贬低，认为不值得获得公众支持。例如，2010 年，保罗 · 拉比诺（Paul Rabinow）和国家科学基金会爆发了一场非同寻常的公开争斗。拉比诺是加州大学伯克利分校著名的人类学教授，他的主要职责是研究本校合成生物工程研究中心（SynBERC）的伦理问题。国家科学基金会的审查认为，拉比诺和他的同事们所进行的研究在某些方面“似乎主要是观察性质的，而不具有主动性和进取性”[②]。换句话说，这个说法意味着国家科学基金会对 SynBERC 的进展并不满意，因为它并没有针对潜在危险的生物研究制定出安全指南，而这个目标比探索合成生物学的其他伦理维度问题都更加重要。拉比诺很快就失去了对
235 “助力 4”（Thrust 4）的掌管，“助力 4”是该伦理问题研究项目的一部分，他对该项目的领导权也很快转交给了内部科学家德鲁 · 恩迪（Drew Endy）。拉比诺作为研究人员继续工作了几个月，后来从 SynBERC 辞职，指责正是科学家自己漠视“对社会的责任，而社会却在资助他们，授予他们干涉生命的权力”[③]。

无论是在各国之间还是在国家内部，伦理机构的设计和运作差异很大，这就导致在纳入公共价值观时会有不同程度的混乱和机遇。整体来说，英国和德国的方法在处理技术发展的伦理问题时，特别是在涉及生命科学和技术的时候，会更多地吸纳外行公众的意见。在德国是由议会而不是行政部门，来控制伦理审议的国家机构。2007 年，《伦理委员会法案》建立了德意志伦理委员会（Deutscher Ethikrat），其职责

① Sheila Jasanoff, “Constitutional Moments in Governing Science and Technology,” *Science and Engineering Ethics* 17, no. 4 (2011): 621–38.

② Jennifer Gollan, “Lab Fight Raises U.S. Security Issues,” *New York Times*, October 22, 2011.

③ Ibid.

是“探究出现的伦理、社会、科学、医学和法律问题，以及探索研究和发展对个人和社会的可能影响”[①]。通过各种各样的意见、建议和年度报告，委员会涵盖了生物医学研究的动态前沿，特别关注那些能够揭露现有法律覆盖面不足的问题。例如，委员会于 2011 年针对人—动物嵌合体的报告提出建议，《胚胎保护法》应该进行修改，应该禁止将“胞质杂种”（它是将人的核细胞转移到动物的卵子中去）植入到人类子宫中。[②]这种可能性在 1990 年德国颁布的《胚胎保护法》中根本没有预见到，也未进行禁止。

德国倾向于集中采用科学、伦理分析和法律的正式形式；与德国相比，英国是另一个极端，它对公共伦理审议采取的是一种结构松散的、非官方方法。纳菲尔德生物伦理委员会（Nuffield Council on Bioethics）是最突出的机构，它对与英国生物科学和生物技术相关的伦理问题不断进行审议，并提供建议。纳菲尔德生物伦理委员会在 1991 年由纳菲尔德基金会（Nuffield Foundation）成立，受到维康基金会（Wellcome Trust）——英国一家大型的生物医学研究基金会的资金支持，也受到了政府医学研究委员会（Medical Research Council）的支持。预测功能是委员会主要的使命宣言，正如美国的 ELSI 一样。 该委员会的第一个目标是“确定和界定生物学和医学最新进展所提出的伦理问题，对公众担忧作出回应和预测”[③]。这里它的假设前提是专家机构能够比外行公众看得更远，而且专家的建议可以帮助决策者减轻公众的严重担忧。 236

虽然纳菲尔德生物伦理委员会不是由法律或行政授权召集起来的，但它遵从共同的民主规范以维护其合法性。其会员最多可以服务两个三年的任期，一般通过公开宣讲和专业网络进行竞聘。与其他同类的公共机构类似，委员会也在性别、种族和专业领域上寻求合理的平衡。它通过咨询来选定研究主题，但它也在其网站上邀请公众对未来的工作给出建议。所有这些程序都是模仿那些官方国家机构可能采用的程序，但对于委员会的最终报告则不需要任何政治机构或行动者来负责。

总之，从上述情况我们可以看出，对技术未来的民主审议已经成为工业社会中

① Deutscher Ethikrat, http://www.ethikrat.org/about-us/ethics-council-act.

② German Ethics Council, *Human-Animal Mixtures in Research* (2011), p. 98.

③ http://nuffieldbioethics.org/about/#sthash.Ex2ugB61.dpuf.

237 的普遍现象。通过及时预测和谨慎行动来预料和控制可能的伦理损害是一项跨国行动。然而最坚定的伦理分析机构化模型似乎总是倾向于与主导的意识形态联手，它体现在政治任命的国家伦理委员会的宣言中，也体现在美国国内那些主要遵从指令的低一级机构伦理部门中。另外，将伦理在委员会中进行职业化，让它们负责监督研究行为，也引起了另一个麻烦的问题：谁控制着技术？[①]这种机构的激增也似乎是将我们对未来善意技术的民主意象——我们可以把它称作公共社会技术意象[②]——用一个狭隘的技术官僚愿景进行了替代，即仅仅在专家们认为会给本机构带来荣誉损害或者影响受试者的健康和安全时，才会对研究进行制约。不过其他国家的做法——将外行公众直接纳入对技术未来的辩论之中，是否能够产生更好的效果呢？

8.3 公众参与：灵丹妙药还是安慰剂？

各国早就认识到技术是一个强大的资源，能够获得民众的支持，也是民主所依赖的基石。技术力量的展示，尤其是在国家受到袭击时，能够让民众放心，明白政府有能力保护人民免受死亡和覆灭的伤害。其负面影响是大型的技术故障会削弱或危及民众对国家的信任。这类案例包括 1984 年印度的博帕尔灾难、1986 年苏联的切尔诺贝利核事故，以及 20 世纪 90 年代英国的第二次“疯牛病”危机。“疯牛病”
238 是一种由牛传染给人的致死性脑部退行性疾病，尽管当时的专家一再保证这种物种间的传播是绝对不可能发生的。在以上的情况中，国家不得不努力重拾公众碎裂的信心，只不过成功度没有保证。这些警告性的事故已经进入了民主话语之中，强调当政府开始一个可能造成巨大伤害的技术项目时，需要事先获取同意。公众参加（public participation）或者用最近的术语——公众参与（public engagement）技术决策过程，让公民有机会和科学家、工程师和公职人员一起合作，来构想一个更具有包容性的技术未来。在实践中，这种做法是如何实施的？在多大程度上，国家允许

① John H. Evans, *The History and Future of Bioethics: A Sociological View* (New York: Oxford University Press, 2012).

② Sheila Jasanoff and Sang-Hyun Kim, eds., *Dreamscapes of Modernity: Sociotechnical Imaginaries and the Fabrication of Power* (Chicago: University of Chicago Press, 2015).

公民将自己的价值观注入技术发展的历程之中？①

传统上，一般是通过法律的"大伞"来让美国公众参与技术控制的决策，使用的是经过时间考验的对抗式程序机制。早在 1946 年，国会就通过了《行政程序法》(APA)，它是现代立法的一个里程碑，确立了公众咨询原则，行使任何联邦监管权力都必须应用该原则。在《行政程序法》通过之前的参议院辩论期间，该法律的主要支持者——内华达州的参议员帕特里克·麦卡伦（Patrick McCarran）指出，治理的（行政）"第四维度"已经出现，这是宪法所没有预见或明确允许的维度。引人关注的是，麦卡伦用宪法的语言论述了《行政程序法》，认为它是"成千上万美国人的权利法案，因为他们的事务受到联邦政府机构的各种控制或监管"②。

如果说《行政程序法》为越来越受专家主导的联邦政府奠定了民主宪法的基础，那么 20 世纪 70 年代基于这个基础爆发的健康、安全和环境的立法，就构成了 20 239
世纪后期控制政府权限的上层结构。虽然大政府的保守派批评者通常将其贬斥为政府的疯狂举动，认为各种立法实际上常常是盲目相信公民的能力，相信他们能够理解和影响联邦政策中最晦涩难懂的方面。这些新法律认为公民不一定有知识，但有足够的认知能力，能够获取有效自治所需的知识。从托马斯·杰斐逊到约翰·杜威，美国政府都认为公民有足够的认知能力。20 世纪 80 年代酝酿爆发的放松管制和新自由主义运动，不但挑战了政府解决公共问题的能力，也挑战了公众是否有能力将技术控制在共同价值观之下。实际上，放松管制是将权力转给了私营部门，而其最强大的象征就是在权力制定议程、发展专门知识以及作出设计抉择中，不用受到几十年来民主立法所确保的下层民众的持续性批判监督。③

100 年来的美国行政实践都是在以下两个愿景之间进行协调，一个是技术民主的愿景，国家运用法律的保障措施来监管创新者；另一个是更自由的愿景，技术生产者可以预想公众想要什么，主要根据市场规律来生产商品。我们很容易把这个时期看作是民主的衰落，是私有化的日益繁荣和集体理性的分裂。④然而，自由主义者认

① Jason Chilvers and Matthew Kearnes, eds., *Remaking Participation: Science, Environment and Emergent Publics* (Abingdon, Oxon: Routledge, 2015).

② Proceedings from the Congressional Record of March 12, 1946 (Administrative Procedure), http://www.justice.gov/sites/default/files/jmd/legacy/2013/11/19/proceedings-05-1946.pdf, accessed October 2014.

③ Sheila Jasanoff, *Science and Public Reason* (Abingdon, Oxon: Routledge-Earthscan, 2012).

④ Jasanoff, "Constitutional Moments."

为数字媒体创造出了自我表达和自我治理的新可能性，认为它开启了直接民主，改善了国家家长制和强大利益集团——农业综合企业、大型制药公司，甚至正统医学
240 团体——对审议空间的掌控。这种强大的解放通常伴随着新技术的到来而出现，然而，正如第 6 章中所论述的那样，我们尚且不清楚互联网时代的民主前景是加强了对个人命运或集体命运的控制，还是削弱了这种控制。

美国政策参与的发展明显不同于那些历史上就享有监护人地位的国家，让 · 雅克 · 卢梭（Jean-Jacques Rousseau）曾称它们是“大众意志”的颁布者。美国在 20 世纪中叶发生的公民参与权的扩张，在其他西欧国家要么没有发生，要么发生了但其所波及的范围远不及美国。专制国家和发展中国家采取程序改革的步伐依旧很慢，这些改革可以让公民在政府控制的农业、能源、经济、医疗或工业等技术政策中发出自己的声音。全球对农业生物技术引进的抗议（见第 4 章）可以看作是直接民主的一个全球性案例研究：通过一系列示威抗议，小农户、环保主义者、发展批评家和世界各地的其他怀疑论者不仅开始挑战技术创新的某种形式，而且挑战了以国家为中心的政治，加强了直接民主在全球的传播。

世纪之交中英国的发展和美国的情况形成了鲜明的对比，阐释了公众参与的不同方法所具有的优缺点。英国的行政管理历来依赖于紧密联系的精英网络的非正式协商，将其作为政策的基础。直到最近，对决策过程开放的正式授权也很少发生。而美国的《信息自由法案》可追溯到 1966 年；为应对“水门事件”的听证会，在 1974 年又进行
241 了重要扩充。英国直到 2000 年才颁布了一项法律，允许在一定程度上有限地获知政府信息。咨询对于政策制定仍然是至关重要的，但很大程度上也是由国家决定应该咨询谁，唯恐不经筛选的咨询引发动乱。因此，一些英国分析家就号召应该进行更多的“非邀请式参与”，意图将更广泛的公众意见和价值观纳入政策制定中。[①]

一个雄心勃勃的计划是让更多公民参与技术的辩论，它也揭示了在打开传统的封闭过程时所造成的紧张局势。“转基因国家？”（GM Nation?）调查项目是英国政府就转基因作物的引进进行的为期一年的公众意见征求。该项目是短期但有影响力的

---

① Robert Doubleday and Brian Wynne, “Despotism and Democracy in the United Kingdom: Experiments in Reframing Citizenship,” in Sheila Jasanoff, ed., *Reframing Rights: Bioconstitutionalism in the Genetic Age* (Cambridge, MA: MIT Press, 2011), pp. 239–62.

农业和环境生物技术委员会（AEBC）在 2003 年建议执行的，[①]“转基因国家？”项目以征集一项转基因作物重大新政策的名义，在全国进行了 600 多次公开会议和活动。最终的裁决结果很清晰：只有 2%的受访公众喜欢转基因作物，95%的人担心它对非转基因农业的污染。大多数参与者都表示农业生物技术的好处具有相当大的不确定性，并且认为目前对转基因的行业参与者缺乏相应的独立监管。然而，尽管“转基因国家？”项目获得了明确的结果，并且是由政府监管机构密切关注的，也产生了很多新闻评论[②]，但它并没有成为未来审议的模式。生物技术倡导者贬斥它是一种自我选择的反技术力量论坛，而反对者则指责政府不顾对话的结果，已经决定采取一种支持转基因的政策。在一项政府报告中，专门论述这场辩论中“学到的经验”时也是明显含糊不清的，只强调它没有将公众意见与当代科学和经济技术评估整合起 242
来。[③]换句话说，“转基因国家？”被认为是一个官方失败的项目，因为它没有将公众凝聚起来，让他们同意政府倾向的政策选择。

英国以对话的独特形式将公众纳入对新技术的伦理和社会影响的讨论中，这种方法现在看起来似乎是太微弱、太晚，也太古怪。它试图改造历史上封闭和内向的政策文化，依靠内部人之间的信任进行谈判，施行的是不寻常的开放并包容的自治行动。另外，这种努力是在问题出现两极分化之后才进行的，耸人听闻的异议观点已经逃逸出了政策遏制的小魔瓶。在这种情况下，“转基因国家？”几乎注定是要失败的。来自兰卡斯特大学（Lancaster university）包括罗宾 · 格罗夫 · 怀特（Robin Grove-White）这位 AEBC 会员在内的一批作家总结道，“在农业转基因中有这样一个倾向，当监管者面对新情况和新技术时，通常会运用之前的技术评估框架，将其绑定到目前的辩论中”。作者们认为，这种借助于之前的经验，阻碍了恰当地“对特

① 农业和环境生物技术委员会是托尼 · 布莱尔的工党政府建立的 20 人小组，其目的是应对 20 世纪 90 年代末的争端。AEBC 的作用就是针对转基因的科学、伦理和社会维度对英国政府提出建议。它在 2005 年解体，因为它和政府的观点分歧越来越大。http://webarchive.nationalarchives.gov.uk/20100419143351/http://www.aebc.gov.uk/aebc/index.shtml。

② Bernard Dixon, “Not Yet a GM Nation,” *Current Biology* 13, no. 21 (2003): R819–R820, http://www.cell.com/current-biology/pdf/S0960-9822%2803%2900760-7.pdf.

③ Department for Environment, Food and Rural Affairs, “The GM Public Debate: Lessons Learned from the Process,” March 2004, http://webarchive.nationalarchives.gov.uk/20081023141438/ http://www.defra.gov.uk/environment/gm/crops/debate/pdf/gmdebate-lessons.pdf.

定新技术的独特性质寻求符合社会现实的分析”。[①]

8.4 结论

综上所述，技术不仅仅是达到实用目的的工具，也是现代社会用于探索和创造未来生命的一种更加自由和有意义的工具。通过技术，人类社会能够清楚地表达他们的希望、梦想和欲望，并制造出能够实现它们的物质工具。另外，随着社会对新
243 技术的适应，人们的集体愿景和渴望也发生了改变和演化，人们利用技术改变了人们之前的理解和目标。技术的选择在本质上也是政治性的：它们规定社会秩序，分配利益和负担，并重构权力。令人惊讶的是，技术和民主在现代国家的治理实践中很大程度上是相互脱离的，这种状况一直持续到20世纪晚期。包括国家官员、公司、科学家、发明家和金融家在内的精英们都参与到现代社会运转的技术基础设施的大型建造之中[②]，而公众在是否发展特定方向的意图中基本没有任何发言权。

在过去的几十年里，共有三项政策措施来应对公民日益增长的掌控技术未来的欲望，他们想重掌技术企业家、企业和政府赞助者所主导的未来。每个政策在早期都受到了美国政策的影响，但在传播到其他国家时，不同国家的风险收益公共评估和公民对政府的潜在期望都对政策产生了不同的影响。每个政策也都遇到了一些困难，它们显示出了让科学和工业对公共价值观进行负责的困难，尤其是当负责意味着技术进步的放缓时，例如，在转基因作物的案例中，我们需要对一些修改自然－文化关系的特定收益进行限制。尽管美国曾经在技术民主化的辩论中处于世界领军地位，但美国政策后来转向依赖私有化和市场机制，这大大侵蚀了美国在三项政策中曾经的领军地位。

技术评估是对社会技术未来最直接、最形式化的预测和控制，是西方国家广泛流行的模式，尤其是在美国成立了技术评估办公室之后。尽管技术评估办公室的许

---

① Matthew Kearnes, Robin Grove-White, Phil MacNaghten, James Wilsdon, and Brian Wynne, “From Bio to Nano: Learning Lessons from the UK Agricultural Biotechnology Controversy,” *Science as Culture* 15, no. 4 (2006): 301–2.

② David Noble, *America by Design: Science, Technology, and the Rise of Corporate Capitalism* (New York: Alfred A. Knopf, 1977).

多分支机构和类似机构都比技术评估办公室更持久，但技术评估办公室自身的缺陷让人们注意到，它并没有让技术评估变得更加民主。它的评估行为与立法过程紧密 244 相连，也因此受到了法律自身缺陷的影响——只对当下政治负责，依赖于不确定的公共资金，很少回应民众意愿或很难适应快速变化的环境。建设性技术评估的原则似乎更具有包容性，并试图让相关团体切实对技术负责，以照顾用户的感知。但是正如通用汽车的电动汽车案例和沙漠技术倡议项目所显示的那样，建设性技术评估的实用性，通常会在对社会未来的宏大愿景中，触及一些公众掌控能力之外的东西。在以上的两个案例中，在对技术未来的愿景采纳和放弃过程中都与公众没有什么关系，尽管这些工程会直接影响公众的生活。

伦理委员会和公众参与实践虽然对澄清问题有帮助，但作为民主治理的机制也是有自身缺陷的。生物伦理审议在美国的发展历程显示，深层的伦理问题如何被一步步等同于风险评估，它的实用主义动机就是保持研究的车轮向前推动，与此同时满足公众的伦理要求。像伦理审查委员会这样的机构并不适合探讨基因革命带来的根本性的法律问题——人之所以为人的意义。生物伦理已经成为专业人士的话语权，他们一方面向公众传达一种民主监管的安全保证，另一方面也赋予企业完全的行动自由，由它们来实际决定什么是实现“公共的善”的科学和技术意象。

更加矛盾的是，即便是那些允许公众参与决策过程的做法，在让根深蒂固的传统决策公开化时，也只是略微见效。“转基因国家？”就是一个范式性的案例。在该 245 案例中，政府采取了最广泛覆盖公众的策略，引导公众针对特定的技术路径发表意见，但最终针对公众是否充分表达了意见则有很多争议。在英国的政治文化中，一般是政府邀请特定人士进行咨询，对于这种生物技术批评家们所认为的真正民主化的“非邀请式参与”，英国的官员们感到很难消化。即便是在行政过程较为开放的美国，也开始对自由选择奏起了警示的旋律，它们原则上允许利益相关团体或个人在技术的管理中发表意见。美国政策把技术重塑为消费者的权利来源，而不是一种政治形式，它为了实现知情消费的简易之路，牺牲了困难的伦理审议原则。在下一章的总结性章节中，我们会转向当今技术进步的远景，以及在复杂的全球系统和极度不平等的世界中所带来的审议前景、伦理前景以及创造未来的前景。

第 9 章

为人类而发明

246 整个 20 世纪，“技术”一词建立起了第一次工业革命时期的基础设施，但那时它是脏乱的、锈迹斑驳的、恶臭的并且隐形的，正如温斯顿·丘吉尔（Winston Churchill）提及向政府提供咨询的科学家时反复说的一样：“随时可用却不是最好用的方法”。然而，在世纪之交时，技术已经完全转变成了社会变革的动力，成为全球人口越来越大的希望载体和恐惧载体，因为人们愈加意识到，技术可以显著地，甚至是不可逆地改变人类生存的目的和状况。对世界人口整体来说，20 世纪晚期的突破性技术，会给我们带来更好的健康、更快的沟通、更加清洁的环境，以及难以想象的知识财富和信息财富。就个人层面来说，这些技术进步——尤其是在纳米、生物、信息和认知科学的推动下——创造了自我重塑的许多机会，因此，技术提供了迄今为止难以想象的丰富生活，但同时也带来了一些忧虑，人们担心这种权力可能被滥用，从而给人类带来永久性的伤害。

247 “核毁灭”的威胁大大地推动了全球对技术风险的关注，但是从 20 世纪 80 年代开始，被技术内部人员称为“汇聚中断”（convergence disruption）的技术却增加了公众对人类能力提高的期望，同时也带来了新的忧虑——对技术控制性和普遍性影响的担心。生物技术给人类的生命和健康带来了奇迹，但也唤醒了人们对环境恶化和道德腐败的深层忧虑。近年来，纳米技术、合成生物学、认知科学和神经科学的发展，以及计算能力的提高都集中致力于用技术重新定义“人”的意义。信息技术尤其是这个时代的先驱，个人数据的快速增长使用将会让人类受试者很容易受到前所未有的开采和监控。大数据和算法作为显然可靠的治理工具，可能会取代人类的“自由裁量权”。与此同时，气候变化则仍然作为旧工业时代的阴霾遗物，继续可怕地笼罩着地球，它也警醒我们如果对技术进步的标准不加收敛，会多么可怕。甚至在面对极度威胁时，一些人仍然相信技术自身就是这副毒药的最好解毒剂，他们要么主张以地球工程学的形式来冷却地球，要么希望开发新能源技术，以实现增长而无污染，或者是以科幻小说的幻想方式逃离到一个新星球，那里不曾受到人类管理不善的毁坏。

人们通常持有但有误的观念是一曲三重奏，每一个观念都暗示，技术从根本上来说是无法管理的，因此不能对它进行伦理分析或者政治监管，这种观念长期以来阻止了人们对技术监管的系统思考。第一种观念是技术决定论，它认为与数百年来的历史经验相悖，技术有其自身内在的动力，驱动着历史进程。第二种是技术专家
治国论，它认为只有有技能和知识的专家拥有监管技术进步的能力。第三个是结果 248
意外论，这种观点意味着，技术所造成的伤害超越了技术的意图范围和预测范围，因此它滋生的是一种宿命论，认为人类操作会产生各种可能性：即把非人类的、机械的或认知的合作者置于有意义的人类控制之下时，会产生各种可能性。

我们在本书中看到，技术系统实际上具有较好的可塑性，也比传统观念所认为的更加适合伦理分析和政治监管。技术的创造和运用已经在多个层面上引发了伦理问题，从如何保护个人价值观和信仰，到应该在多大程度上尊重各个国家依据各自独特的法律和政治文化作出的政策直觉。20 世纪后期，随着技术在全球的传播，这些问题变得越加紧迫，它们要求技术先进的国家承担起一项义务：积极的公共反思和公共反应。例如，制药行业曾经被视为医学知识和实践的奇迹般突破，也被认为给全人类带来了巨大好处。然而，在全球市场中，药品与一系列规范性问题掺杂在一起，涉及的不仅仅是国内的权利和义务，而且是跨国家的。这些问题涉及人类生

理组织的所有权、医学数据的隐私权、临床试验的同意权、人类受试者的伦理、仿制药的生产商、实验类药物和基本药物的获取、本土知识的保护以及许多相关事务。对这些问题的风险和期望，人们的认识有巨大差异，它取决于观察者的社会经济地位——生病还是健康、富裕还是贫穷、生产者还是消费者、发达国家公民还是发展
249 中国家公民。药物所产生的影响已经超越了它们作为治疗试剂的直接属性：人类身体在跨国的空间中已经重新整合为科学、医学、经济学、法律和政策的目标对象。然而，药物发展的伦理审议程序和政治审议程序在跨国层面上，远不如在国家层面上容易实施。

影响深远的技术发明应该如何监管，才能符合全球的伦理需要呢？谁应该负责对技术创新进行风险和收益评估呢？尤其是当其影响超越了国家边界时，我们应该依据谁的标准呢？和哪些相关团体讨论呢？遵从什么程序指令呢？如果决策失误会造成伤害，应该用什么来补救呢？技术灾难和失误不断地警醒我们，对这些问题的回答需要进行深层次的社会分析、政治分析和法律分析。然而，许多基本的对错问题依然有诸多争议，而解决这些问题的原则也只是刚刚微弱地闪现。作为总结，本章回顾了几十年来对技术系统监管的国家经验和全球经验，这也是我们前几章中曾经讨论并举例说明过的。我用下文的三个小节对未来我们要面对的挑战进行了分类，它也将以往的历史联系了起来：预测、所有权和责任。

9.1 预测：一种不平等的能力

如果说在技术的政策话语中有一条主线的话，那就是对理智预测的需要。20 世纪 70 年代和 80 年代的技术评估项目是为了预测和防范技术引发的物理伤害和环境
250 破坏。同样地，对新技术伦理意义的评估也反映了人们的广泛意愿，即想预测并抵制那些难以容忍的道德伤害。也许在现代社会，这毫不奇怪，对物理结果和道德结果的预测与专家对可能结果的预料非常相近。技术政策的线性模型，以风险评估为起始，之后在决策过程中又加入了价值负载，它把预测的初始阶段委派给了专家或技术官僚，因为人们认为他们对技术如何运作以及哪里容易出错了解得最清楚。然而，正如前面章节中的一些案例所展现的一样，专家的想象通常受到他们专业知识

的限制。他们对已知的关注远高于对未知的关注。因此，专家的预测通常强调短期的、可计算的和无争议的影响，而忽略那些被认为是猜测的、牵强的或有政治争议的方面。另外，专家们沉浸在开创性的科学见解之中，经常会低估混杂的社会技术系统的复杂性，其中人与非人因素之间的不明动态和反馈常常击溃实验室预测中的精准度。

9.1.1 谁来想象未来?

在技术变革的早期承诺阶段，倡议该技术的专家就已通过自身能力塑造并局限了其预测。阿西洛马会议的分子生物学家们决心阻止一些生物灾难，但他们却没有想象到这个世界会被商业生物技术重塑，主要的转基因作物将常规性地取代它们野生的同类作物，尽管这是在发现了重组 DNA 技术几十年之后才在美国形成的。德国工程公司构想了从撒哈拉把太阳能转移到欧洲的方案，却没有考虑到这项大胆的跨 251
国项目所涉及的政治管制，它跨越了差别迥异的文化和经济，而沙漠技术倡议项目的最终破产要归咎于设计者想象力的不可治理性。

机构的保守主义也有碍于进行有远见的预测。例如，法院通常会保证法律的稳定性，但其代价通常是忽略技术变化所带来的价值影响。基因泰克公司将阿南达 · 查克拉巴蒂研制的细菌描述为一种纯物质的说法，在惯例法的最高法院的判决中却得以获胜，因为法院宁愿选择生物技术公司的增益说法，而不愿选择杰里米 · 里夫金的那种似乎没有依据的滑坡理论忧虑。滑坡理论认为授予细菌专利就会继续授予高等动物专利。然而，现在回顾里夫金对生命专利轨道的预测，似乎比基因泰克公司以及当时的主要科学家团体的看法更准确。加拿大最高法院拒绝对肿瘤鼠授予专利，美国最高法院之后也在授予人类基因专利的事件中得出，当对生命授予专利会带来极端后果时，人们可以进行追溯性（也可以说是迟到的）否决。

同样，在专家思维中，也频繁在“是”和“应该”之间进行隐性滑移，让伦理关注变得钝化。任何与传统科学家的背离，都会被看作是非理智的、虚构的或幻想的，任何不能达成（或尚未达成）的事件都被看作是不值得伦理担忧的。正如我们看见的那样，发明本身通常被当作一种“善”，它的相关伦理监督都是为了保证这种预期的善，不会因为不计后果的贪求利润而导致脱轨。因此，他们更侧重对技术不

可能性的预测，这是为了阻止那种“不现实”的伦理推测以及幼稚的公共忧虑。例
252 如，在《科学》（*Science*）杂志 2013 年的突破性工作简报中，在“最终的人类克隆”的标题下，该杂志报道说，“今年研究人员宣布他们已经克隆出了人类胚胎，并将它们用于提取胚胎干细胞——实现了长久以来的目标。”该报告还进一步淡化了这项发展的伦理影响，忽略对它的道德反感，强调技术的不可能性，认为社会不应该担忧：“这项成就也引起了关于克隆婴儿的担忧，**但克隆婴儿目前是不可能的。**俄勒冈州的研究人员说，尽管尝试了上百次，但克隆的猴子胚胎没有一个能够成功在代孕母猴体内孕育”。[①] 在这段描述中，从没有提及万一成功会怎样。假设克隆胚胎能够成功在母体孕育，那么克隆婴儿似乎就很可能了。我们这种具有无限创造能力的社会，竟然只在对人类尊严的威胁变为现实时，才对这种影响深远的技术实验作出伦理后果的反思，这样合适吗？

《科学》报告中所意象的世界，让我们不禁好奇，什么时候才算是公众担忧克隆婴儿的合适时机？需要等到俄勒冈州的研究人员或其他地方宣布，他们的克隆胚胎成功在母体中孕育吗？但是，可以肯定的是，到那个时候会有新现状的“是”来击溃那种可能细致谨慎的“应该”。比如，本应该有这样一条规定，在研究人员企图让有伦理争议的克隆胚胎在母体孕育时，在尝试数百次之前，本应该让他们先考虑一下相关规定，或者征求公共意见的。此外，将人类胚胎克隆描述为“长久以来的目标”，忽略了各个国家对胚胎和婴儿分界时间的长久争端和不同的伦理看法。例如，在德国的胚胎研究过程中，它们的伦理担忧会比美国的担忧出现的时间要早，这反
253 映了德国义务论（伦理）倾向和美国实用主义的对立，但两国的伦理反思都是根植于“西方”传统。如此相近的两国，在伦理的基本原则上尚且有如此差距，那么这种会影响整个人类种族的决定，仅由技术领先的国家来做决定合适吗？

专家们自信的断言成为伦理分析的基点，任何事件可能性的伦理评估都倾向于围绕着成本和收益进行实用主义分析。两届不同的总统生物伦理委员会分别评估人类克隆和合成生物时，正是这么做的。两个事件中，委员会都总结认为，目前不需

① “Human Cloning at Last,” Runners Up, Breakthrough of the Year, *Science* 342 (December 20, 2013).

要担忧伦理，因为目前该技术还不太安全，尚且不能投入使用。[①]这些对未来即时风险的浅薄评估，将一些基本原则的问题排斥在外，忽略了我们用技术应该达成什么样的世界，世界中应该包含什么样的生命形式的问题。这种令人失望的片面性做法与一些民主理论家的希望相悖，他们希望进行预测监管，通过诸如建设性技术评估的程序（见第 8 章），“能有助于将技术性科学的长弧弯向有益于人类的目标”[②]。

9.1.2　涓滴创新

现代社会投入了大量财力和人力资源来预测技术的负面影响，防范可能出现的坏结果，但这些资源在各个国家和各技术领域的分布确实是不均衡的。像孟加拉国 2013 年拉纳广场的工厂坍塌之类的事件，说明了在全球的政治经济情况中穷人的生活所处的危险状况，这是富裕国家难以容忍的。让人吃惊的是，责任的归咎也一样难以处理，2013 年有史以来最惨烈的纺织工业灾难事件是如此；1984 年联合碳化物公司的事件也是如此，它在博帕尔泄漏的致死气体异氰酸甲酯，毒杀了这个沉睡中的城市。在确定对大楼业主萨赫勒 · 拉纳进行起诉上，就花费了两年的时间。尽管许多雇用孟加拉国工人的制衣工厂都为补偿基金作出了一些贡献，但缺乏一个国际论坛来厘定正式责任的区分，也缺乏重要的跨国行动者正式出面进行负责。风险评估本意味着预测并阻止这类恐怖事故的发生，但其评估程度在全球经济、政治和信息严重不平等的状况下，尚且无法应对目前对预测和保护的挑战。 254

风险评估的失败也可以归咎于历史上狭隘的因果框架，它是当今广泛应用的预测技巧的支柱。风险评估通常被当作一门“科学”，长期低估社会因素的作用，过度强调一些可以量化的变量，忽略那些隐蔽的经济、机构和文化可能造成的风险。美国的事故专家在损失了两艘航天飞机之后（“哥伦比亚号”和“挑战者号”），才辨认出美国国家航空航天局中的机构因素才是酿成悲剧的原因。博帕尔的灾难性悲剧更是空前绝后。而它的解决方案在许多人现在看来仍然是过早以及不公平的，其摒弃

---

① National Bioethics Advisory Commission, *Cloning Human Beings: Report and Recommendations of the National Bioethics Advisory Commission* (Rockville, MD: NBAC, 1997); and Presidential Commission for the Study of Bioethical Issues, *New Directions: The Ethics of Synthetic Biology and Emerging Technologies* (Washington, DC: 2010).

② David Guston, “Understanding ‘Anticipatory Governance,’” *Social Studies of Science* 44, no. 2 (2013): 218–42.

了对各种错误的公平裁决，尤其是当一个高度危险的技术转移到财富和知识不对等的国家时出现的各种失误。

255 尽管预测作为治理工具有一定的局限性，但任何一个社会离了它都不行。在整个历史长河中，人类一直致力于预测未来——有时预测今生，有时预测来世，它是抵消现今恐惧和考验的一种方式。对未来美好世界的设想让发明家们不断想象并创造新的工具：从蒸汽机、轧棉机、电灯泡到今天的转基因土豆，据称这种土豆油炸时会产生更少的致癌物质丙烯酰胺。[1]解放的愿景让加利福尼亚州的奇点大学（Singularity University）雄心勃勃，希望一次性大幅改善10亿人的生活质量。[2]这种乐观主义的预期同样也推动了创新经济。投资者购买新兴技术公司的股票，期望在未来的研发道路上能够得到上升的利润。消费者也发挥了自身功用，他们追捧苹果最新的动向，期望得到前所未有的豪华、速度和多功能性。现代社会的便利之一就是观念和现实之间的距离大大缩短了。我们将知识转化为发明的能力，已经随着我们的科学资源和经济资源的增长有了大幅提高。一旦提出有创意的想法，就能迅速获得关注，吸引到投资，获得法律支持和政治支持，以实用的形式快速进入全球市场，这在人类历史上是前所未有的。

然而，进行这些积极预测的愿望很大程度上仅限于那些已经掌握了很多资源因此处于有利地位的人们，他们可以畅想拥有更多会是怎样的远景。斯蒂芬·乔布斯的著名宣言称，他知道消费者想要什么，甚至是在消费者自身知道之前。该断言是在众多“不缺少”的经济中形成的。乔布斯认为，人们不仅想要，而且有能力购买自己梦想设计的精美手机。但是世界上的大部分人都处于那种无法预测的地位，他
256 们看不见在技术的快速前进中自己的直接收益，也看不见改善的远景。他们必须接受“仁慈”外部人员的允诺，他们的生活可以通过某些发明得到提高，这些发明是那些接触技术前沿的企业家，运用资本和专业知识所调动起来的大规模变化。

为了消除技术和经济优越社会所享有的想象优势，最近一个观念得以普及，那就是“节约创新”（frugal innovation），或称“节约工程”。这里“节约”的意思是将

① Andrew Pollack, “U.S.D.A. Approves Modified Potato. Next Up: French Fry Fans,” *New York Times*, November 7, 2014.

② D. Rowan, “On the Exponential Curve: Inside Singularity University,” *Wired*, May 6, 2013, http://www.wired.co.uk/magazine/archive/2013/05/singularity-university/on-the-exponential-curve.

技术改造得更加适应不发达地区的状况。其中一个成功的典范就是 2005 年麻省理工学院尼古拉斯·尼葛洛庞帝（Nicolas Negroponte）发起的“100 美元的笔记本电脑”项目，该项目还受到了联合国前秘书长科菲·安南（Kofi Annan）的欢迎。其目标是制造一批价格低廉的电脑，提供给世界市场，它的装备中剥离了一些不必要的花哨装饰，还能够适应在恶劣的条件下工作，如困扰大多数发展中国家的频繁断电问题。节俭创新无所不包，从印度塔塔公司（Tata）生产的 Nano 汽车（世界上最便宜的汽车）到诺基亚 1100 手机（一种大众的精简手机），以及联合利华的一次性洗浴用品。我们甚至可以看到共享经济的繁荣——伴随着它的转变，“额外”的房间、汽车，甚至宠物都进入了闲置资本的范畴——作为一种节约创新，它潜在利用有产阶级的闲置物品服务于无产阶级的大众。

他们从富余经济学中获得了依据（否则怎么会有那么多闲置物资？），而共享经济和穆罕默德·尤努斯（Muhammad Yunus）著名的小额贷款概念也有家族相似性，
它也是基于以下原则：一个人只需要分享出一小点，就能为所有人带来巨大收益。 257
此外，为穷人所做的某些物质创新也具有巨大的效益，如无烟炉灶、堆肥厕所和简单的水净化系统等，这些也引起了北半球富裕国家工程师和科学家的注意。然而，总体上来说，针对穷人的生存创新与推动突破性发展的前瞻性远景（后者主要是在技术汇集的富裕国家）之间的差距仍然是惊人的。

尽管“不花哨”的货物有其值得赞扬的地方，但它们仍然代表的是一种涓滴创新理论（trickle-down theory of innovation），即资源丰富的富裕国家的技术成就可以定义劣势团体的期望视野。富人为适应环境所作出的发明成了穷人应该需要和意欲获得的黄金标杆，只不过是性能较少、缺乏外观吸引力并且不太可能把它当作自主发展的平台。[1] 创新的问题很少以逆向的方式由穷人提出。对于世界上五分之二的人们来说，他们每日维持生计的费用不足两美元，对他们来说，什么样的技术未来才

---

① Elta Smith, “Corporate Imaginaries of Biotechnology and Global Governance:Syngenta, Golden Rice and Corporate Social Responsibility,” in Sheila Jasanoff and Sang-Hyun Kim, eds., *Dreamscapes of Modernity: Sociotechnical Imaginaries and the Fabrication of Power* (Chicago: University of Chicago Press, 2015), pp. 254–76.

是最有意义的呢？[①] 他们应该将他们 50 天的所有微薄收入都用来购买一台孩子的笔记本电脑（100 美元的廉价本）吗？或者说是不是有其他更加紧迫的技术需求需要解决？不管怎样，买了笔记本电脑之后是不是就打开了通向各种有趣丰富网站（脸谱网、Reddit 新闻网、Pinterest 和 Instagram 社交平台）的大门，通向那些富人可以轻而易举获得并享受的服务？

技术未来的设计中弥漫的权力差异很让人担忧，但这并不是人们所关心的唯一伦理问题。事实上，在我们这个时代，人们越来越认识到这种高消费生活模式的不
258 可持久性，人们也不清楚富人对未来的预测有没有比穷人意象的生活更好。随着小型化、绿化、简化，以及“自由主义”（靠他人不需要的垃圾来生活）在年轻人中的盛行，如何在地球上更轻松地生活的观念可能恰恰是来自于底层，这种观念会更加注重社会凝聚力和管理权的价值，而不是不断地对生物和非生物材料进行帝国主义式的开采。

9.2 所有权和发明

过去几百年的技术发展既得益于物权或私有财产的观念，也得益于对“公共的善”的期望。新技术通常并不涉及新的提取方式，发现者掌握了如何获取并分配之前未被占用资源的方式，并从中获得巨大利润。勘探和开采是发现未被占用资源的突出例子，但技术让资源的使用以多种其他方式呈现，通常还与国家项目和帝国扩张有关。加利福尼亚州在 19 世纪中叶，开始涌入成千上万的移民加入淘金热，促使它开始进入现代化。塞西尔·罗兹（Cecil Rhodes）在南非的帝国主义梦想开拓了钻石开采业。利奥波德国王二世（King Leopold II）在刚果的野蛮政权大力支持橡胶和象牙贸易。这些行业都笼罩在剥削、残忍和权力滥用的阴影下，但只要他们生产的产品有市场需求，技术、经济和政治会联手维持这种压迫性政权。

早期的提取技术是将人们认为有价值的物质从石头、土地、植物和海洋中开采
259 出来，而今天的技术则是给历史上不是商品的物质赋予新的价值。生物材料就属

① Daryl Collins, Jonathan Morduch, Stuart Rutherford, and Orlanda Ruthven, *Portfolios of the Poor: How the World's Poor Live on $2 a Day* (Princeton, NJ: Princeton University Press, 2009).

于这类范畴的物质，从基因到实验室制造的新实体，如哈佛大学易患癌的肿瘤鼠，基本上无所不容。碳市场（carbon markets，也称排污权交易市场）和生态系统服务（ecosystem services）的设计将大自然的一部分功能也转化为可交易的产品，但我们对它的使用和对金子的使用方式有所不同。这类范畴的物质还包括信息革命所带来的大数据编译的繁荣。[①] 社交媒体通过大规模的数据集合已经将人们的习惯、爱好、记忆和志趣转为商品。脸谱网的交易基于这样一个事实：数十亿人愿意和他们的“朋友”联系，为了联系到朋友，并获知他们的目前状态，他们愿意将大量的个人信息数据呈现给私营企业。推特是让人们用 140 字以内的文字和附加的图片来表达瞬间想法，在互联网出现之前人们一般觉得这些不适合分享，互联网使人们能够将转瞬即逝的印象、想法和视像传播给全球大众。Pinterest 的繁荣是基于人们分享的理想婚礼、度假、房屋装修和其他人们对未来的期盼中希望获得的东西。直接面向消费者的基因测试公司则是将志愿者提供的基因信息编纂为数据库，它具有商业潜能，可以进行药物研究和开发。所有这些技术系统都以新的方式从人们身上获取利益，将他们的思维、语言、习惯、身体和感情作为资源进行开发，创造新的适销产品。

Hela 细胞系的一波三折说明，人们对自己身体的掌控意识——可能更要包括对思想的掌控——和现有法律和政策对所有权的定义有巨大差异。瑞贝卡 · 斯克鲁的获奖书籍重建了海莉耶塔 · 拉克斯的故事，给这个现代生物学最有用的研究工具之一带来了一场不稳定的激荡，也激起了美国长久以来的种族叙事和贫穷叙事。美国 260
国家卫生研究院意识到，如果这个历史上长期被排除的团体的道德主张（该主张和过去生物医学伦理的缺陷有关）得不到良好解决，那么就会形成一场公共关系的灾难。美国国家卫生研究院用之前的程序解决了眼前的问题，当研究涉及他们祖先的生物遗产时，给予拉克斯家族决定权。要是没有这种特殊的历史和政治状况，Hela 细胞系的案件很有可能失败，从而让海莉耶塔 · 拉克斯第二次死亡。这个特殊的案例也不太可能成为一个有说服力的先例，目前的科学和其研究对象之间拥有的是不对称的议价权。

① Executive Office of the President，President’s Council of Advisors on Science and Technology，*Big Data and Privacy: A Technological Perspective* (Washington，DC: March 2014).

管理技术创新的知识产权制度承袭的所有权和资本的概念在很大程度上，仍然是沿用200多年前现代工业社会的概念。当然，这些概念即便在西方国家也并不是完全相同的。欧洲专利法和美国专利法的不同，在于它对违反 ordre public（道德）的发明有着明确的限制法令。欧洲法对“发明进步”的定义标杆也比宽松时期的美国法律高出许多，因为美国专利和商标办公室曾经在没有明确实用性的情况下，授予 DNA 片段专利。然而，总体上来说，知识产权用技术中立性的面纱掩盖了它的规范基础——比如相对于集体创造来说，它更倾向于个体企业家的发明。在格列卫药品事件中（见第7章），印度最高法院明确指出，专利法是经济发展的工具，因此它
261 所提供的保护本质和保护范围应该反映“本国的经济状况”[①]。这种明确强调知识产权的规范基础和权力倾向的说辞，很少在西方的法律决策中出现。

然而法律可以确认抑或推翻关于所有权的声明，不可否认的是，它已经明显与公众对自治、隐私、生命或健康的担忧交织在一起。2013年美国最高法院的突出事件是，运用法律权力取消了对人类基因的专利授予，推翻了美国专利和商标办公室数十年来所坚持的原则。美国公民自由联盟是一个公共利益组织，通过数年来的积极运动，消解了一项商品化的举措，因为将人类部分基因组进行私有化授权，违反了普遍默认的公共价值观。这种全盘推翻的做法有时也会发生在国际情境中，不过这里面的驱动力是来自政治经济学，而不是个人的政治影响。因此，联合国《生物多样性公约》通过承认本土知识拥有者的所有权，致力于逆转数百年来猖獗的生物剽窃。该公约要求生物勘探公司和当地团体共享收益，这些公司是利用当地知识和材料才开发出了新的治疗药物。2001年的《多哈宣言》也是受到经济分配的不平等的驱动，而不是药品生产的驱动，它旨在补充《与贸易有关的知识产权协议》。TRIPS 现在允许一些经济体在紧急情况下规避药物专利权，例如艾滋病危机需要快速、大量地获得一些基本药物。未来可以深入讨论的问题包括：当发明越来越多地依赖于人、观点和材料的协同效应和流通，并跨越之前似乎无法逾越的地缘政治边界时，我们应该如何分配知识产权的所有权问题。

① *Novartis v. Union of India*, Supreme Court of India, April 1, 2013, para. 38.

9.3　责任：公共责任和个体责任

技术进步将公共空间和个人空间进行了重新划分，它不仅影响了公共审议的个人自治和机遇，也许更重要的是，它还影响了个体责任和公共责任的规范。从卡尔·马克思到赫伯特·马尔库塞（Herbert Marcuse），社会理论家们一直在警示，技术通过工业行为实践和大众文化的传播，会对人类思想带来扁平化、标准化和迟钝化的影响。在大型技术系统的铁笼里，人们臣服于流水线和生产量的暴政，自我解放和责任听起来就像是个天大的笑话。新的生物技术和信息技术，尤其是针对遗传性疾病，向我们作出解放的允诺。但它们同时也前所未有地读取我们的身体和思想，制造出的社会控制甚至会超越奥威尔（Orwellian）噩梦般的《一九八四》（*Nineteen Eighty-Four*）*。 262

在某种程度上，人们自身也是数码时代缩减隐私界限的同谋。自拍文化（人们可以手持摄像头进行自拍）的兴起和人们对引起他人注意的无限兴趣，创造出了一个醉人的空间，但稍不注意也会毁掉一份工作、葬送政客的生涯，甚至侵犯那些就连明星也不愿公开的隐私领域。[①]既普遍又模糊的数据集合，已经成为个人自我控制与自负政府和企业权力争夺的主要根源。数据寡头目前在国家赞助和自己制定的强制规章制度下运行，例如谷歌和脸谱网的隐私条款都反映出了不同的规范要求。为 263
了把信息的疯狂前沿掌控在系统控制之下，可能需要采取像欧盟那种数据主体之类的宽泛概念，需要不断辩论在人们的爱好和个人信息的数据流通方面，人们知道什么、预期什么，以及能够容忍什么。

另一种不同的伦理担忧是，在我们这个时代，市场思维和管理的新自由主义形式造成的“公共性”概念的紧缩。立法机关这个代议制民主的经典部门，似乎越来越不相关，因为大量的钱财可以通过各种各样的渠道对公众意见施加影响。企业家们更是剧烈反对立法，认为（尤其是在美国）它会让创新停滞，因为法律总是落后于科学和技术。一些领袖人物，如万维网的发明者蒂姆·伯纳斯李（Timothy Berners-Lee）和人类基因组的测序员克雷格·文特尔指出，互联网的成

① Jon Ronson, *So You've Been Publicly Shamed* (New York: Riverhead, 2015).

*　一本描述受严格统治而失去人性的社会的小说。——译者注

功和生物技术的进展都是技术宽松发展的获益者。而立法机关通常缺乏勇气和专业知识进行反击，另外也可能在政治上获益于这种他们在理论上本应该遏制的利益。

为了监管具体的技术发展，如生物医学、纳米技术、合成生物学、神经科学，伦理机构激增，它们本应该缓解公共决策机构的私人企图，但在实践中，这些无形的委员会为伦理忧虑又额外增加了一个层面。当它们和研究团体的联系过于紧密时，伦理审查委员会这种本应该监管人类受试者的机构，却潜在地倾向于不对本单位的
264 机构或者明星科学家提太多要求，避免施加太多的压力。正如我们所见，即便是比较公开的国家伦理委员会也倾向于对即将面临的技术未来选择安全的成本－收益分析，而不愿意就新的研究主线质问一些长远的公共利益问题。例如，英国的沃诺克委员会（Warnock Commission）为现代生物医学作出了巨大贡献，规定了 14 天之前的胚胎可以被视为一个非人的研究对象。在英国，这个划界为使用胚胎组织的前沿研究提供了宽松的研究空间，也因此引出新的伦理延伸，导致了几个新领域的首次获批，如使用“救命手足”来为生病的孩子提供配对的组织，或者制造三人胚胎来消除母体的线粒体遗传病。然而，我们不太确定，这种将公共道德放在一个封闭的伦理机构中相对私有化的做法，是否会产生公共异化和规范拒绝。美国目前对诸如干细胞研究的争论显示出规范划界的政治脆弱性，因为伦理专家的观点并未被置于现行的公共监督和重新审核之下。

9.4 结论

在过去几百年中，现代社会已经发明出了许多奇怪又美好的事物，在旅行、交流、计算能力、生命健康和生命拯救方面，打破了许多以往难以想象的障碍。利用技术，我们已经成功将饥荒转变为富余，消除了许多致死性疾病，探索了海洋和平流层，将外层空间也纳入人类的想象视野之中，打开了人类心灵深处的思维，可以
265 有针对性地开采。当一个机器人在火星上或彗星上着陆时，地球上的许多人都异常欢欣，为我们的准确精度欢呼，有人甚至说，这就像在伦敦挥一下锤子，就能砸到新德里的一个钉子一样。建造可循环利用火箭的梦想也在 2015 年 12 月得以实现。

美国的技术企业家伊隆·马斯克（Elon Musk）的公司成功地在将卫星送入轨道之后，把火箭又降落回地面。与此同时，在监控、模拟和测量技术活动对健康、环境和社会的影响方面也取得了巨大进步。技术文化也不再完全无视大自然，不会像 19 世纪那样：工厂不断地喷吐呛人的烟灰，污染原始的自然景观；有毒染料毫无节制地排入河流；工人因为暴露于石棉，数以千计地死于肺部疾病，而公司却掩盖证据。

然而，正如我们在前面章节所看到的一样，机构的缺陷、不平等的资源和自负的叙事，却继续阻碍着人们对技术和人类价值观的相互影响进行深刻地反思。在我们盲目迈进新技术的泥潭时，许多倾向于谨慎或预防的重要观点往往被搁置一旁。进而，技术所具有的解放、创造和强化的潜能，就无法实现；或者实现的话，也会分布不均衡。诸如基因革命和信息革命这类问题，更是需要谨慎的深谋远虑和持续的全球关注，但它们却经常在机会主义的设计下，变得去政治化和隐性化，这种偏爱路径依赖的发展轨迹让未来的创造和解放毫无希望。

汽车是 20 世纪最成功的技术发明，也是现代世界仍然为之痴迷的财富象征，但其发展史是对人类预测局限性的范例性阐述。汽车为个人自由和生产力带来了巨大 266
的进步，但是随之而来的巨大社会后果则是人们想象不到或者不能及时监管到的。全世界每年因交通事故死亡的人数超过 100 万，它还带来了沉闷的、程序化的工作流程，污染了的城市空气，社区团体的碎片化，曾经辉煌的制造业中心的衰退，威胁全世界的气候变化。目前的责任创新实践和预期监管能在悲剧制造之前，逆转汽车的历史路线吗？由于技术的大众吸引力、巨大的经济效益以及社会效益，目前这种国家所实施的当地性、情景性的监管过程似乎远远不够。另外，偶尔的措施并不能深入预测失衡的中心。出于各种实用目的，监管技术的原则设定权力掌握在资本和工业手中，而不是掌握在工人、消费者和劳苦大众的政治代表手中。

对于这种深层次的民主缺陷，运用程序性创可贴并不能治愈。最近新增的一些实验如公共咨询、建设性技术评估和伦理审议，是有益无害的，应该继续进行。它们的优点是，让人民参与到与他们日常生活相关的决策之中，也许，随着时间的推移，他们能够逐步澄清社会对技术规则的取舍。然而，这些特定流程并不能取代由我们的实际意图所达成的宪法惯例。为实现民主意象的潜力，当代社会必须首先承认技术既不是自我推动的，也不是价值中立的。即便是最普通的技术提高也会带来

267 新的规范性权利和义务，正如我穿过剑桥的大街时，在曾经不受管制的路口装上交通灯之后所带来的监管一样。因此，技术与法律明显是并行的，后者在塑造我们的集体未来时也是一个强大的治理工具，一点儿也不输于技术。在监管技术时，这种认识会促使我们进行更加深入的伦理思考和政治参与。我们只有承认，技术有能力塑造我们的心灵和思维，有能力塑造我们的信念和行为，才能使监管的路标从宿命论的技术决定论转向自我决策的解放。直到那时，在我们这个脆弱又超负的地球上，符合伦理的平等预测权才可能成为人类文明的基石。

致 谢

一本书就是一趟旅程，好的旅程中总会遇到旅伴。这本书比原计划的发行时 269
间晚了许多。本书起初只打算对现代技术危险性进行专题报告，但是随着出版方对本系列书籍的定位变化，它转向讨论在人类技术未来的塑造中所涉及的复杂的政治参与和政治排斥。我首先想感谢诺顿出版社的编辑团队对本书一直以来的支持。感谢安东尼·阿皮亚（Anthony Appiah）第一时间通知我接手这个项目，并让项目开始运作。感谢罗宾·哈林顿（Roby Harrington）在我停滞时期的耐心等待，感谢布兰登·库里（Brendan Curry）细心的阅读，帮助我澄清在细节说明的手稿中的主要信息，我也非常感谢索菲·迪韦努瓦（Sophie Duvernoy）和纳撒尼尔·丹尼特（Nathaniel Dennett）帮助本书顺利通过各种后期编辑并出版。

本书中涵盖的一些实证材料代表了对法律和技术的新研究；其余一些材料是早
期收集的，并在新的分析语境中被再次使用。因此，相对某个个人或者项目来说， 270
本书更应该感谢我在哈佛大学肯尼迪学院主持科技研究项目时集体成员形成的思考和工作。在过去几年中，每周与项目中的同事们的会议讨论，不断地加深和促进我对技术管理的伦理维度和政治维度的思考。这里要特别感谢三位合作者与我的讨论：

罗布·哈根迪克（Rob Hagendijk）、本·赫尔伯特（Ben Hurlbut）和希尔顿·斯密特（Hilton Simmet）。本书中所说的现代技术和民主的基本角色与宪法角色，反映了我与他们每个人的交流，但本书中的遗漏和缺陷都与他们没有任何关系，由作者自己负责。

我也从之前的工作中受益匪浅，作为两个国家科学基金会（NSF）资助项目的主要研究者，有些研究也与本书的主题相关："福岛灾难与美国和日本的核电政治"（NSF 项目，编号 1257117）和"创新的意象旅行：实践轮回及其跨国实施"（NSF 项目，编号 1457011）。国家科学基金会在我的职业生涯演进中发挥着关键作用，对我在科学和技术研究学科建设上发挥了重要作用，我再次对基金会的支持表示由衷的感谢。此外，还要感谢莎娜·拉比诺维茨（Shana Rabinowich），在过去六年中她对我的项目管理作出了重要贡献。

最后，感谢我的家人，他们在我生命中起着最基本的重要作用，也是用语言无法表达的。本书是关于未来的，把它送给我的尼娜（Nina）尤其合适，她们这一代将要塑造出的未来世界是我无法想象的。

索 引

下文中带有字母 n 的是指注释中的文字。

ACLU (American Civil Liberties Union), 美国公民自由联盟, 197–200, 261

Administrative Procedure Act (APA),《行政程序法》, 238

Affordable Care Act,《大众健康医疗法案》, 44

Agreement on Trade-Related Aspects of Intellectual Property Rights (TRIPS),《与贸易有关的知识产权协议》, 205–6, 209, 261

Agriculture and Environment Biotechnology Commission (AEBC) (Great Britain), 农业和环境生物技术委员会, 241, 284n–285n

agriculture, early development, 农业, 早期发展, 87–88

Airbnb, 空中食宿, 4

alleles, 等位基因, 121, 133

Alphabet, Alphabet 公司, 166

see also Google , 见谷歌的词条

Amazon, 亚马逊, 153, 176

American Chemistry Council, 美国化学理事会, 72

American Civil Liberties Union (ACLU),

美国公民自由联盟，197–200，261
Anderson，Benedict，本尼迪克特 · 安德森，167–68
Anderson，Warren，沃伦 · 安德森，84
Annan，Kofi，科菲 · 安南，256
anthropocene，人类世，34
antibiotic-resistant organisms，耐药生物，4，92
anticipation，预期
  and ethical analysis of technology，技术的预期和伦理分析，236，251–53
  and inequality，和不公正，256
  limits of prediction and imagination，预测和想象的局限，250–53
  and technology assessment，和技术评估，249–50
  trickle-down innovation，涓滴创新，253–58
APA (Administrative Procedure Act)，《行政程序法》，238
Apollo 17 mission，阿波罗 17，215
Apple，苹果
  anticipation of new products，新产品的预期，255
  antitrust investigations，反垄断调查，168
  Apple watch，苹果智能手表，2
  as data oligarch，作为数据寡头，176
  digital fingerprint sensor in smartphones，智能手机的指纹数码感应器，3
  employee buses，员工班车，169
  FBI attempt to unlock iPhone，联邦调查局试图解锁指纹，171–72
  hiring practices，雇用行为，168–69
  iPhone 4 and Antennagate，苹果 4 和天线门，22–23，39
  and PRISM electronic surveillance program，和棱镜项目电子监视程序，171
Argentina，阿根廷，101，205
Ashley Madison hack，阿什利 · 麦迪逊网站攻击，158
Asilomar meeting，阿西洛马会议，96–97，99，114，250
Assange，Julian，朱利安 · 阿桑奇，162
assisted reproduction，辅助生殖
  cloning，克隆，131–33，228，252–53
  designer babies，设计婴儿，139–41
  and law lag，和法律滞后，144–46
  preimplantation genetic diagnosis (PGD)，植入前基因诊断，139–41
  and redefinition of families，家庭的重新定义，141–44
regulation of，管制，141–42
savior siblings，救命手足，140–41，264

sex selection，性别选择，139–40
status of embryos，胚胎的地位，134–35，136
surrogate mothering (surrogacy)，代孕母亲，130–31，141，142，143
"three-parent embryo," 三对父母的胚胎，133
in vitro fertilization (IVF)，试管授精，129–34，135，137，139–40，141–43
see also biomedicine，见生物医学
Automobiles，汽车
automobile fuel economy，汽车燃油经济，217
consequence of emissions，尾气排放的后果，24，29，266
electric cars，电动汽车，9，226–27，244
lack of human foresight，缺乏人类预见，265–66
Model T，模型 T，29，32
Nano automobile (Tata Group)，Nano 汽车（印度塔塔公司），256
traffic deaths，交通事故死亡，37，266
see also traffic lights，见交通灯
Aventis，安万特，108
Ayyangar，N. Rajagopala，阿杨戈尔法官，207
Baby M (Melissa Stern)，"宝贝 M"（玛丽莎·斯特恩），131，141，143，145
Bacillus thuringiensis (Bt) gene in crop plants，作物植株的苏云金杆菌基因，93，94，97–98，109，111
Banda Aceh，班达亚齐，83
Barlow，John Perry，巴洛，约翰·佩里，161–62
Bayer，拜耳药厂，206
Beck，Ulrich，乌尔利希·贝克，34–35，40，45，49，85
"Beltsville pigs，" "贝茨维尔猪"，92，114
Ben & Jerry' s，本杰瑞公司，104
Berg，Paul，保罗·伯格，129
Berners-Lee，Timothy，蒂姆·伯纳斯-李，263
Beyer，Peter，彼得·拜尔，112
Bhopal Gas Leak Disaster (Processing of Claims) Act，1985，1985 年的《博帕尔毒气泄漏灾难法案（索赔处理）》，74，77
Bhopal toxic gas leak (India)，博帕尔毒气泄漏（印度）
asymmetries of expertise and power，专家知识和权力的非对称性，69–72，81–84
political background，政治背景，65–67
Bhopal Act，《博帕尔法案》，74，77

deaths and injuries，死亡人数和受伤人数，23，68
description of events，事件描述，67–68
effect on trust in the state，对国家信任的影响，237，254
and imbalance of power，权力的不平衡，81–84
injustice of law，法律的不公正，78，79–81，83–84，86
methyl isocyanate (MIC)，异氰酸甲酯（MIC），59，65，67，68，70，72，254
multinational enterprise liability doctrine，跨国企业责任的准则，76–77，79–80
settlement of case，案件的解决，77，80，254
and social inequality，和社会不平等，82
sodium thiosulfate controversy，硫代硫酸钠争议，70–71，72，79
tort litigation and，侵权诉讼和，72–77，80
Bienenbüttel，Germany，比嫩比特尔，德国，63，73
big data，大数据，3，156–57，174，247，259
biobanks，生物库，123，126–29，186，202
bioethics as new discipline，新学科生物伦理学，120，146
Biomedical Ethical Advisory Committee，生物医学伦理咨询委员会，231
Biomedicine，生物医学
biobanks，生物库，123，126–29，186，202
bioethics as new discipline，新学科生物伦理学，120，146
gene editing. see CRISPR technology，基因编辑，见 CRISPR 技术
gene splicing，基因剪接，119–20，192
genetic medicine，遗传医学，122，123–26
genomic medicine，基因组医学，180–81
germline genetic engineering，生殖系基因工程，119，133–34，277n
human embryonic stem cells，(hESCs)，人类胚胎干细胞 (hESCs)，135–38，252
human rights and，人权和，120
and law lag，法律滞后，144–46
preimplantation genetic diagnosis (PGD)，植入前基因诊断，139–41
recombinant DNA (rDNA)，重组 DNA，97，119–20，192
reproductive medicine，生殖医学，120

savior siblings，救命手足，140–41，264
status of embryos，胚胎地位，134–35，136，137–38，264
in vitro fertilization (IVF)，试管授精，129–34，135，137，139–40，141–43
see also assisted reproduction，见辅助生殖
biometric information，生物信息，3
bioprospecting，生物勘探，204，261
biotechnology，生物技术
assessment by OTA，技术评估办公室的评估，221–24
claims about GMOs，对转基因生物的断言，56n
Coordinated Framework for Regulation of Biotechnology，生物技术监管协调框架，221–22，223–24
development of controversy about，生物样本争议的发展，89–90
and ownership of biospecimens，和生物样本的所有权，185–89，260
recombinant bovine growth hormone (rBGH)，重组牛生长激素，92–93，105
strategic errors in，策略性错误，89，90–94
see also genetically modified organisms (GMOs)，见转基因生物
Bismarck，Otto von，奥托·冯·俾斯麦，44
Black Lives Matter，"黑人的命也是命"运动，49
Bleak House (Dickens)，《荒凉山庄》（狄更斯），81
blood alcohol tests，血液酒精测试，150
Boisjoly，Roger，罗杰·博伊斯乔里，39，40
Bollgard Bt cotton，保铃棉，109–10
bonobos，倭黑猩猩，118
Bosch，博世，227
bovine growth hormone (rBGH)，重组牛生长激素，92–93，105
Boyer，Herbert，赫伯特·博耶，119，129，192
Branson，Richard，理查德·布兰森，1
Brave New World (Huxley)，《美丽新世界》（赫胥黎），129
Brazil，巴西，164，205
BRCA genes，乳腺癌基因，122，123，181，198，199–201
BRCAnalysis©，乳腺癌分析©，198
Britain. see Great Britain，英国
broadband access in United States，美国的宽带连接，5
Brooks，Harvey，哈维·布鲁克斯，215
Brown，Louise，路易斯·布朗，130，232
Brown，Michael，迈克尔·布朗，49

Bt (Bacillus thuringiensis) gene in crop plants，作物植株的苏云金杆菌基因，93，94，97–98，109，111
Buck v. Bell，巴克诉贝尔案，20
Bundy，McGeorge，麦克乔治·邦迪，220
Bush，George W.，乔治·W. 布什，95，136
Buzzanca，Jaycee，杰西·巴泽卡，143，145，146
Buzzanca，John and Luanne，约翰·巴泽卡和璐安娜·巴泽卡，143，146

CAFC (Court of Appeals for the Federal Circuit)，联邦巡回上诉法院，184，199–200，201
Calgene，卡尔基公司，91–92
California Air Resources Board，加州空气资源委员会，226
Canada，加拿大，101，195–96，208
carbaryl，西维因，67
Carter，Ashton，阿什顿·卡特，219–20
Carter，Jimmy，吉米·卡特，199
Catalona，William，威廉·克罗侬，187–89
Cavendish Laboratory，卡文迪许实验室，116
Cave of Forgotten Dreams (documentary)，纪录片《被遗忘的梦的洞穴》，212
CBD (Convention on Biological Diversity)，《生物多样性公约》，203–4，261
Celera Corporation，塞雷拉基因组公司，122
cell lines，细胞系
HeLa cell line，HeLa（宫颈癌）细胞系，179–82，185，208–9，259–60
immortal cells，永生细胞，178–82
Mo cell line，Mo 细胞系，186
and ownership of biospecimens，生物样本的所有权，185–89，260
use in biomedical research，生物医学研究中的应用，178，180
cell phones，手机
social adaptation over time，时间流逝，社会适应，32，48
iPhone 4 and Antennagate，苹果 4 和天线门，22–23
Nokia 1100，诺基亚 1100 型号，256
security features，安全性能，3
use by train crews，火车乘务员的使用，24，25–26
and warrantless searches，无搜查证的搜索，149–52
see also information technology，见信息技术
Chakrabarty，Ananda M.，阿南达·查克拉巴蒂，190–92，209，251
Chakrabarty decision (Diamond v. Chakrabarty)，查克拉巴蒂决议（戴蒙德诉查克拉巴蒂），

191–92, 193, 197, 208–9
Challenger (space shuttle), “挑战者号”（太空飞船）, 21, 38, 39–40, 41–42, 254
Chauvet cave art, 肖维岩洞艺术, 212
Chemical Manufacturers’ Association, 化学品制造商协会, 72
Chernobyl nuclear accident, 切尔诺贝利核事故, 34, 59, 237
Chicago, Illinois, 伊利诺伊州芝加哥, 87
chimpanzees, 黑猩猩, 118, 195, 211
chlorofluorocarbons, 氟氯化烃, 23, 33
Churchill, Winston, 温斯顿 · 丘吉尔, 246
cinchona bark, 金鸡纳树皮, 203
Cipro, 西普罗, 206
Clark, Arthur C., 亚瑟 · 查理斯 · 克拉克, 14
Clean Air Act,《大气保护法》, 81
climate change, 气候变化
  as both technological and natural, 技术和自然上的变化, 34
  as consequence of auto emissions, 汽车碳排放的后果, 24, 29, 42
  extreme weather events, 极端天气事件, 35
  and fossil fuels, 和化石燃料, 4, 42
  risk overview, 风险问题, 4
  technology as antidote, 技术灵药, 247
Clinton, Bill, 比尔 · 克林顿, 55, 133
cloning, 克隆, 131–33, 228, 252–53
Code of Hammurabi,《汉谟拉比法典》, 44
Cohen, Stanley, 斯坦利 · 科恩, 119, 129
Collins, Francis, 弗朗西斯 · 柯林斯, 178–79, 181
Columbia (space shuttle), “哥伦比亚号”（太空飞船）, 21, 38–40, 41–42, 254
common law, 普通法, 16, 74, 77–78, 193, 251
complementary DNA (cDNA), 互补DNA, 200–201
constitutional amendments ,《美国宪法修正案》
  First Amendment,《美国宪法第一修正案》, 20, 163, 171
  Fourth Amendment,《美国宪法第四修正案》, 149–50, 154, 278n
  Second Amendment,《美国宪法第二修正案》, 36
constructive technology assessment (CTA), 建设性技术评估, 224–27, 244, 253
contraceptives, ban on, 避孕药, 禁止, 154–55
Convention on Biological Diversity (CBD),《生物多样性公约》, 203–4, 261
convergent disruption, 汇聚中断, 247
Cook, Tim, 蒂姆 · 库克, 171
Coordinated Framework for Regulation of

Biotechnology，生物技术监管协调框架，221–22，223–24
Costeja González，Mario，马里奥·莫利纳，173–74
Court of Appeals for the Federal Circuit (CAFC)，联邦巡回上诉法院，184，199–200，201
Crichton，Michael，迈克尔·克莱顿，214
Crick，Francis，弗朗西斯·克里克，116–17，118
CRISPR (clustered，regularly interspaced，short palindromic repeat) technology，成簇的、规律间隔的短回文重复序列技术，是一种基因组编辑技术，133–34
Cronon，William，威廉·克罗侬，87
crows of New Caledonia，新喀里多尼亚的乌鸦，211
Cry9C protein，Cry9C 蛋白质，97–98，108
CTA. see constructive technology assessment (CTA)，见建设性技术评估

Dadachandji，J. B.，戴德乾吉，75
Daddario，Emilio Q.，埃米利奥·达达里奥，217
Dark Mountain Project，暗山项目，6
data oligarchs，数据寡头，166–72，176，262
data subject's rights，数据主体的权利，173–74，176，263
deCODE Genetics，解码公司，124，127–28
deregulation，放松管制，218，239
Desertec，沙漠技术倡议项目，227，244，251
determinism. see technological Determinism，决定论，见技术决定论
Dewey，John，约翰·杜威，239
Diamond v. Chakrabarty，戴蒙德诉查克拉巴蒂，191–92，193，197，208–9
Dickens，Charles，查尔斯·狄更斯，81
Dickey-Wicker amendment，《迪奇－威克修正案》，137
direct-to-consumer (DTC) testing，直接面向消费者（DTC）测试，124–25，259
disasters，灾难
Chernobyl nuclear accident，切尔诺贝利核事故，34，59，237
E. coli outbreak in Germany，德国的大肠杆菌中毒事件，62–64
ethical contradictions，伦理悖论，85
Fukushima nuclear disaster，日本福岛核事故，59
Germanwings crash，“德国之翼”号飞机事故，43
imbalances of power，权力的不平衡，69–72，81–84，85
justice and，正义和，61，64–65，79–80，

81, 83–86
Rana Plaza collapse (Dhaka, Bangladesh), 拉纳大楼坍塌（孟加拉国达卡市）, 60–62, 84, 85, 253, 274n
and social inequality, 和社会不平等, 60, 61–62, 83–84, 243
space shuttles, 航天飞机, 21, 38–42, 254
Three Mile Island nuclear accident, 三里岛发电厂核事故, 59
tsunami of 2004, 2004 年的海啸, 83
as unintended consequences, 作为意外结果, 23–24
see also Bhopal toxic gas leak (India), 见博帕尔毒气泄漏（印度）
disposable cigarette lighters, 一次性打火机, 37
DNA (deoxyribonucleic acid), DNA（脱氧核糖核酸）
base pairs, 碱基对, 117–18
complementary DNA (cDNA), 互补DNA (cDNA), 200–201
DNA fingerprinting, DNA 指纹图谱, 150, 278n
double helix, 双螺旋, 116–17, 118
exons, 外显子, 200, 201
genes, insertion of, 基因, 植入的, 118–19
gene splicing, 基因剪接, 119–20, 192
genetic code, 基因编码, 117–18, 120, 121, 150
introns, 内含子, 201
isolated DNA fragments, 分离出的 DNA 片段, 199–201, 260
plasmids, 质粒, 191, 192–93
recombinant DNA (rDNA), 重组 DNA, 97, 119–20, 192
replication, 复制, 118, 119
Doha Declaration, 多哈宣言, 205, 209, 261
Dolly (cloned sheep), 多莉（克隆羊）, 131–32, 232
double helix, 双螺旋, 116–17, 118
Douglas, William O., 威廉·道格拉斯, 154–55
Dow Chemical Company, 美国陶氏化学公司, 69
DTC (direct-to-consumer) testing, DTC（直接面向消费者）测试, 124–25, 259
Duke Energy, 杜克能源公司, 81
DuPont, 杜邦公司, 13, 105

E. coli outbreak in Germany, 德国的大肠杆菌中毒事件, 62–64
Economist,《经济学人》, 110
Edwards, Robert, 罗伯特·爱德华兹, 129–30
electric cars, 电动汽车, 9, 226–27, 244

elephants，大象，211–12
Ellsberg, Daniel，丹尼尔·埃尔斯伯格，163–64，165
Emanuel, Ezekiel，伊齐基尔·伊曼纽尔，128–29
EMBL (European Molecular Biology Laboratory)，欧洲分子生物学实验室，181
Embryonic Stem Cell Research Oversight (ESCRO or SCRO) bodies，胚胎干细胞研究监督委员会，137，146，232
Endy, Drew，德鲁·恩迪，235
environmental justice，环境公正，55
EPA. see U.S. Environmental Protection Agency (EPA)，EPA，见美国环保局
EPO (European Patent Office)，欧洲专利局，194，282n
ESCRO. see Embryonic Stem Cell Research Oversight (ESCRO or SCRO) bodies，ESCRO，见胚胎干细胞研究监督委员会
Ethical, Legal, and Social Implications (ELSI) Program of the Human Genome Project，人类基因组计划的伦理、法律和社会影响项目，233，236
ethical analysis of technology and anticipation，技术和预测的伦理分析，236，251–53
 cloning，克隆，252–53
 Ethical, Legal, and Social Implications (ELSI) Program of the Human Genome Project，人类基因组计划的伦理、法律和社会影响项目，233，236
 institutional review boards (IRBs)，伦理审查委员会，160，229，231，232，244，263
 instrumental purposes，工具性目的，234
 Nuremberg Code，《纽伦堡法典》，229–30
 Nuremberg Doctors'Trial，纽伦堡医生的审判，229
 pharmaceutical drugs，药物，248–49
 "playing God" with technology，用技术"扮演上帝"，227–28，232
 public ethics bodies，公共伦理机构，229，230–37，244，263–64
 treaties on，相关协议，228
EU. see European Union (EU)，EU，见欧盟
eugenics，优生学，20
European Molecular Biology Laboratory (EMBL)，欧洲分子生物学实验室，181
European Parliamentary Technology Assessment，欧洲议会技术评估，224–25
European Patent Office (EPO)，欧洲专利局，194，282n
European Union (EU)，欧盟
 ban on GMO importation，欧盟对转基因作物进口的禁令，92，101，222
 bans on GMO cultivation，对转基因开发

的禁令, 107
Court of Justice, 欧洲法院, 107, 173–74
Data Protection Directive of 1995, 1995 年的《数据保护法令》, 173
data protection policies, 数据保护政策, 172–75
data subject's rights, 数据主体权利, 173–74, 176, 263
rBGH ban, 禁止使用重组牛生长激素, 92
right to be forgotten, 被遗忘的权利, 173, 174, 176
rules of "coexistence" for GMOs, 转基因作物的共存规则, 106–7
support for Golden Rice, 支持"黄金大米", 112
Evans, Oliver, 奥利弗·伊文思, 190
Eveready Industries, 永备公司, 69
evergreening of drugs, 药品的"常绿化", 206, 282n
exons, 外显子, 200, 201

Facebook, 脸谱网
as data oligarch, 作为数据寡头, 166, 176
information shared on, 信息共享, 153–54, 161, 259
mood experiment, 情绪测试, 159–61, 279n
number of users, 用户数量, 1, 271n
personality traits revealed by likes, 喜好反映个性特征, 157–58
and PRISM electronic surveillance program, 棱镜电子监控项目, 171
privacy policies, 隐私政策, 159, 161, 262
telephone conversation replaced by, 电话沟通被取代, 175
FDA (U.S. Food and Drug Administration), 美国食品和药品管理局, 92, 104–5, 106, 125
Ferguson, Charles, 查尔斯·弗格森, 21
"fifth branch" of the government, 政府的"第五部门", 19
financial crisis of 2008, 2008 年金融危机, 21, 23
fingerprint sensors, 指纹感应器, 3, 57
Fireman's Insurance Fund, 消防员保险基金, 44
First Amendment,《美国宪法第一修正案》, 20, 163, 171
Fiske, Susan, 苏珊·菲斯克, 160
Fitbit, 智能计步器, 2
Flavr-Savr tomato, "美味"番茄, 91–92, 114
Flickr, 网络相册, 154
Ford, Betty, 贝蒂·福特, 123

Foreign Intelligence Surveillance Act (FISA) of 1978，1978 年的《外国情报监听法》，170
Foreign Intelligence Surveillance Court (FISC)，外国情报监视法院，170，171
forum non conveniens (inconvenient forum) doctrine，不方便法院原则，74
Fourth Amendment，《美国宪法第四修正案》，149–50，154，278n
"fourth branch" of the government，政府的"第四部门"，20
framing，框架，26，47–49，95
France，法国
  antisurrogacy policy，反代孕政策，143–44
  ban on GMO cultivation，转基因生物的开发禁令，107
  Chauvet cave，肖维岩洞，212
  nuclear power policies，核能政策，27
Franklin，Benjamin，本杰明 · 富兰克林，184
Freedom of Information Act，《信息自由法案》，240
freeganism，自由主义，258
frugal innovation，节俭创新，256–57
FTC (U.S. Federal Trade Commission)，联邦贸易委员会，104
Fukushima nuclear disaster，福岛核灾难，59

Galanter，Marc，马可 · 格兰特，75
Gandhi，Indira，英迪拉 · 甘地，65–66
GATT (General Agreement on Tariffs and Trade)，《关税与贸易总协定》，205
genealogy，online searches，血亲，网络搜索，157
Genentech，基因泰克公司，192–93，195，251
General Agreement on Tariffs and Trade (GATT)，《关税与贸易总协定》，205
General Electric (GE)，通用电气，190–91
General Motors (GM)，通用汽车，37，226–27，244，273n
generic drugs，仿制药，204–7
genes，基因
  BRCA genes，乳腺癌基因，122，123，181，198，199–201
  coding for proteins，蛋白质的编码，117
  exons，外显子，133，200，201
  gene editing. see CRISPR technology，基因编辑，见 CRISPR 技术
  gene splicing，基因剪接，119–20，192
  and genetically modified organisms，和转基因生物，54
  patents on，授予专利，196–202，251，261
  and relationship between species，以及不同

物种间的关系，117–18
gene splicing，基因剪接，119–20，192
genetically modified organisms (GMOs)，转基因生物
Asilomar meeting about (1975)，阿西洛马会议讨论，96–97，99，114，250
Bollgard Bt cotton，保铃棉，109–10
Bt (Bacillus thuringiensis) gene in crop plants，作物植株的苏云金杆菌基因，93，94，97–98，109，111
claims by biotechnology industry，生物技术公司的断言，56n
comparison to pesticides，杀虫剂的对比，56
deliberate release，故意释放，96–98
EU ban on GMO importation，欧盟对转基因生物进口的禁令，92，101，222
EU member state bans on GMO cultivation，欧盟成员国禁止开发转基因生物，107
Flavr-Savr tomato，"美味"番茄，91–92，114
genetic engineering，基因工程，56n，88–89，91
Golden Rice，"黄金大米"，111，112–13，115
Ice Minus strain of Pseudomonas syringae，丁香假单胞菌的变体防霜递减菌株，91，92，223
impact on nontarget species，对非目标物种的影响，99，223–24
in India，印度，108–11，113，115
Innate potato，转基因土豆，255
and labeling requirements，要求贴标签，104–6，222
negative publicity and public rejection，负面的宣传和公众的拒绝，94–95，112–13，222，240–41
organic products vs. GMOs，有机产品和转基因产品，103–7
pollen transfer and gene flow from GMOs，转基因作物的花粉传播和基因流转，106–7，222，223，224，276n
precautionary approach，谨慎型方法，100–101，103
risk assessment，风险评估，54–55，56，89，96–103，114
rules of "coexistence" for GMOs，转基因生物的共存规则，106–7
science-based (risk-based) approach，科学型（冒险型）方法，100–103
StarLink Bt corn，星联转基因玉米，97–98，108
"unknown unknowns，""未知的不知"，95–100，114，222
see also biotechnology，见生物技术

genetic code，基因编码，117–18，120，121，150
genetic engineering，基因工程
blue roses，蓝玫瑰，88
Bt (Bacillus thuringiensis) gene in crop plants，作物植株的苏云金杆菌基因，93
genetically modified organisms (GMOs)，转基因生物，56n，88–89，91
germline genetic engineering，生殖系基因工程，119，133–34，277n
and NIMBY syndrome，邻避综合征，49–50
oncomouse，肿瘤鼠，194
recombinant bovine growth hormone (rBGH)，重组牛生长激素，92，105
Genetic ID，基因鉴定，97–98
Genetic Information Nondiscrimination Act (GINA) of 2008，2008 年的《基因歧视法案》，126，125
genetic medicine，基因医学，122，123–26
genetic testing，基因测试
direct-to-consumer (DTC) testing，直接面向消费者的测试，124–25，259
ethical quandaries，伦理困境，123–24
and genetic counseling，和基因咨询，124
and privacy，和隐私，123–26
seeming precision of，貌似精确，114
Genomes，基因组
coding and noncoding genes，编码和非编码基因，117–18
comparison between species，物种间的对比，118
defined，定义，117
genomic medicine，基因组医学，180–81
HeLa cell line，HeLa（宫颈癌）细胞系，179，181–82，209
human genome decoding，人类基因组解码，2
Human Genome Project，人类基因组项目，122，125，221，233，260
size，规模，117
Germanwings crash，“德国之翼”号飞机事故，43
Germany，德国
antisurrogacy policy，反代孕政策，143
Basic Law，《基本法》，138
E. coli outbreak，大肠杆菌中毒事件，62–63，64，85
Ethics Council Act of 2007，2007 年的《伦理委员会法案》，235
German Ethics Council (Deutscher Ethikrat)，德意志伦理委员会，235
human embryonic stem cell policy，人类胚胎干细胞政策，138
nuclear power policies，核能政策，27，

34, 52
"three-parent embryo" ban, 禁止"三对父母的胚胎", 133
Gibbons, John H., 约翰·吉本斯, 217
Gibson, William, 威廉·吉布森, 161
Gilead Sciences, 吉利德科学公司, 207
Gingrich, Newt, 纽特·金里奇, 218
Gleevec, 格列卫, 206–7, 260
glyphosate, 草甘膦, 93, 275n
GM Nation? "转基因国家?" 241–42, 244–45
GMOs. see genetically modified Organisms, GMOs, 见转基因生物
GNR technologies (genetics, nanotechnology and robotics), 基因技术、纳米技术和机器人技术, 合称 GNR 技术, 14–15
Goffman, Erving, 欧文·戈夫曼, 47
Golde, David, 戴维·戈尔德, 186, 187
Golden Rice, "黄金大米", 111, 112–13, 115
Goodall, Jane, 珍·古德, 211
Google, 谷歌
antitrust investigations, 反垄断调查, 167, 168
community relations, 社区关系, 169
data gathering, 数据收集, 2, 147, 153, 169–70
as data oligarch, 作为数据寡头, 166–71, 176
"Don't be evil" motto, 座右铭是"不要做坏事", 166
employee buses, 员工班车, 169
friction with governments, 与政府的摩擦, 167–68
Gmail scanning for illegal content, 扫描用户的 Gmail 邮箱搜查非法内容, 153, 169–70
hiring practices, 雇用行为, 168–69
Internet products and services, 互联网产品和服务, 166–67
metadata collection, 元数据收集, 170
power over information, 对信息的权力, 166–68
and PRISM electronic surveillance program, 和棱镜电子监控项目, 170–71
privacy policy, 隐私政策, 262
profits, 利益, 167
and right to be forgotten, 被遗忘的权利, 173–74
YouTube, 视频网站, 154, 167, 176
Great Britain, 英国
Agriculture and Environment Biotechnology Commission (AEBC), 农业和环境生物技术委员会, 241, 284n–285n
common law, 普通法, 77
constructive technology assessment (CTA), 建设性技术评估, 224
GM Nation?, "转基因国家?" 241–42,

244–45
Human Fertilisation and Embryology Authority (HFEA), 人类授精与胚胎管理局, 137–38
"mad cow" crisis, "疯牛病" 危机, 5, 237–38
Medical Research Council, 医学研究委员会, 236
Nuffield Council on Bioethics, 纳菲尔德生物伦理委员会, 236
public consultation in policymaking, 决策中的公共咨询, 133, 236, 238, 240–41
resistance toward GM crops, 抵抗转基因作物, 92, 241–42
on status of embryos, 论胚胎地位, 137–38, 264
Warnock Committee, 沃诺克委员会, 137, 264
Greenpeace, 绿色和平, 113
Green Revolution, "绿色革命", 66
Greenwald, Glenn, 格伦·格林沃尔德, 164, 165, 170
gross national product (GNP), 国民生产总值, 53–54
Grove-White, Robin, 罗宾·格罗夫·怀特, 242
guns, 枪, 36–37
Gutmann, Amy, 艾米·古德曼, 231

hacking, 黑客攻击, 158
Hand, Learned, 勒恩德·汉德, 196
Hansen, Chris, 克里斯·汉森, 197, 198, 199, 209
Health Insurance Portability and Accountability Act,《医疗保险可携性和责任法案》, 175
Health Sector Database (HSD) (Iceland), 卫生部门数据库（冰岛）, 126–28
HeLa cell line, HeLa（宫颈癌）细胞系, 179–82, 185, 208–9, 259–60
Herzog, Werner, 沃纳·赫尔佐格, 212
Higgins, Kathryn O'Leary, 凯瑟琳·奥利里·希金斯, 25–26
Hollerith machine, 霍尔瑞斯机器, 172
Holmes, Oliver Wendell, 奥利弗·温德尔·霍姆斯, 20
Holocaust, 大屠杀, 41, 138, 172
Hopkins, Samuel, 塞缪尔·霍普金斯, 189
Hudson, Kathy, 凯西·哈德森, 180, 185
human embryonic stem cells (hESCs), 人类胚胎干细胞, 135–38, 252
Human Fertilisation and Embryology Authority (HFEA) (Great Britain), 人类授精与胚胎管理局（英国）, 137–38
Human Genome Project, 人类基因组计划, 122, 125, 221, 233, 260

human growth hormone gene in pigs，猪体内植入人类生长激素基因，92
human nature，人类本质，5–6，7，118
Huxley, Aldous，阿道司·赫胥黎，129，132

Ice Age art，“冰河时代”的艺术，212–13
Iceland’s Health Sector Database (HSD)，冰岛卫生部门数据库，126–28
Ice Minus strain of Pseudomonas syringae，丁香假单胞菌的变体防霜递减菌株，91，92，223
identity theft，盗取身份，158
immortal cells，永生的细胞，178–82
The Immortal Life of Henrietta Lacks (Skloot)，海莉耶塔·拉克斯的永生（斯克鲁），179–80
India，印度
  Bollgard Bt cotton in，保铃棉，109–10
  comparison to United States，相比美国，5，27
  energy consumption，能源消耗，5
  farmer suicides and GM cotton，农民自杀和转基因棉花，109–11
  fetal sex selection ban，胚胎性别选择禁令，140
  genetic drug production，基因药物生产，205–7
  GM crops，转基因作物，108–11，113，115
  Green Revolution in，“绿色革命”，66
  legal system in，法律系统，72–73，74–76，77–78，81–82
  limited foreign ownership of Indian concerns，外国对印度公司只有有限的所有权，67
  separatist movement by Sikhs，锡克教徒的分裂运动，66
  see also Bhopal toxic gas leak (India)，见博帕尔毒气泄漏（印度）
Indian Council of Medical Research，印度医学研究委员会，71
indigenous knowledge，本土知识，203–4，261
infant mortality rates，婴儿死亡率，5
information technology，信息技术，147–76
  big data，大数据，3，156–57，174，247，259
  data oligarchs，数据寡头，66–72，176，262
  and data subject’s rights，和数据主体的权利，173–74，176，263
  digital traces，数码痕迹，3，155，156，176
  electronic observation and surveillance，电子观察和监控，147，153–54，156，164–65，170

EU and U.S. data protection policies，欧盟和美国的数据保护政策，172–75
hacking，黑客攻击，158
idealism of inventors and pioneers， 发明者和先驱者的理想主义，152–53，161–62
identity theft，盗窃身份，158
legal protections based on analogy，类比推理的法律保护，154–56
and national territoriality and sovereignty，和国家领土和主权，162–66
online genealogy，在线基因数据库，157
physical and digital selves，物理自我和数字自我，152–56，175–76
reciprocal nature of information，信息的互惠本质，156，158–59
research using customer data，用消费者数据做研究，159–61，279n
and right to be forgotten，和被遗忘的权利，173，174，176
transparency of the digital self，数字自我的透明性，153–54
see also cell phones; Internet，见手机，网络
informed consent，知情同意，173，179，229
Innate potato，转基因土豆，255
Inside Job (documentary)，纪录片《监守自盗》，21
Institute，West Virginia，西弗吉尼亚的因斯蒂图特，82
Institutional Animal Care and Use Committees (IACUCs)，动物保健和使用伦理委员会，232
institutional review boards (IRBs)，伦理审查委员会，160，229，231，232，244，263
insulin from recombinant DNA，rDNA 技术生产的胰岛素，192
insurance，保险，44–45，125，175，214
intellectual property rights Agreement on Trade-Related Aspects of Intellectual Property Rights (TRIPS)，《与贸易有关的知识产权协议》，205–6，209，261
and generic drugs，和仿制药，204–7
historical background，历史背景，182–83
and ideas of ownership and capital，所有权和资本的概念，260–61
indigenous knowledge，本土知识，203–4，261
information from human biological specimens，人类生物样本信息，185–86
and ownership of biospecimens，生物样本的所有权，185–89，260
rights across national borders，跨国境权利，202–7，209
see also patents，见专利
Internet，网络

access cost，联网成本，152–53，176
as aid to democracy，有助于民主，3，239–40
genealogical searches，宗谱搜索，157
Internet of things，物联网，156
and state sovereignty，和国家主权，162
surveillance and social control，监控和社会控制，147，153–54，156–57
variation in broadband access，宽带联网的差异，5
warrantless searches of activity，对活动进行无授权搜查，153
see also information technology; social media，见信息科技，社会媒体
introns，内显子，201
in vitro fertilization (IVF)，试管授精，129–34，135，137，139–40，141–43
IRBs (institutional review boards)，伦理审查委员会，160，229，231，232，244，263
Ishiguro，Kazuo，石黑一雄，140
Islamic State，伊斯兰国家，18

Jefferson，Thomas，托马斯·杰斐逊，183–84，189，239
Jobs，Steve，史蒂夫·乔布斯，22–23，40，168，255
Jolie，Angelina，安吉丽娜·朱莉，123
Joy，Bill，比尔·乔伊，14–16
Jurassic Park，《侏罗纪公园》，214

Kass，Leon，莱昂·卡斯，231
Katz v. United States，卡茨诉美国，278n
Keenan，John F.，约翰·F. 基南，75–76，77，80，81–82
Kennedy，Anthony，安东尼·肯尼迪，150
Kennedy，Edward M.，爱德华·斯诺登，217
Kennedy，Robert F.，罗伯特·肯尼迪，53
Kevles，Daniel，丹尼尔·凯维勒斯，191
Khandaker，Mainuddin，汗达克尔，84–85
Kingsnorth，Paul，保罗·金斯诺思，6
knowledge societies，知识社会，2–4
Known and Unknown (Rumsfeld)，《已知和未知》(拉姆斯菲尔德)，96
Kraft Foods，卡夫食品，97
Kramer，Adam，亚当·克雷默，160

Lacks，Henrietta，海莉耶塔·拉克斯，179–80，182，185，209，259–60
Lander，Eric S.，埃里克·兰德，198，201
Lane，Neal，尼尔主任，219
laptop computers and frugal innovation，笔记本电脑和节俭创新，256，257
Laski，Harold，哈罗德·拉斯基，20–21
law and technology differences，法律和技术的区别，12–13

similarities, 相似之处, 10–12
technology as instrument of governance, 技术作为治理的工具, 8–10
traffic lights, 交通灯, 8, 9, 10–11, 12, 16, 266
Leopold II (king), 利奥波德国王二世, 258
life expectancy, 寿命, 2, 5
Los Angeles 2008 train accident, 洛杉矶2008年的火车事故, 24, 25–26, 41
Lubitz, Andreas, 安德烈亚斯·卢比茨, 43

MacAskill, Ewan, 伊万·麦卡斯基尔, 164, 170
"mad cow" crisis, "疯牛病"危机, 5, 237–38
Madhya Pradesh, India, 印度的中央邦, 71, 83
MaLossi, Leo I., 里奥·莫劳西, 191, 197
Manning, Bradley (later Chelsea), 布拉德利·曼宁（以及后来切尔西）, 162
Marcuse, Herbert, 赫伯特·马尔库塞, 262
Martin, Trayvon, 特雷沃恩·马丁, 48
Marx, Karl, 卡尔·马克思, 262
Marx, Leo, 里奥·马克思, 18
Mathews, Megan and Max, 梅根·马修斯和麦克斯·马修斯, 140–41
Mayer-Schönberger, Viktor, 维克托·迈尔·舍恩伯格, 174
McAuliffe, Christa, 克里斯塔·麦考利夫, 41
McBride, Renisha, 瑞妮莎·麦克布莱德, 48–49
McCarran, Patrick, 帕特里克·麦卡伦, 238
McKibben, Bill, 比尔·麦吉本, 6
McLeod Russell (India) Limited, （印度）麦克劳德·拉塞尔有限公司, 69
McNamara, Robert, 罗伯特·麦克纳马拉, 163
McPherson, Isaac, 艾萨克·麦克弗森, 183, 184, 189, 190
Mendel, Gregor, 格里哥·孟德尔, 121
Merkel, Angela, 安吉拉·默克尔, 165, 172
messenger RNA (mRNA), 信使RNA, 200
microcredit, 小额贷款, 256–57
Microsoft, 微软, 176
military technologies, 军事技术, 37–38
mining and prospecting, 勘探和开采, 258
Model T, T模型, 29, 32
Molina, Mario, 马里奥·莫利纳, 33
Monderman, Hans, 汉斯·蒙德曼, 15–16
Monsanto, 孟山都
Bollgard Bt cotton, 保铃棉, 109–10
Calgene acquisition, 收购卡尔基公司, 92
herbicide-tolerant crops, 抗除草剂的作物, 93, 97

in India，在印度，115
MON810 insect-resistant hybrid corn，“MON810号”杂交抗虫害玉米，107
negative publicity and public rejection，负面宣传和公众排斥，94–95，112，222
opposition to GMO labeling，反对贴转基因标签，105
Roundup，除草剂，93
Montreal Protocol，《蒙特利尔议定书》，33
Moore，John，约翰·摩尔，186–87，189
Morales，Evo，埃沃·莫拉莱斯，164
Morris，Erroll，艾洛·莫理斯，96
Morton Thiokol，莫顿聚硫橡胶公司，39，40
multinational enterprise liability doctrine，跨国企业责任准则，76–77，79–80
Musk，Elon，伊隆·马斯克，265
Myriad Genetics，利亚德基因公司，198–200，208
My Sister's Keeper (Picoult)，《姐姐的守护者》，140

Nano automobile (Tata Group)，印度塔塔公司生产的Nano汽车，256
NASA (National Aeronautics and Space Administration)，美国国家航空航天局，21，38–40，42，254
National Commission for the Protection of Human Subjects of Biomedical and Behavioral Research，保护生物医学和行为研究中人类受试者的国家委员会，230–31
National Institutes of Health (NIH)，国家卫生研究院
ethics research funding，伦理研究基金，233–34
HeLa settlement with Lacks family，与拉克斯一家达成HeLa协议，179，182，185，208–9，259–60
Human Genome Project，人类基因组计划，122，233，260
and stem cell research，和干细胞研究，137
National Research Council (NRC)，全国科学研究委员会，46–47，51
National Rifle Association (NRA)，国家步枪协会，37
National Science Foundation (NSF)，国家科学基金会，234
National Security Agency (NSA)，国家安全局，147，153，164–65，170–71
Nature，《自然》，116，179
nature，meaning and value，自然，意义和价值，5–6
Nature's Metropolis (Cronon)，《自然的大

都会》(克罗侬), 87
Negroponte, Nicolas, 尼古拉斯·尼葛洛庞帝, 256
Nehru, Jawaharlal, 贾瓦哈拉尔·尼赫鲁, 65, 82
Netherlands Office of Technology Assessment (NOTA), 荷兰技术评估办公室, 225
Neuromancer (Gibson),《精神漫游者》(吉布森), 161
Never Let Me Go (Ishiguro),《不要带我走》(石黑一雄), 140
Newman, Stuart, 斯图尔特·纽曼, 195–96
New Zealand, 新西兰, 106
NIH. see National Institutes of Health (NIH), NIH, 见国家卫生研究院
NIMBY ("not in my backyard") syndrome, 邻避综合征, 49–50
Nineteen Eighty-Four (Orwell),《一九八四》(奥威尔), 262
Nokia 1100, 诺基亚 1100, 256
normalization of deviance, 反常常规化, 40
Novartis, 诺华公司, 206
NRC (National Research Council), 全国科学研究委员会, 46–47, 51
NSA (National Security Agency), 国家安全局, 147, 153, 164–65, 170–71
nuclear risk, 核风险
Chernobyl nuclear accident, 切尔诺贝利核事故, 34, 59, 237
Fukushima nuclear disaster, 福岛核灾难, 59
nuclear war, 核战争, 4, 246
nuclear waste management, 核废物处理, 52
Three Mile Island nuclear accident, 三里岛核事故, 59
Windscale (Sellafield) nuclear accident, 温士盖（塞拉菲尔德）核事故, 59
Nuffield Council on Bioethics, 纳菲尔德生物伦理委员会, 236
Nuffield Foundation, 纳菲尔德基金会, 236
Nuremberg Code,《纽伦堡法典》, 229–30
Nuremberg Doctors' Trial, 纽伦堡医生的审判, 229

Obama, Barack, 奥巴马总统, 44, 52, 133, 165, 172, 231
Office of Technology Assessment Act, 技术评估法案办公室, 215–16
Office of Technology Assessment (OTA), 技术评估办公室
and automobile fuel economy, 和汽车燃油经济, 217
and biotechnology policy, 和生物技术政策, 221–24

Coordinated Framework for Regulation of Biotechnology，生物技术监管协调框架，221–22，223–24
creation of，创造，216，243
elimination of，取消，218，243
overview，综述，216–19，243–44
partisanship and polarization，党派性和两极分化，217
and Strategic Defense Initiative（"Star Wars"），"战略防御计划"（也称"星球大战计划"），219–21
Technology Assessment Board（TAB），技术评估委员会，216，217
Ohm，Thomas，托马斯·欧姆，160
oncomouse，肿瘤鼠，194–95，208，251，259
ordre public in European patent law，欧洲专利法的公共秩序，194，208，260，282n
organic products vs. GMOs，有机产品对抗转基因生物，103–7
organized irresponsibility，有组织的不负责，35，45
Orwell，George，乔治·奥威尔，65
Ostrer，Harry，哈里·奥斯特勒，198
OTA. see Office of Technology Assessment（OTA），OTA，见技术评估办公室
ownership and invention，所有权和发明，258–61
ozone depletion，臭氧消耗，23，33，34
Palkhivala，N. A.，帕尔吉瓦刺，75
parens patriae（parent of the country）doctrine，政府监护原则，74
Parliamentary Office of Science and Technology（POST），议会科学和技术办公室，224
Patents，专利
Court of Appeals for the Federal Circuit（CAFC），美国联邦巡回上诉法院，184，199–200，201
Diamond v. Chakrabarty，戴蒙德诉查克拉巴蒂，191–92，193，197，208–9
European Patent Office（EPO），欧洲专利局，194，282n
and evergreening，和"常绿化"，206，282n
and generic drugs，和仿制药，204–7
on genes，基因，196–202，251，261
Gleevec，格列卫，206–7，260
on life，生命，190–96，221，251
Mo cell line，Mo 细胞系，186
oncomouse，肿瘤鼠，194–95，208，251，259
ordre public in European law，欧洲法的公共秩序，194，208，260，282n
patentable subject matter，可作为专利的主题，184，189–90，192，281n，282n

recombinant DNA (rDNA) technique，重组 DNA 技术，119–20
U.S. Patent and Trademark Office (USPTO)，美国专利和商标办公室，191–92，194，195–96，198，200
U.S. patent laws，美国专利法，183，184–85，281n
see also intellectual property Rights，见知识产权
Pauling，Linus，莱纳斯 · 鲍林，117
Pentagon Papers，五角大楼的文件，163–64，165
People's Business Commission (PBC)，人民商业委员会，193
Perrow，Charles，查尔斯 · 佩罗，38，41
"personality right"，人格权，155
Personhood，人格
line between persons and property，人与物的界限，177，182
and ownership of biospecimens，生物物种的所有权，185–89
rights of，权利，177
pesticides，杀虫剂，56，58，67，109
pharmaceutical drugs，ethical questions，药品，伦理问题，248–49
Picoult，Jodi，莱迪 · 皮考特，140
Pinterest，瀑布流形式的图片展现，154，257，259
plant breeding，history，植物品种选育，历史，88
plasmids，质粒，191，192–93
"playing God"with technology，用技术"扮演上帝"，227–28，232
Plewis，Ian，伊恩 · 普路易斯，110
Poitras，Laura，罗拉 · 柏翠丝，164，165
population of Earth，地球人口，2
Potrykus，Ingo，英戈 · 珀特里库斯，112
power of technology，技术的力量，
delegation of power，权力的代表，12
how technology rules，技术如何统治，10–13
as instrument of governance，治理的工具，8–10
traffic lights，交通灯，8，9，10–11，12，16，266
predictive shopping，预测性购物，154
preimplantation genetic diagnosis (PGD)，植入前基因诊断，139–41
Presidential Commission for the Study of Bioethical Issues，总统生物伦理问题研究委员会，231
President's Council on Bioethics，总统生物伦理委员会，231
Prey (Crichton)，《猎物》(克莱顿)，214
PRISM electronic surveillance program，棱镜电子监测项目，170–71

Progressive Era，改革时代，19，20
Proposition 37 (California)，加利福尼亚州《第 37 号提案》，105
prospecting and mining，勘探和开采，258
Pseudomonas syringae，Ice Minus strain，丁香假单胞菌，防霜递减菌株，91，92，223
public engagement in policymaking，决策中的公共参与，237–42，244–45
Putnam，Robert，罗伯特 · 普特南，6

quality of life，improved，生活质量，提高，2
quantification，量化，53–58
quinine，奎因，203
Quintavalle，Josephine，约瑟芬 · 昆塔瓦莱，141

Rabinow，Paul，保罗 · 拉比诺，234–35
Ramon，Ilan，伊兰 · 雷蒙，20
Rana，Sohel，萨赫勒 · 拉纳，61–62，84，254
Rana Plaza collapse (Dhaka，Bangladesh)，拉纳广场大楼坍塌，(孟加拉国达卡市) 60–62，84，85，253，274n
rBGH (recombinant bovine growth hormone)，重组牛生长激素，92–93，105
Reagan，Ronald，罗纳德 · 里根，218，219–20，221
recombinant bovine growth hormone (rBGH)，重组牛生长激素，92–93，105
recombinant DNA (rDNA)，重组 DNA，97，119–20，192
responsibility，责任
and organized irresponsibility，和有组织的不负责，35，45
risk assessment and dispersed responsibility，风险评估和分散责任，40-41，254
space shuttle disasters，航天飞机灾难，40–41
technological advances and，技术进步和，262–64
and unintended consequences，和意外结果，23，24，25，28–29，41，248
Restoring the Foundations，恢复基金会，219
reusable rocket，可循环利用火箭，265
reverse transcriptase，逆转录，200
Rhodes，Cecil，塞西尔 · 罗兹，258
Rifkin，Jeremy，杰拉米 · 里夫金，193，195，251
“right of publicity”，形象权，155
Riley，David Leon，戴维 · 莱昂 · 莱利，149，179
Riley v. California，莱利诉加利福尼亚州，149
risk(s)，风险，31–58

defined，定义，33–34
economic risks，经济风险，5
and foresight，和预见，41–47，265–66
framing of，框架化，47–49
global warming，全球变暖，4
overview，综述，4–5
reassurance narratives，恢复信心的叙事，36–41
responsibility for，负责任，7
sociotechnical risks，社会技术风险，56–57
systemic and distributive consequences，风险的系统性和分布性后果，49–50
technological risks，defined，技术风险，定义，34
risk assessment 风险评估
bias in favor of change，对变化的喜好，35，36
and culture of complacency，和自满的文化，39–40
democracy and，民主和，45，58
dose-response assessment，剂量反应评估，46
effects of dispersed responsibility，分散责任的影响，40–41，254
emerging technologies，新兴技术，214
exposure assessment，暴露评估，46–47，57
framing of risk，风险的框架，47–49，254
genetically modified organisms (GMOs)，转基因生物，54–55，56，89，96–103，114
hazard identification，风险识别，46
inexact science，不精确的科学，38–39，254
interactivity between humans and technology，人和技术的互动，57
knowability of good vs. bad outcomes，对好结果和坏结果的掌控，35–36
lack of public consideration of alternatives，公众缺乏考虑其他选择，51–53
linear model of，线性模型，46，51，114，250
pesticides，杀虫剂，56
precautionary vs. science-based approaches，谨慎型与科学型方法，100–103
quantification，量化，53–58
in the realm of the knowable，在可知的领域中，96，214
regulatory risk assessment，监管性的风险评估，43–46
and relative costs and benefits，和相关的成本收益，55–56
restricted range of evidence analyzed，分析有限范围的证据，50–51
risk characterization，风险特征化，47
and social behavior，和社会行为，56–57

sociotechnical risks，社会技术风险，56–57
space shuttles，太空飞船，38–42，254
for "standard" users and situations，供标准化用户和情形，55，57，58
steps in assessment，评估步骤，45–47
toxic chemicals，有毒化学品，54–55
typology by probability and consequence，技术风险按照可能性和灾难程度分级，41–43
"unknown unknowns，" "未知的不知"，95–100，114，222
risk management，风险管理，46，51，55
risk society (Risikogesellschaft)，风险社会，34–35，49，85
risk spreading，风险扩散，44
Roberts，John，约翰·罗伯茨，149，151，154，172
Rockefeller Foundation，洛克菲勒基金，112
Roslin Institute (Edinburgh)，罗斯林研究所(爱丁堡)，132–33
Roundup，除草剂，93
Rousseau，Jean-Jacques，让·雅克·卢梭，240
Rowland，F. Sherwood，弗兰克·舍伍德·罗兰，33
Rumsfeld，Donald，唐纳德·拉姆斯菲尔德，95–96，97
Sadgopal，Mira，米拉·萨德戈帕，71
Saint Simon，Henri de，圣西门，19
Sanchez，Robert Martin，罗伯特·马丁·桑切斯，24，25，41
savior siblings，救命手足，140–41，264
Scalia，Antonin，安东宁·斯卡利亚，202，278n
Schmidt，Eric，埃里克·施密特，167
science and technology studies (STS)，科学技术论，26
Second Amendment，《美国宪法第二修正案》，36
selfies，自拍，262
Seveso，Italy，dioxin release，意大利塞韦索有毒二噁英气体泄漏，59
Sevin，西维因，67，82–83
shared economies，共享经济，256–57
shared space，共享空间，17–18
Siemens，西门子，227
Simoncelli，Tania，塔尼亚·西蒙切利，197–99，209
Skloot，Rebecca，瑞贝卡·斯克鲁，179–80，181，209，259
Snowden，Edward，爱德华·斯诺登，153，162–63，164–65，167，170，172
social media，社会媒体
information shared on social media，社会媒体的信息共享，153–54，259

privacy concerns，隐私问题，158–59
transparency of the digital self，数字自我的透明性，153–54
weakening of social ties，社会联系的弱化，7
Sony Pictures hack，索尼影业黑客，158
Soviet Union，苏联，220，237
space shuttles，太空飞船
Challenger，“挑战者号”，21，38，39-40，41-42，254
Columbia，“哥伦比亚号”，21，38–40，41–42，254
risk analysis and，风险分析和，38–42，254
StarLink Bt corn，星联转基因玉米，97–98，108
“Star Wars” (Strategic Defense Initiative)，“星球大战计划”（“战略防御计划”），219–21
statins，降低胆固醇药物，9
Stefánsson，Kári，卡里·斯蒂芬森，127
Steinmetz，Lars，拉尔斯·斯坦梅茨，181
stem cells，干细胞
defined，定义，135
Embryonic Stem Cell Research Oversight (ESCRO or SCRO) bodies，胚胎干细胞研究监督委员会，137，146，232
human–animal chimera creation，人与动物的杂合体或嵌合体，195
human embryonic stem cells (hESCs)，人类胚胎干细胞，135–38，252
pluripotent stem cells，多能干细胞，135
Steptoe，Patrick，帕特里克·斯特普托，130
Stern，Melissa (Baby M)，玛丽莎·斯特恩（“宝贝 M”），131，141，143，145
Stern，William and Elizabeth，威廉·斯特恩和伊丽莎白·斯特恩，131
Strategic Defense Initiative（“Star Wars”），“战略防御计划”（“星球大战计划”），219–21
Summers，Lawrence，劳伦斯·萨默斯，21
Sun Microsystems，美国太阳微系统公司，14
Sunstein，Cass，卡斯·桑斯坦，154，168
Suntory，三得利，88
surrogate mothering (surrogacy)，代孕母亲（代孕），130–31，141，142，143
Sweet，Robert W.，罗伯特·斯威特，199
Syngenta，先正达公司，97，112，115
Synthetic Biology Engineering Research Center (SynBERC)，合成生物工程研究中心，234–35

Taco Bell，塔可钟，97–98
Tata Group，塔塔集团，256

technocracy，技术统治论，13–14，19–21，28，247–48
technological determinism，技术决定论
defined，定义，14，247
determinist fallacy，决定论谬误，14–19
and moral codes，和道德准则，145
and politics，values，and responsibility，和政治、价值和责任，28，29
and role of technology in society，和社会中技术的作用，13–14
in science fiction，在科幻中，14，15
values and politics vs. determinism，价值和政治对抗决定论，18–19
technologies of humility，谦卑的技术，86
technology，general ethical analysis and ethical quandaries，技术、一般伦理分析和伦理困境，227–37
evolving relationship with society，与社会的演化关系，212–15
future of，未来，212–45
instrumental understanding of，工具性理解，31，211
meaning of word，词汇的意义，8，18
as a means to an end，作为实现目的的手段，31–33
power of，权力，1–30
public engagement in policymaking，决策中的公共参与，237–42，244–45
treaties to limit harmful technologies，限制有害科技的协议，228
technology assessment，技术评估
automobile fuel economy，汽车燃油经济，217
biotechnology policy，生物技术政策，221–24
constructive technology assessment (CTA)，建设性技术评估，224–27，244，253
Strategic Defense Initiative（“Star Wars”），“战略防御计划”（“星球大战计划”），219–21
see also Office of Technology Assessment (OTA)，见技术评估办公室
Technology Assessment Board (TAB)，技术评估委员会，216，217
Thomson，James，詹姆斯·汤姆森，136
Three Mile Island nuclear accident，三里岛核事故，59
tissue banks，组织生物库，126，186
toxic chemicals，risk assessment，有毒化学品，风险评估，54–55
traffic circles，交通循环，17
traffic deaths，交通死亡人数，37，266
traffic lights，交通灯，8，9，10–11，12，16，266
see also automobiles，见汽车
transformative potential of inventions，发明

的转变潜力，13，227–28
trickle-down innovation，涓滴创新，253–58
TRIPS. see Agreement on Trade-Related Aspects of Intellectual Property Rights (TRIPS)，TRIPS，见《与贸易有关的知识产权协议》
tsunami of 2004，2004 年的海啸，83
Turkle, Sherry，谢里 · 特克，7，154
Twitter，推特，18，148，154，161，176，259
2001: A Space Odyssey (Clarke)，《2001：太空漫游》(克拉克)，14，15

Uber，优步，4，5
UK Biobank，英国生物库，128
unintended consequences，意外结果
as design failure，作为设计失败，21–22，24–25，36
disasters as，灾难，23–24
vs. intended consequences，与预期结果，21，25
myth of，神话，41
and responsibility，和责任，23，24，25，28–29，41，248
and role of technology in society，社会中技术的作用，13–14，248
StarLink contamination of food，星联污染食物，98
Union Carbide Corporation，美国联合碳化物公司，65–67，69–72，75–77，79，82–83，254
see also Bhopal toxic gas leak，见博帕尔毒气泄漏
Union Carbide India, Limited (UCIL)，印度联合碳化物有限公司，67，68–69，76，80，82，84
Union of Concerned Scientists，忧思科学家联盟，219
United Nations Conference on the Human Environment，人类环境的联合国会议，215–16
United States comparison to India，美国与印度的对比，5，27
data protection policies，数据保护政策，172–73，174–75
human embryonic stem cell policy，人类胚胎干细胞政策，136–37，138
lawsuit over European Union GMO ban，起诉欧盟对转基因的禁令，101
nuclear power policies，核能政策，27
Progressive Era，改革时代，19，20
public ethics bodies，公共伦理机构，229，230–35，244，263–64
reproductive technology regulation，生殖技术管理，142
weakening of social ties，社会联系的弱化，6–7

United States Holocaust Memorial Museum, 美国大屠杀纪念博物馆, 172
The Unknown Known (Morris),《未知的可知》(莫理斯), 96
Uruguay Round, 乌拉圭回合, 205
U.S. Department of Agriculture, 美国农业部, 94, 108
U.S. Department of Energy, 美国能源部, 52, 122, 233
U.S. Environmental Protection Agency (EPA), 美国环境保护局, 97–98
U.S. Federal Trade Commission (FTC), 美国联邦贸易委员会, 104
U.S. Food and Drug Administration (FDA), 美国食品和药品管理局, 92, 104–5, 106, 125
U.S. Patent and Trademark Office (USPTO), 美国专利和商标办公室, 191–92, 194, 195–96, 198, 200

Vaughan, Diane, 黛安 · 沃恩, 21, 40
Venter, J. Craig, J. 克雷格 · 文特, 122, 231, 263
Virgin Galactic, 维珍银河, 1
Volkswagen "defeat device" case, 大众"胜利设计"案件, 32–33, 58, 81

Warnock, Mary, 玛丽 · 沃诺克, 137
Warnock Committee (Great Britain), 沃诺克委员会 (英国) 137, 264
warrantless searches, 无授权搜索, 149–52, 153
Watson, James D., 詹姆斯 · D. 沃森, 116–17, 118, 122
Weber, Max, 马克斯 · 韦伯, 6
Wellcome Trust, 惠康基金会, 128, 236
Whitehead, Mary Beth, 玛丽 · 贝思 · 怀特黑德, 131, 145
Who Killed the Electric Car (film),《谁消灭了电动车?》(电影) 227
Whole Foods Market, 全食超市, 104
WHO (World Health Organization), 世界卫生组织, 2, 5
Wicker, Tom, 汤姆 · 威克, 219
WikiLeaks, 维基解密, 162
Wikipedia, 维基百科, 159
Wilmut, Ian, 伊安 · 威尔摩特, 132
Windscale (Sellafield) nuclear accident, 温士盖(塞拉菲尔德)核事故, 59
Winner, Langdon, 兰登 · 温纳, 18
Wired (magazine),《连线》杂志, 14, 17
workers' compensation laws,《劳工赔偿法》, 44
World Health Organization (WHO), 世界卫生组织, 2, 5
World Population Balance, 全球人口平衡, 5

World Trade Organization (WTO)，世界贸易组织，101–2，103，205

Yahoo，雅虎，2，169，171，176

YouTube，视频网站，154，167，176

Yucca Mountain，Nevada，内华达州的尤卡山，52

Yue，Herman H.，赫尔曼·岳，199

Yunus，Muhammad，穆罕默德·尤努斯，256

zero-emissions vehicles (ZEVs)，零排放汽车，9，226–27，244

Zimmerman，George，乔治·齐默尔曼，48

Zipcar，租车公司，4

Zittrain，Jonathan，乔纳森·齐特林，174

译后记

贾萨诺夫现任哈佛大学肯尼迪学院科学技术论福兹海默讲席教授（Pforzheimer Professor of Science and Technology Studies），同时兼任科学史系教授，是国际著名的科学政治与科学技术政策领域专家，著述颇丰。《发明的伦理：技术与人类未来》是她的一部近作。该书从伦理学角度对技术发明进行了剖析，对技术造成灾难的原因、责任、主体、制度等方面做了全面的分析。

该书原文的语言形式比较丰富，引用了诗歌、演讲等各种题材，其学术语言比较复杂，包含的信息量也比较大。在翻译过程中，译者选择尽量尊重作者的写作风格，翻译时以忠实通顺为基本原则，同时灵活运用了一些基本的翻译原则，尽力尊重英汉语言和文化的差异。在尊重原文的基础上，尽量使译文符合汉语规范。在词汇层面，对于一些新词和读者不熟悉的概念，译者尽量采取简明对应的译文，例如"nontarget species"常见的翻译版本有"非靶向生物""非目标物种"，本书采取的是后者。而对于一些汉英对应翻译之后意思不甚清晰的概念，则采取了直译加注的方式进行了注解。在句子层面上，一般采取顺译法，但同时也注意调整英汉句序的差异。当遇到英语中常用的后置让步状语、因果状语等从句时，则调整语序，采取逆译法或整合法。在篇章结构层面上，本书的翻译选择尊重原文的叙事方式，文中涉及的诸多案例，都是采取倒叙法，先说结果，再说起因与过程。每段话的第一句也是本段的主旨句，采取先总论后分论的叙事。

本书的翻译工作分工如下：1、2、3 章由尚智丛翻译，4、5、6 章由田喜腾翻译，7、8、9 章由田甲乐翻译。全书由尚智丛审校。

学海无涯，学识有限。翻译中错舛难免，恳请读者见谅，并请方家不吝赐教！

尚智丛

2018 年 4 月 1 日

图书在版编目（CIP）数据

发明的伦理：技术与人类未来 /（ ）希拉·贾萨诺夫著；尚智丛，田喜腾，田甲乐译．—北京：中国人民大学出版社，2018.7

ISBN 978-7-300-25163-9

Ⅰ. ①发… Ⅱ. ①希… ②尚… ③田… ④田… Ⅲ. ①技术伦理学－研究 Ⅳ. ① B82-057

中国版本图书馆 CIP 数据核字（2018）第 002828 号

发明的伦理：技术与人类未来

希拉·贾萨诺夫　著

尚智丛　田喜腾　田甲乐　译

Faming de Lunli

出版发行	中国人民大学出版社		
社　　址	北京中关村大街31号	**邮政编码**	100080
电　　话	010-62511242（总编室）		010-62511770（质管部）
	010-82501766（邮购部）		010-62514148（门市部）
	010-62515195（发行公司）		010-62515275（盗版举报）
网　　址	http://www.crup.com.cn		
	http://www.ttrnet.com（人大教研网）		
经　　销	新华书店		
印　　刷	涿州市星河印刷有限公司		
规　　格	170 mm × 228 mm　16 开本	**版　　次**	2018 年 7 月第 1 版
印　　张	14.5 插页 3	**印　　次**	2018 年 7 月第 1 次印刷
字　　数	231 000	**定　　价**	58.00 元